KB068114

공부 자립

공부 자립

1판 1쇄 발행 2023년 3월 24일
1판 2쇄 발행 2023년 7월 18일

지은이 박주봉

발행인 양원석 **책임편집** 황서영
디자인 신자용, 김미선 **영업마케팅** 양정길, 윤송, 김지현

펴낸 곳 ㈜알에이치코리아
주소 서울시 금천구 가산디지털2로 53, 20층 (가산동, 한라시그마밸리)
편집문의 02-6443-8860 **도서문의** 02-6443-8800
홈페이지 http://rhk.co.kr
등록 2004년 1월 15일 제2-3726호

ISBN 978-89-255-7676-3 (13590)

스스로 사고하는 아이로 키우는

알파 세대 교육법

공부자립

박주봉 지음

RHK
알에이치코리아

공부는 아이들이 스스로 하는 것임을 믿고
아이의 공부 자립법을 찾아주려는 학부모님들께
이 책을 권합니다.

CPS 프로그램 후기

일 년 넘게 사고력 훈련을 해온 아이는 '고기를 잡아주지 말고 고기 잡는 법을 가르치라'라는 진리를 몸소 보여주고 있습니다. 단 한 문제를 풀어도 집중하며, 다양한 관점에서 바라보고 시각화합니다.

＿김채윤 학생(초등 2학년) 부모님

다양한 사고를 통해서 아이 스스로 문제 해결 방법을 찾는 것뿐 아니라, 자기 생각을 글과 말로 표현하는 모습에 놀랐습니다. 저희 아이는 구구단이 어떻게 만들어졌는지, 왜 필요한지 그 이유를 아는 아이가 되었습니다.

＿이세범 학생(초등 2학년) 부모님

조금이라도 어려운 문제를 만나면 바로 포기해버리던 아이가 사고력 연구소를 접한 뒤로 개선되는 모습을 보입니다. 당장 눈앞에 결과가 드러나지 않는다고 회의적인 시각을 가지고 계신 부모님들도 계실 줄로 압니다. 지금 이 시기는 어느 때보다도 사고의 폭과 깊이를 더하는 훈련이 필요한 과정이라고 믿고 있습니다.

＿황세빈 학생(초등 3학년) 부모님

토론하면서 문제의 유형과 문제를 보는 시각적인 부분까지 놓치지 않고 보는 점이 최대 장점이었습니다. 학교 공부나 집에서 문제 풀 때도 집중력 있게 끝까지 해결하는 것까지 연장이 되더군요. 다각적 시각으로 문제를 유추해 내는 점이 이 학습법의 강점인 것 같습니다.

＿김유주 학생(초등 3학년) 부모님

어려운 수학 문제는 다양한 방식으로 접근해야 하는데, 사고력 훈련이 그런 접근이 가능하도록 창의력을 길러주었습니다. 특히, 문제가 어려워질수록 훈련의 효과가 느껴졌습니다. 2021년 한국수학올림피아드 시험에서 조합 문제가 두 개 출제되었는데 사고력 연습이 직접적인 도움이 되었습니다.

—서울과학영재고 조기 입학생 강한준

독서를 어떻게 독해로 연결해주어야 할까 고민하던 중 프로그램을 알게 되었습니다. 초등 3~4학년은 읽기를 사고와 학습에 활용하는 방법을 배우는 단계라서 우리 아이들에게 반드시 필요한 훈련이라는 것을 실감하고 있습니다.

—강동오, 강시안 학생(초등 6, 4학년) 부모님

저희 아이는 짧은 글을 읽어도 사실적 내용 파악도 어려워했습니다. 아이는 독해력 훈련을 통해 글의 구조를 파악하고, 요약하는 연습을 해왔습니다. 불과 7개월도 안 지난 지금, 아이는 시중의 비문학 글을 심리적 위축 없이 읽고, 구조와 문단별 중심 내용을 스스로 파악합니다. 저희 딸이 학습에 가장 기본이 되는 글 읽는 능력을 갖추게 되어 정말 다행스럽고 뿌듯합니다.

—박소현 학생(중학교 1학년) 부모님

20년 동안 CPS를 접해오며 느낀 것은 교육은 때가 중요하다는 점입니다. 초등 기간에서 CPS 교육에 2년 이상 집중한다면 사고력과 수학, 그리고 학습 역량이 크게 발전할 것이라 확신합니다. 이번 2023학년도에 의치대 여섯 명이 입학했는데, CPS가 아니면 불가능한 일이었습니다.

—대구 한상철수학학원 원장 김미순

대입 수학을 바라볼 때, '심화 문제를 창의적이고 논리적으로 해결할 수 있는 가? 변별력 있는 문제들을 해결할 수 있는가?', '그 과정까지 도달하기 위해 끈기 있게 생각하고, 버틸 수 있는 과제집착력과 학업 역량이 있는가?'가 중요합니다. 이런 역량을 초등 시기에 체화하면 중등과 고등은 물론 대학, 성인까지 이어나갈 수 있습니다.

─한상철수학학원 2호관 교사 황예진

사고력은 수학을 학습할 때 학생이 스스로 생각하고 행동할 수 있도록 힘을 길러줍니다. 넘을 수 없을 것 같은 벽이 느껴져 아무것도 못 하고 있을 때 가이드라인을 제시해주어 문제해결력을 높여줍니다. 사고력을 잘하는 학생들이 심화도 잘하는 학생이 됩니다.

─상인CPS센터 원장 장수철

대부분의 학생들은 문제를 풀다가 해결이 안 되는 문제가 있으면 "선생님 이 문제 모르겠어요"라고 질문을 합니다. 하지만 사고력 훈련을 경험한 학생들은 질문 자체가 다릅니다. 1분 고민하던 학생이 5분 고민, 10분 고민합니다. 고민하는 시간이 늘어날수록 문제의 정답률도 조금씩 올라간답니다.

─진천CPS센터 원장 정연성

교육자이면서 한 아이의 엄마로서 십 년 넘게 CPS와 함께해왔어요. 어려우면 화를 내던 아이가 몇 시간씩 문제를 풀기도 하고, 교재 배송이 오는 날엔 신이나서 한 달 분량을 다 풀고 싶어 할 정도로 생각쟁이가 되었답니다. 저희 아이는 수년간 세계퍼즐대회 국가대표로 출전했고, TV 프로그램 〈문제적 남자〉, 〈영재발굴단〉에 출연하는 영광스러운 경험도 했습니다. 어려워도 30분은 생각하는 훈련, 생각을 자신의 언어로 표현하는 공부가 얼마나 좋은 역량을 만들어주는지에 대해서 많은 분들과 공유하고 싶습니다.

─김한얼(CMIS 캐나다 국제학교 11학년) 부모님,
나사 오엠NASA OM 송도 영재센터·CPS교육연구소 송도센터 원장 김소영

CPS전문센터를 운영한 지 20년이 다 되어가는 제가 학부모님들에게 가장 많이 들은 말은 "아이가 특별히 하는 게 없는데 공부를 잘한다"라는 이야기입니다. 머릿속에서는 다양한 생각과 방법을 고안해 문제를 해결하는 아이들을 많이 보았습니다. 오랜 시간 사고력 교육을 경험한 학생들이 의대를 비롯해 영재고, 과학고, 영재교육원에 합격했다는 소식을 들을 때마다 마음이 따뜻해집니다.

_전주 CPS센터장 한영수

"괜내 무리하게 뛰라고 하시 않아. 너희들이 내딛는 한걸음에 선생님은 넘청난 의미를 부여하고 칭찬할 거야. 그리고 질문할 거야. 너희들 스스로 껍데기를 깨고 나올 수 있도록."
이렇게 수업하다 보면 아이들은 성장으로 보답합니다. 드라마보다 더 드라마틱하게 변하는 아이들을 볼 때가 많습니다. 아이들을 변화시키는 것은 교사만으로는 안 됩니다. 학부모님들도 같이 발맞춰야 가능하다는 말씀을 전하고 싶습니다.

_씨투엠CPS창의사고력 월평센터 박태옥

내 아이를 알고 있는가?

공부 자립의 길, 내 아이에게 무엇이 필요한가?

'효율이 높은 공부법', '놓쳐서는 안 되는 필승 공부법' 등 요즘엔 학습법에 관한 정보가 넘쳐난다. 너무나 많은 정보에 학부모들은 내 아이에게 어떤 공부법을 알려줘야 하는지 몰라 혼란스러울 지경이다.

특히 초등 시기는 아이의 학습목표 설정에 부모의 영향이 매우 깊게 작용하기 때문에 부모가 느끼는 책임감이 크다. 하지만 초등학교의 교육과정은 폭과 깊이가 단순해 보여 무엇을 학습목표로 설정해야 하는지 가늠하기도 어렵다. 학부모는 자신의 선택에 확신이 없어 불안하고, 그렇기에 주변을 끊임없이 곁눈질한다.

초등 시기에는 시험에 통과하는 것보다 다양한 생각을 연결해 문제를 해결하는 경험이 더 중요하다. 아이들은 내재된 재능이 있다. 재능은 쉽게 드러나지 않는다. 아이의 재능을 발견하기 위해서는 부단히 노력해야 한다. 어른들은 흔히 아이들이 어려운 일에 도전하지 않는다고 생각하지만 아이에게 목적과 자발성을 심어주면 아이는 그 어떤 어려운 도전도 할 수 있다. 목표를 갖는 자발적 도전을 우리는 '의도적 노력'이라고 한다. 공부를 잘하는 길은 바로 '의도적 노력'에 있다.

아이에게 학습을 강요하지 않으면서 '의도적 노력'을 유도하는 방법이 있다면 그게 바로 비법秘法일 터다. 한 연구에서 유치원 아이들을 대상으로 실험을 진행했다. 누르면 소리가 나는 오리 장난감을 A 집단에는 "오다가 길에서 주웠는데, 무엇인지 잘 모르겠네, 너희가 알아보렴"이라고 말하며 건네주고, B 집단에는 "이건 오리 장난감인데 누르면 '삐삐' 소리가 난단다"라고 말하며 건네주었다. 그 결과 B 집단은 금세 싫증 내고 말았지만, A 집단은 오랫동안 오리 장난감을 관찰하며 특성을 발견했다. 이것이 탐구 학습의 효과이다.

다른 연구 결과도 있다. 놀이 중심 유치원의 원생들과 언어와 수학 등을 체계적으로 가르치는 유치원의 원생들을 비교해보니, 놀이 중심 유치원의 아이들이 초등학교 진학 후 학업성취도가 월등히 높았다. 두 연구는 '의도적 노력'을 어떻게 유도해야 하는지 시사한다.

학습 전 준비해야 할 필수 도구

초등학생은 무궁한 잠재성을 가지고 있다. 단지 아이들의 시험 점수를 올리는 것에 만족하면 안 되며, 아이들의 잠재력이 재능으로 꽃필 수 있도록 해야 한다. 두꺼운 문제집을 푸는 것만이 공부는 아니다. 인생을 사는 데 필요한 전반적인 지식과 지혜를 배우는 게 공부다.

어떤 학습이든 시작 전에 갖추어야 할 도구가 있다. 바로 '기초 학습력'이다. 배운 내용을 이해할 수 있는 기초 역량을 말한다. 초등 시기는 바로 이 '기초 학습력'을 준비해야 할 시간이다.

우리 아이들은 끊임없이 변화하는 시대를 살아갈 것이다. 그것도 상상을 초월할 정도로 빠르게 변화하는 세계를 말이다. 그렇기에 아이들에게 지금의 시험 체제는 필요 없어질지도 모른다.

하지만 아무리 시대가 변한다고 해도, 남다른 능력으로 새로운 무언가를 개발하거나 어떤 문제의 해결책을 찾는 힘은 변함없는 성공의 요인이다. 어떤 과목, 어떤 학습 환경이라도 스스로 통제할 수 있는 역량, 의지를 갖고 학습하는 태도를 잡아주는 것이 중요하다.

부모가 무심결에 던진 잘못된 메시지

부모가 아이의 점수에 집착한다면 아이들은 잘못된 메시지를 마음에 품을 수 있다. 바로 '틀리는 것은 나쁜 것'이라는 메시지이다. 틀려보는 것, 그리고, 틀렸다는 사실을 당당하게 드러낼 수 있는 것이 배움의 시작이다. 점수로 아이를 평가하면 아직 피어나지도 않은 아이의 잠재성을 묻어버릴 수 있다. 평가는 아이의 내재적 역량을 최대한 끌어내고, 기초 학습 도구를 준비해준 이후에 해도 늦지 않다.

이 책은 학습 역량의 핵심인 '생각'을 강화하는 법, '생각'을 나누기 위해 필요한 도구와 연습 방법을 제시한다. 코앞의 시험을 대비하는 공부법은 다루지 않는다. 하지만 기초 학습력을 갖춘 아이들은 시험 대비를 그다지 어렵지 않다고 느낀다.

흔히 우리는 잘 설명해주면 누구나 알아들을 수 있다고 착각한다. 하지만 그렇지 않다. '왜 그렇게 많은 시간을 투입해 가르쳐도 아이는 여전히 모르는 것일까?'라는 의문도 풀릴 것이다. 초등 시기의 아이들은 많이 보고 많이 놀아야 한다. 지식을 욱여넣는 학습은 금물이다. 학습이 필요한 내용을 이해하고, 자기 것으로 소화할 수 있는 기초적인 역량만 만들어두면 된다. 그래야 본격적으로 공부에 집중해야 할 중고등 시기에 남다른 힘이 생긴다.

17년 동안 관찰해온 다섯 유형의 아이들

아이들의 이해력은 똑같지 않다. 우리의 수업 경험으로 보면 아이들은 이해력에 따라 다섯 가지 그룹으로 나눌 수 있다.

1) 절벽형

설명하는 내용을 이해하기 어려워하는 아이들이다. 학교 수업이나 학원 수업을 들어도 받아들이지 못할 가능성이 크다. 30% 정도로 의외로 많고, 점점 늘어나는 추세이다.

2) 직진형

직진형은 한 가지밖에 받아들일 수 없다. 수학에서 곱셈을 배워도, 그것이 덧셈의 반복으로 이뤄진다는 것을 알아차리지 못한다. 한 가지를 가르치면 한 가지만 받아들이는 타입이다. 이 또한 30% 정도 된다.

3) 운전자형

운전자형은 전후좌우를 본다. 하나의 개념을 다른 개념과 연결해 이해할 수 있다. 곱셈을 가르치면 덧셈뿐 아니라 이 개념이 공간 개념으로 확대되는 것을 이해한다. 25% 내외이다.

4) 비행기형

비행기형은 14% 내외로, 개념을 전체적으로 바라보면서 조망할 수 있다. 다른 과목과의 연계성을 가르치면 이해할 수 있는 타입이다. 말하자면 성적 우수자이다.

5) 영재형

영재형은 1% 내외로, 스스로 깨치는 타입이다.

절벽형 아이에게 무계획적인 학원 수업은 무의미하다. 직진형 아이는 가르치는 내용을 이해는 하지만, 자기 것으로 만들지 못해 학습효과가 크지 않다. 운전자형 아이는 가르치는 내용을 자기 것으로 받아들일 수 있기 때문에 학원 수업이 과목 점수를 올리는 데 효과가 있다. 비행기형 아이는 학원에 가든, 가지 않든 필요할 때 배우면 교육 효과가 크다. 영재형 아이는 굳이 학원에 가지 않아도 된다. 학교 수업만으로 자신이 더 탐구해야 하는 부분을 스스로 알기 때문이다. 하나를 가르치면 열을 파악하는 타입이다.

좋다는 공부 방법을 많이 들어봤을 것이다. 하지만 아이들은 저마다 받아들이는 수준도, 지속하는 힘도 천차만별이다. 그러므로 초등학생 때는 이해도를 높이는 기초 역량 준비가 가장 중요하다.

절벽형 아이가 기초 역량을 강화해서 비행기형 아이로 점프하는 경우를 많이 봐왔다. 아이의 이해도는 변할 수 있다. 하지만 이것을 바꾸려면 노력이 필수적이다. 현재의 위치를 완전히 바꾸기 위해서는 점수 향상이 아닌 기초 학습 역량을 강화하는 데에 집중해야 한다.

시간이 걸리더라도 '공부 자립'을 해야 하는 이유

'의도적 노력'은 부모님이나 선생님의 일방적인 가르침으로 생겨나지 않는다. 아이가 적극적으로 참여해 스스로 깨치는 과정이 필요하다. 선생님이 가르쳐주는 방식은 빠르고 편하지만 아이의 머리에 오래 남지 않는다. 그에 반해 아이가 스스로 깨치면 시간은 조금 더 걸리지만 아이의 머리에 오래 남는다. 하나를 배우면 하나를 알 수 있지만, 하나를 깨치면 열 가지를 알아낼 수 있다.

자기 것으로 만들지 않은 지식은 쓸모가 없다. 그래서 교육하는 방법을 개선해야 하고, 그러기 위해서는 아이 스스로 무엇을 배우고 있는지 명확히 인지해야 한다. 특히, 급변하는 시대와 교육제도에 크게 영향받을 알파 세대, 즉 현재의 초등학생들은 자신에게 필요한 공부를 알아차리고 스스로 학습하는 힘이 필요하다. 자신에게 필요한 것을 알고, 그것을 이루기 위해 의도적으로 노력하는 일을 나는 '공부 자립'이라고 말한다.

특정 과목의 성적만이 중요한 시대는 지났다. 어떤 과목, 어떤 내용이든 그것을 수용해 자신의 것으로 만드는 힘이 더 중요한 시대이다. 공부는 '듣는 것'이 아니라 '하는 것'이기에 수동적인 태도에서 벗어나야 한다.

'공부 자립'은 남한테 휘둘리지 않고 자기주도의 공부법을 만드는 것이다. 중학교 1학년 정도면 향후 높은 단계의 학습을 수행할 수 있는 역량이 눈에 보인다. 집중과 지속, 몰입과 끈기와 같은 학습 태도도 어느 정도 정해진다. 지식을 바라보는 관점도 그것을 이해하고 통합하는 역량도 마찬가지다. 사실상 공부를 위한 대부분이 정해진다. 우리 경험으로 보면 그때까지의 준비 상태가 이후의 결과를 결정한다. 물론 바뀔 수는 있지만, 매우 어렵다. 초등학교 때보다 훨씬 많은 노력을 투입해야 변화할 수 있다. 그런데 고등학생 때는 그럴 시간이 없다. 고등학교에 가서 공부를 못한다고 타박하는 것은 갈등의 불씨만 될 수 있다. 이 책이 초등학생을 둔 부모에게 특별히 초점을 맞춘 이유는 이 시기가 그만큼 중요하기 때문이다.

크게 다섯 가지를 정리했는데, 첫 번째가 생각하는 공부 머리와 학습 습관을, 둘째는 학습에서 갈수록 중요해지는 문해력, 그중에서도 이해와 해석, 통합이 필요한 독해력과 그것을 연습하는 관점을, 셋째는 일반화하고 패턴화할 수 있는 역량으로 수학적 사고와 응용력을, 그리고 넷째는 새롭게 바라보기 위해서는 시각적 사고를 잘 활용해야 한다는 점을 강조하고 있다. 그리고 이 모든 과정에서 부모의 역할이 가장 중요하다는 점, 그래서 부모가 자녀와 소통하는 법에 대해 마지막 장에 썼다.

이 책은 공부 자립을 위한 기초 역량을 담았다. 백 사람이 있으면 백 가지의 공부법이 있다. 그렇기에 세세한 행동법보다는 공부 자립의 큰 틀을 이해하고, 그것을 자신의 아이에 맞춰 조정하라고 말씀드리고 싶다. 공부법을 곁눈질할 때 두 가지만 생각해보면 좋겠다. '내 아이를 알고 있는가? 내 아이에게는 무엇이 필요한가?' 이 책은 그 답을 확인하고, 공부 자립을 실천하는 좋은 지침서가 될 것이다.

17년간 초등 사고력 전문 프로그램을 개발해온
CPS교육연구소 박주봉 대표

차례

2부 독해력 | 공부 자립의 기초 도구

1부

사고력

공부 머리 만들기

공부 머리는
초등학생 때 결정된다

내 아이와 옆집 아이는 다르다

똑같이 배워도 아이마다 학업성취도는 다르다. 학년마다 학습 내용과 양은 정해져있는데 아이마다 소화하는 능력이 다르기 때문이다. 학습 내용을 소화하는 능력이 떨어지면 시간이 지날수록 소화되지 못한 지식의 양이 쌓이고, 다른 아이들과의 격차는 더 벌어진다. 이때 우리는 뒤처진 아이에게 '공부 머리가 없다'라고 말한다.

학부모님들이 많이 하는 말 중 하나가 "수학은 타고난 머리가 있어야 해. 우리 애는 어쩔 수 없는 것 같아"이다. 이 자조 섞인 푸념에는

'공부 잘한다고 인생 잘 사는 건 아니야. 나도 공부 못했는데 지금은 나름 잘 살고 있어'라는 합리화가 뒤따른다. 17년간의 상담 경험을 돌아보면 많은 부모님들이 '우리 애가 공부 좀 잘했으면' 하면서도 어찌할 수 없기에 합리화한다. 이 시기가 중고등 때이다.

'공부 머리가 없다'라는 말은 어떤 의미일까? 속된 말로 '머리가 나쁘다'라는 뜻이며, 타고난 지능이 떨어진다는 의미다. 사고력 강화 문제를 본 학부모님들은 "IQ 문제네", "타고난 게 있는데 지금 IQ 문제를 푼다고 머리가 좋아지나요?" 하고 냉소적으로 반응한다. 그뿐 아니라, 시험공부로 바쁜 아이들의 현실을 무시하는 뜬구름 잡는 이야기라고 폄하하기도 한다.

어떤 아이가 체계적인 사고력 훈련으로 변화한 사례를 말하면 "그야 그 아이가 원래 똑똑한 것이겠지요"라며 시큰둥하다. 이런 반응의 기저에는 '공부 머리는 타고난다'라는 믿음이 깔려 있다. 이 반응에 숨겨진 한 가지 믿음은 틀리고 다른 한 가지 믿음은 맞다. '머리는 타고난 대로 변하지 않는다'라는 믿음은 틀렸고, '머리만큼 공부한다'라는 믿음은 맞았다. 머리만큼 공부한다는 의미가 '공부 머리'라는 말에 들어 있는 셈이다. 공부 머리를 고급진 언어로 표현하면 지능이고, 학습 역량이다.

학습 현장에서 아이들마다 지식을 이해하는 속도와 깊이, 응용하는 역량이 다르다는 사실을 매번 확인한다. PISA Programme for International

Student Assessment *의 연구에 따르면 동급생 간에도 학습 역량이 4년 정도 차이 날 수 있다. 예를 들어 같은 초등 2학년이라도 어떤 학생은 4학년 수준의 학습 역량을, 어떤 학생은 1학년 수준의 학습 역량을 보일 수 있다. 그래서 2학년 수준의 지식을 똑같이 전달해도 자기 것으로 만들 수 있는 아이가 있고 그렇지 못한 아이가 있다. 그러므로 우리 아이의 다름을 인정하고 교육을 진행해야 한다.

학습 역량은 지식, 지능, 태도를 아우른다

'학습 역량'은 포괄적인 용어다. 우선 지식을 이해하는 힘이고, 나아가 그 지식으로부터 추론된 새로운 지식을 생성하는 힘이다. 또 지식을 융합하여 활용하는 응용력, 탐구하는 자세와 생각을 지속하는 힘, 도전하는 집착력과 긍정적 사고, 생각의 유연함 등이 포함된 단어다. 즉, 학습 역량이란 지식, 지능, 태도 등 머릿속에서 일어나는 모든 활동이다. 이 책에서는 학습 역량의 다른 말로 '사고력'을 사용하고자 한다.

학습 역량의 스펙트럼은 굉장히 넓다. 선천적 요인뿐 아니라 후천적인 교육과 환경의 영향도 얽혀있기 때문에, 아이마다의 차이가 심할 수밖에 없다. 그렇기에 아이들에게는 학습 역량의 차이를 극복하려는 시도가 필요하다.

*   경제협력개발기구(OECD)에서 주관하는 국제 학업성취도 평가

산업 시대에 일꾼 양성을 목표로 설립된 학교의 핵심은 '표준화'였다. 배움도 평가도 표준이 있어야 했다. 그렇지만 우리는 이미 표준화가 개인의 진로를 해결해주지 못하는 시대에 진입했다. 지금의 사회는 암기만 잘하는 사람을 필요로 하지 않는다. 지금은 더 정교하게 개인화한 교육, 개인의 생존력을 높이는 교육이 필요하다. 그렇기에 개별적인 차이를 극복하는 교육의 필요성이 커지는 것이다.

하지만 현재의 학교 교육은 개인화라는 필연적인 시대적 요청을 효과적으로 수용할 수 없다. 물론 이는 학교만의 잘못이 아니다. 시대가 빠르게 변하고 있기 때문이다. 학교가 개인화 교육을 제대로 실현하려면 엄청난 투자를 통해 혁신을 이루어야 한다. 그런 한계를 극복해보고자 플립러닝flipped learning**과 같은 실험적 시도들이 몇몇 학교에서 적용되고 있지만, 아직은 보편적이지 않다. 비전 있는 선생님 덕분에 특정 과목에서 개인화 교육에 성공했다 하더라도 그 과목에 그칠 뿐이다. 수학적 지능을 많이 자극해도 언어지능에는 아무런 영향이 없을 수 있다. 지능은 다양하고 서로 독립적이다.

학생마다의 개인적인 차이를 교육기관이 완벽히 극복하기는 역부족이다. 교육기관이 지식을 대신 소화해줄 수 없기 때문에, 결국 개인이 스스로 받아들일 수 있는 만큼 받아들이는 수밖에 없다.

**　　학생들이 스스로 예습을 통해 학습 내용을 이해하고 그 이후 교수자와 함께 토론을 진행하는 '역진행 수업 방식'을 말한다.

2025년부터 고교학점제가 도입되면 교과목의 수가 열 배 이상 늘어날 것으로 보인다. 그렇다면 국영수 중심의 사교육은 유용하지 않다. 아이 스스로 지식을 소화해야 한다. 가장 효율적인 대안은 무엇인가? 학습 역량, 즉 사고력을 높여주는 것이다. 어떤 과목이나 지식을 선택하든 그것을 수용하는 힘을 길러주는 것. 그것이 가장 효율적인 대안이다.

사고력이 '공부 머리'이다

넓게 보면 사고력은 사람 그 자체이다. 사람을 가장 사람답게 하는 것이 '생각하는 힘' 아닌가. 좁게 생각하면 사고력 즉 '생각하는 힘'은 문제를 해결하는 능력이다. 문제 상황은 언어든 수학이든 과학이든 과목에 상관없이 존재한다. 어쩌면 실생활에서 더 자주 만날 수도 있다.

예전에는 IQ 지수로 학습 역량을 평가하기도 했다. 요즘은 그러한 평가 지표가 세분화되었을 뿐 아니라, 뇌과학의 발전으로 지능의 작동 방식도 상당히 구체적으로 밝혀지고 있다. 지금은 '여러 가지 지능이 문제 해결 상황에서 복합적으로 작동하는 역량'을 생각하는 힘, 곧 '사고력'으로 통용한다. 학습 상황에서는 사고력이 '공부 머리'인 것이다.

최근의 연구들은 지능이 여러 형태로 존재한다고 본다. '다중지능이론'에서는 여덟 가지 지능을 제시한다. 논리·수리 지능, 언어지능, 공간지각지능, 자연탐구지능, 음악지능, 체육·운동지능, 개인이해지능,

대인관계지능이 그것이다.

창의성, 양심, 도덕성도 분명 두뇌의 활동인데 왜 지능이라고 하지 않을까? 다중지능을 이론적으로 확립한 하워드 가드너Howard Gardner는 지능을 정의하는 가장 기본적인 조건으로 '뇌의 특정 부위에서 일어나는 작용'을 꼽았다. 아직 창의성이나 도덕성이 작용하는 뇌의 핵심 부위가 확인되지 않았기에 지능으로 정의하지 않는다는 것이다. 이 말은 추후에는 창의성이나 도덕성도 지능으로 편입될 수 있다는 뜻이기도 하다. 중요한 점은 특정 지능을 처리하는 주요 부위가 존재한다는 사실이다. 언어를 처리하는 '언어지능' 부위가 따로 있다는 것이다.

그런데 언어 문제라고 해서 뇌가 오직 '언어지능' 부위만 사용하지는 않는다.

Q01 각 종이마다 한 장은 위에, 한 장은 아래에 포개어진 형태가 되도록 종이 여섯 장을 책상 위에 놓아보세요. 구부리거나 접거나 잘라서 배치해서는 안 됩니다.

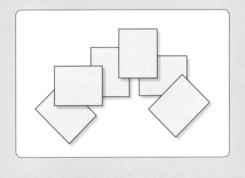

이 문제를 보자. 어떤 지능이 필요하다고 생각하는가? 우선 가장 먼저 예측할 수 있듯 공간지각지능이 작동한다. 그림을 잘 관찰하면 어떤 종이는 그 위에 종이가 없고, 어떤 종이는 그 아래에 종이가 없다는 것을 알 수 있다. 이것이 문제의 상황이다.

'모든 종이가 위에도 있고 아래에도 있도록 배치하라'라는 문제 텍스트를 이해하려면 언어지능이 작동해야 한다. 또 '공간 배치'를 위한 시각적 인지와, 머릿속에서 이미지를 그려보는 이미징imaging이 작동해야 한다. 발상의 전환이 필요한 창의적 요소도 들어있다. 이미징이나 창의성 등은 지능이라고 하지 않지만 두뇌의 작용임은 부인할 수 없다. 논리적 지능은 필요하지 않은가? 역시 필요하다. 공간의 선후를 파악하는 것 자체가 논리적인 지능이다. 이 단순해 보이는 문제를 푸는 데만 해도 몇 가지의 지능과 두뇌 작용이 필요하다.

학교에서 다루는 주요 교과는 대부분 언어와 논리, 수리 중심이다. 그런데 이 문제처럼 공간, 창의, 관찰, 이미징 등이 주된 영역으로 등장하면 학생들은 어떻게 반응할까? 머리 아프고, 아무런 생각이 들지 않고, 짜증이 날 수도 있다. 문제가 자극하는 뇌 영역이 학생들에게 낯설기 때문이다. 이때 새로운 자극을 무시해 버린다면 머리 아플 일은 없겠지만, 그 영역의 지능이 성장하지 않는다. 그러니 이 문제를 풀겠다고 마음먹는다면, 그동안 익숙하지 않았던 공간지각과 시각적 이미징에 대한 적응력이 생겨날 수 있다. 뇌 영역의 다양한 부분을 자극하는 연습으로 뇌 기능을 전반적으로 활성화할 수 있다는 뜻이다.

리차드 레스탁Richard Restak은 "뇌 기능의 활성화는 문제의 정답을 찾아야만 일어나는 것이 아니라, 답을 고민하는 과정에서 일어난다"라고 말했다. 그의 말은 답을 찾아야만 공부한 것으로 여기는 학습 관점과 거리가 멀다. 생각하는 과정 자체가 사고발달을 촉진하는 것이다.

'수학 머리가 없어서 수학을 못한다'라는 말은 그럴싸해 보인다. 그런데 수학의 많은 문제들은 시각 정보의 처리, 논리, 언어, 수리 등 다른 뇌 영역의 도움을 받는 경우가 대부분이다. 이것을 가드너는 '복합적인 문제 해결 상황'이라고 정의했다. 즉, 언어 영역 따로, 수리 영역 따로 문제를 처리하지 않고, 이들 영역이 서로를 돕는 방식으로 문제를 처리한다. 그러기 위해서는 각 영역이 잘 연결되어 있어야 하는데, 이를 '회로 연결'이라고 한다.

약 1,000억 개의 뉴런이 100조 개의 회로 연결을 만드는데, 연결의 패턴에 따라 처리 역량이나 관점이 달라진다. 수학 머리만 따로 있고, 언어 머리만 따로 있는 것이 아니고 그들이 서로 연결돼있어야 한다는 것을 암시한다. 사고력은 이런 뉴런들의 유기적인 작용이다.

사고력을 강화하면 각 지능 영역이 자극을 받아 활성화될 뿐만 아니라, 서로 연결된다. 즉, 수리 쪽에 자극이 들어오더라도 언어, 논리, 공간, 관찰변별, 창의 등 다른 영역도 동시에 준비 상태에 들어간다는 의미이다. 이런 자극을 주는 연습을 '사고력 훈련'이라고 한다. 구체적인 연습을 위한 문제와 수업의 경험은 '제3장 내 아이에게 맞는 사고력 훈련'에서 소개한다.

사고력 훈련은 태도 변화까지 이끌어낸다

사고력은 개별 지능의 작용으로 볼 수도 있고, 여러 지능이 함께 복합적으로 작동하는 것으로 볼 수도 있다. 최대한 효과적으로 작동할 수 있는 구조가 만들어지면 '공부 머리가 있다'라고 할 수 있다. 그런데 공부 머리가 있다고 해서 공부를 잘하는 것은 아니다. 의지와 긍정적인 마인드가 있어야 한다. 흔히 '머리는 좋은데, 공부는 못해'라는 표현은 아이가 공부를 안 한다는 말이다. 학습 의지 형성도 뇌의 활동이라는 점을 고려하면, 사고력 훈련에서 말하는 공부 머리 만들기는 이런 태도까지 포함하는 개념이어야 한다. 사고력 훈련을 농사에 비유하자면 밭에 쟁기질도 하고 불필요한 잡초도 제거하고 거름도 주어 곡식이 더 잘 자라는 땅으로 바꾸는 작업이다. 땅이 좋다고 수확이 잘 되는 것은 아니다. 씨앗을 뿌려야 하고 가꾸어야 한다. 농사지을 의지가 없는데, 좋은 밭이 무슨 의미가 있겠는가? 밭도 좋고, 농사지을 의지도 있어야 진정한 공부 머리가 생긴다. 이것이 바로 내가 주장하는 사고력 훈련이다.

사고력 훈련이 화두가 된 것은 지능을 후천적으로 계발할 수 있다는 연구 결과 때문이다. 가드너도 지능은 연습에 따라 상당한 수준까지 끌어올릴 수 있다고 강조했다. 그런데 개별 지능을 끌어올리는 것보다 각각의 지능이 특정한 문제 상황에서 함께 복합적으로 작동하도록 하는 것이 중요하다. 지능은 그렇게 작동하기 때문이다.

하지만 사고력 훈련은 공부 잘하는 아이들만 하는 것이라는 오해가 만연하다. '사고력'이라고 말하면 대개는 '사고력 수학'으로 이해한다. 인식이 이러하니 공부를 잘하지 못하는 아이들, 정작 사고력 훈련이 필요한 아이들은 사고력 교육을 접해볼 기회가 거의 없다. 사고력 교육이 시급한 아이들이 오히려 기회를 갖지 못하는 셈이다. 부모가 '생각하는 공부'를 하는 아이로 자녀를 키우려 해도, 어떻게 해야 하는지 가이드도 없을뿐더러, 체계적인 프로그램도 없다.

이른바 '사고력 수학' 프로그램이 시중에 많이 나와 있음에도 내가 '사고력 전문 프로그램'이 별로 없다고 말하는 이유는, 사고력은 수학의 심화 문제를 다루는 소위 '사고력 수학'보다는 더 넓은 범위의 개념이기 때문이다. 더욱이 '사고력'은 행동이나 태도의 변화까지 전제한다.

선천적이든 후천적이든 아니면 둘이 잘 결합되었든 공부를 잘하는 아이들은 기본적인 공부 머리와 태도가 준비돼있다. 대부분의 학원이 내세우는 '입학 실적'을 내는 아이들은 그 학원에 다니지 않았더라도 그 실적을 낼 만한 학생들이다. 그들은 편향된 자극만 받지 않는다면 이미 준비된 머리를 유지할 수 있다. 그러나 우리가 경험한 바로 이런 아이들은 3%도 되지 않는다. 그런데 초등학교 시절에는 이런 격차가 잘 보이지 않는다. 그러다 보니 초등학교 때 이것저것 따라 하다가 오히려 방향성을 잃는 아이들이 많다. 잠재성을 충분히 키울 수 있음에도 불구하고 결정적 시기를 놓쳐버리는 것이다. 우리 연구소는 이 부분을 늘 고민해왔다.

생각하는 훈련을 해보면 그 도전 자체에 흥미를 느끼는 아이들이 있고, 거들떠보기도 싫어하는 아이들이 있다. 인간은 매 순간 의사 결정을 하고 그에 따라 행동한다. 이런 행동을 무수히 반복하면 의식적인 결정 없이도 자동화된다. 생각하는 훈련을 싫어하는 아이들에게는 이미 공부 자립을 거부하는 태도가 만들어지고 있다는 말이다.

우리는 그 태도 하나만으로도 교과 지식에 대한 아이의 이해도를 예측할 수 있다. '생각하는 일은 해볼 만하다'라는 의식을 강화하면 지식을 습득하는 힘이 세진다. 현재 학습에 어려움을 겪는 아이들이 이러한 태도만 바꾸어도 상위권으로 뛰어오르는 경우를 많이 보았다. 대부분의 아이들은 잠재적 가능성을 가지고 있다. 변화는 사고력의 강화에서 나온다.

잘못된 자극을 주지 않는 것이 우선이다

2006년 처음으로 개인 맞춤 사고력 훈련 프로그램을 선보였을 때 이에 동조하는 부모님은 많지 않았다. 시간이 많이 흘러 지금은 사고력 훈련의 의미를 정확히 아는 학부모님이 많이 늘어난 것 같다. 하지만 당시나 지금이나 사고력 훈련을 받을 기회는 적다. 외부에서 진행하는 사고력 프로그램을 시키든, 집에서 사고력 훈련을 시키든 두 가지는 분명히 생각할 필요가 있다.

첫 번째는 '사고력이 무엇이며 어떤 목적으로 훈련해야 하는지, 그것이 우리 아이에게 얼마나 필요한지'이다. 아이가 생각이 깊고 대상에 다양하게 접근하며 공부를 잘한다고 생각하면 굳이 할 필요가 없다. 그 아이는 학교 수업을 통해 필요한 사고를 끄집어내고 연결할 줄 알 것이다. 그 상태에서는 무엇을 더 얹어 학습시키지 말고, 불필요한 편향적 자극만 피하게 해주면 된다. '주변에서 모두 하니까'가 아니라 '내 아이에게 꼭 필요한가'를 한 번 더 생각해야 한다.

두 번째는 부모의 태도가 아이의 사고 활동에 큰 영향을 미친다는 점이다. 부모가 아이를 정확히 알고 대응하는 것만으로도 아이의 사고력 강화와 공부 자립에 큰 영향을 미친다. 어떤 프로그램을 들어야만 사고력 훈련이 가능하다는 생각은 버려야 한다. 가정에서의 대화, 생활이 모두 영향을 미친다. 그렇기에 아이를 어떻게 바꾸겠다는 마음보다는 아이에게 잘못된 신호를 주지 않겠다는 다짐이 더 중요한지도 모른다. 잘못된 신호는 아무것도 안 하는 것보다 더 나쁠 수 있다. 뇌는 자극에 반응하면서 학습하기 때문에 잘못된 자극은 잘못된 반응을 이끌어낸다. 가령, 공부를 잘하지 못하는 아이에게 사교육을 지나치게 시키는 경우를 생각해보자. 아이를 위해서라지만, 잘못된 신호가 될 수 있다. 공부는 스스로 준비가 돼있어야 한다. 그 준비는 머리, 심리, 마음가짐, 행동, 환경 등이다.

사고력 문제집을 몇 권 풀었는지로 사고력 훈련을 평가하는 사람들을 많이 보았다. 헨리 뢰디거 Henry J. Roediger는 아이들이 '안다는 착각'에 빠지는 경우가 많다고 했다. 강의나 교재를 완전히 숙달했다 하더라도 그 근본적인 생각을 소화했다고 볼 수는 없다. 다른 지식과의 연관성을 이해했다고도 보기 어렵다. 달리 해석하면 교재 내용을 완전히 이해하고, 응용하고, 앞에서 배운 지식과의 연관성을 이해하는 것이 제대로 된 공부라는 말이다. 사고력이 뛰어나다는 말은 이것이 가능한 상태를 말한다. 그러므로 사고력 교재 몇 권을 완전히 마스터했으니까 사고력이 커졌을 것이라는 생각은 착각이다.

15년 전 우리 연구소를 방문한 아이의 사례가 지금도 마음을 울린다. 우리 연구소에 처음 왔을 때 그 아이는 일곱 살이었다. 우리 사고력 프로그램은 초등학교 1학년 이상이 대상이므로, 1년을 기다려야 한다고 했다. 아이의 어머니는 알았다고 했고, 정말 1년 후에 다시 찾아왔다. 사고력을 진단했더니 각 영역이 매우 이상적으로 발달해있었고, 0.1%의 최상위 결과가 나왔다.

아이의 어머니에게 아이를 어떻게 교육했는지 물어보았다. 그 어머니의 대답은 간단했다. 특별히 한 것은 없다고 했다. 심지어 그 아이는 유치원도 다니지 않았다. 그래도 무엇인가를 하지 않으면 이런 결과가 나오지 않는다고 재차 물으니 그제야 대답을 하시는데, 너무 단순해서 더 놀랐다. "그냥 아이하고 말을 많이 했어요." 예를 들어 아이가 생후 3개월 무렵에 비가 오는 날이면 처마 밑에서 빗소리를 들으며 아이가 알아듣든 못 알아듣든 "이것이 빗소리란다"라고 알려주었다고 한다. 공원에 나가 나뭇잎을 만져보고, 나뭇잎이 흔들리면 "바람이 나뭇잎을 흔드는 것이란다"라는 식으로 그저 아이와 이야기를 많이 나누었다는 것이다. 유치원도 다니지 않으니 의도적으로 무엇을 가르치지는 않았고, 한글도 자연스럽게 익혔다고 한다. 주말이면 서점이나 공원, 박물관을 찾아가 구경하고 거기에서 소소한 이야깃거리를 찾았다고 했다. 그것이 전부였다.

아이가 무엇이든 받아들이는 정도가 빨라 7세 때 영재성 검사를 했더니 영재라고 판별해 주었다고 했다. 그래서 '아이를 어떻게 교육해야 하나?'라는 생각에 우리 연구소를 찾아왔다는 것이다. 그래서 우리는 영재교육기관이 아니라 사고력을 훈련하는 곳이라고 설명드렸다. 아이의 고른 사고발달 상태를 해치지 않고 키워주는 것이 우리가 해줄 수 있는 전부라고 했다. 그렇게 해서 아이는 우리 연구소를 6년 동안 다녔다. 초등학교는 1년 다니다가 홈스쿨링으로 전환했다. 사실상 초등 생활은 CPS연구소에서 경험한 셈이다.

동시에 우연히 발견한 음악적 재능을 키워줬다. 돈이 많이 드는 피아노 사사師事는 열 살에 아이의 재능을 발견한 한 교수님이 무료로 해주었다. 교과 공부는 혼자서 해야 하므로, 혼자 할 수 있는 힘을 우리 사고력 훈련으로 강화했다. 그 아이는 세계적인 피아노 콩쿠르에서 대상을 수상했다. 현재는 해외 스승도 만나 유명한 대학에서 유학 중이다.

이 아이의 어머니는 아이에게 필요한 것이 무엇인지에만 집중했다. 꼭 해야 할 것을 찾되, 소문에 휘둘리지 않았다. 영재라고 하면 시도할 법한 선행 학습도 생각하지 않았다. 아이가 스스로 공부할 수 있는 힘을 만들어주는 것, 그리고 재능을 뒷받침해주는 것에 초점을 맞추었다. 음악적 재능이 있으니, 굳이 공부할 필요가 없어서 그랬으리라 짐작하는 사람도 있겠지만, 이 아이는 초등학교 5학년 나이에 혼자서 중학 수학을 끝냈다. 그제야 어머니가 앞으로 공부를 할 수도 있으니 고등 수학은 선생님을 붙여야 하지 않겠느냐고 상담해와 개인 과외 선생님과 함께하는 게 낫겠다고 조언해주었다. 만약 피아노 콩쿠르에서 대상을 받지 못해 음악을 하지 않았더라도, 이 아이는 공부로 성공했을 것이다.

이 어머니는 음악에 대한 아이의 특별함을 알아차렸고 그것을 키워줄 선생님을 열심히 찾았다. 나아가 음악을 하든 무엇을 하든 스스로 필요한 지식은 소화할 수 있는 힘을 만들어주어야 한다는 소신이 있었다. 하고자 하는 의지와 소화할 수 있는 머리만 있으면 지식은 언제든지 배울 수 있다는 것이 그 어머니의 생각이었다. 이 사례가 많은 부모들에게 시사하는 바가 있었으면 한다.

'많은 것을 하면 좋겠지'라는 막연한 생각을 버리고, 내 아이에게 필요한 것이 무엇인지에 집중해야 한다. '잘못된 자극은 주지 않는 것이 낫다'라는 극단적인 표현은 아이를 이해하려는 노력이 선행되어야 함을 강조하기 위해서 사용했다. 아이를 아는 것, 그리고 지금 해야 하는 것과 나중에 해도 되는 것, 무엇이 더 근본적인 것인지에 관심을 가졌으면 한다.

'타고난 머리' 탓하지 말라

중학교 고학년, 고등학교에 들어가면 아이들이 자주 듣는 말이 있다. '이과 머리, 문과 머리'라는 말이다. 옳지 않은 구분이지만, 의외로 많은 사람들이 받아들인다. 심지어 언론에서조차 그런 용어를 쓰곤 한다. 현대의 뇌과학자나 인지심리학자들은 '새로운 지식을 배울 때마다 뇌에서는 변화가 일어난다'라고 주장한다. 이때 '배운다'라는 말의 의미를 학자들과 부모들이 서로 다르게 이해한다. 학자들에게 '배운다'라는 것은 '지식을 응용하고 다른 지식과 연관성을 찾는다'라는 말이다. 즉, 학자들의 주장은 깊은 사고 활동을 통해 지식을 연결하며 뇌는 개선할 수 있다는 뜻이다. 하지만 대부분의 일반 사람들에게 배움은 강의나 교재를 완전히 통달하는 것을 의미한다. 전자는 사고의 활동을 강조하고, 후자는 기억력을 강조한다.

아이마다 사고하는 패턴이 다른 것은 당연하지만, 이과나 문과 머리로 구분할 수 있는지는 아직 밝혀진 바 없다. 지능은 후천적 교육으로도 개선할 수 있다. 후천적인 개선만으로도 어떤 분야의 직업인으로 생활할 수 있다. 수학 머리가 선천적으로 떨어지는 경우, 수학자는 되지 못해도 중고등 수학을 따라가는 데 지장 없을 만큼은 개선할 수 있다고 이해해도 된다. 언어 역량이 떨어져 작가는 되지 못해도, 기사를 쓰는 기자는 될 수 있다.

보통 사람들의 교육 목표는 수능을 잘 봐서 좋은 대학에 들어가는 것이다. 물론 후천적으로 적절한 자극이 전제돼야 하겠지만, 머리 때문에 수능 점수가 안 나온다는 말은 핑계라고 본다. 고등학생의 70%가 '수포자'라는데, 70%가 수학을 포기할 정도로 어렵다면 그 교육과정이 잘못된 것이다. 고등학교까지의 표준 과정은 누구나 할 수 있고 해야 하는 최소한의 수준이다. 타고난 머리가 없더라도 얼마든지 수행할 수 있다. 『울트라러닝, 세계 0.1%가 지식을 얻는 비밀』의 저자 스콧 영Scott Young은 집중력을 발휘한다면 타고난 머리와 상관없이 학습이 가능하다고 주장한다. 뇌는 훈련하는 대로 따라온다는 것이 그의 주장이다. 모든 사람에게 일반화할 수 있는지는 더 연구해 봐야겠지만 적어도 타고난 머리를 탓하지 말라는 충고로는 충분하다.

매우 똑똑한 초등학교 4학년생 아이가 있었다. 전체적인 사고 수준이 상위 10% 정도로 우수했다. 그런데 다른 영역에 비해 수리영역의 수준이 떨어졌다. 특히 수에 대한 감각이 부족했다. 그렇지만 전체적인 사고 수준이 우수해 학교에서는 항상 상위권을 유지했다. 하지만 수에 대한 감각이 떨어지면 문제를 한 번만 비틀어도 어떻게 접근해야 하는지 어려워할 수 있기에, 그 부분을 채워줄 필요가 있었다.

이 학생은 방학 한 달 동안 수를 가지고 노는 수리 문제로 추가 훈련을 했다. 하루 세 문제 정도씩 풀어갔다. 수학 문제집을 푼 것이 아니다. 수리적 감각을 높이는 문제에 도전했다. 결과적으로는 한 달 만에 수 감각이 올라갔고 안정화됐다. 수학에 대한 자신감을 만들어주고, 수에 대한 두려움을 없애준 셈이다. 만약 이 학생이 이 문제를 해결하지 않고 중학교로 올라갔다면, 상위권이던 수학 성적이 떨어지고 '원래 수학 머리가 없었던 것'이라고 했을지도 모른다.

지식 간의 연결이라니 그게 무슨 말인지도 잘 모르겠고, 수의 관계를 따지는 수 감각이라는 말도 감이 잡히지 않을 수 있다. 그래서 샘플 문제를 하나 준비했다. 다음 그림을 보자.

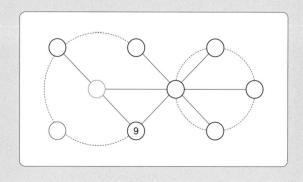

<u>Q02</u> 동그라미에 1부터 9까지의 수를 하나씩 써넣어, 네 개의 직선 위에 있는 동그라미에 들어갈 수의 합, 그리고 점선 위에 있는 동그라미에 들어갈 수의 합이 모두 19가 되도록 하라.

이 문제 해결에서 필요한 지식은 한 자릿수 여러 개를 더하는 연산이다. 예를 들어 2 + 8 + 9 = 19와 같은 것이다. 이 연산 문제는 언어 해석, 논리적 관계성, 덧셈의 활용 등을 연결하여 해결해야 한다. 이렇게 복합적인 지능을 사용해 문제를 해결하는 과정이 위에서 말한 '알고 있는 지식을 응용하고 관계 짓는다'의 의미이다.

이 문제에는 총 여섯 개의 식이 있고, 그 여섯 개의 식의 결괏값이 모두 19가 돼야 한다. 초등 2학년 2학기 이후라면 이 지식은 모두 알고 있다. 그럼 한번 풀어보자.

1) 어떻게 수를 배치해야 할지 막막해 보인다. 세 개의 동그라미를 포함하는 선분이 모두 몇 개인가? 네 개이다. 그 선분에 해당하지 않는 동그라미가 한 개가 있다는 것을 알 수 있다. 이것이 관찰의 결과이다.

2) 이제 수 감각이 작동할 때이다. 선분 위에 있는 동그라미에 1이 들어갈 수 있는가? 1이 들어가서 19가 되는 경우는 $1 + 9 + 9 = 19$밖에 없는데, 숫자를 중복해서 쓸 수 없다고 했으니, 1은 들어가면 안 된다. 즉, 1은 선분에 해당하지 않는 동그라미 한 개에 들어갈 수이다.

다음으로 점선으로 표시된 것을 관찰해보자. 여덟 개의 동그라미는 점선 위에 포함돼있고, 한 개의 동그라미만 점선 위에 있지 않다. 왼쪽의 점선 위 동그라미와 오른쪽의 점선 위 동그라미는 겹치지 않는다. 이 말은 두 점선에 들어가는 수들을 모두 더하면 38이라는 말이다. 그런데 1부터 9까지 모두 더하면 45이다. 그럼 점선에 포함되지 않는 동그라미에 들어갈 수는 얼마일까? $45 - 38 = 7$. 즉, 7이다. 이처럼 관찰을 세밀하게 하고, 수 감각을 발휘하여 7은 색칠된 가운데 동그라미에, 1은 왼쪽 아래 초록색 동그라미에 들어가는 것을 알 수 있다. 논리적으로 분석하지 않더라도 감각적으로 읽어낼 수 있다. 이것이 수 감각이다.

두 수가 정해지면 나머지는 간단하게 풀린다. 그런데 그런 감각이 없다면 어디서부터 손을 대야 할지 모른다. 물론 논리적으로 생각해 복잡하게 풀어갈 수도 있다. 하지만 수 감각 덕분에 빠른 해결책을 찾아낼 수 있다. 이 문제는 2학년의 5%, 3~4학년의 10% 남짓이 해결한다. 그 정도만이 이런 생각을 끄집어낼 수 있다. 나머지 아이들도 이 감각을 인지한다면 문제는 쉽게 풀어낼 것이다. 여기서 연습하는 것은 세 수의 덧셈이 아니다. 그들의 상관관계를 인지하는 연습이다. 이런 문제는 당연히 학교 시험에 나오지 않는다. 그래서 필요가 없다고 말하는 부모님이 많다. 하지만 이 문제는 지식을 어떻게 쓸 것인지 활용 역량을 묻고 있다. 이것이 사고력이며, 수학적 지식의 활용이므로 수학적 사고력이다.

이런 경험을 하는 것과 하지 않는 것, 그 차이는 어떠할까? 리차드 레스탁이 "답을 찾았을 때 사고력이 크는 것이 아니라, 풀지 못했더라도 그 과정에서 사고력이 커진다"라고 말한 의미를 되새겨보자. '3%만이 해결했다'라는 말은 대부분의 학생들이 그냥 포기한다는 뜻이다. 그러나 이 아이들도 훈련을 받는다면 할 수 있다. 단, 현재의 상태를 개선하려는 분명하고도 의도적인 노력이 있어야 한다.

이때는 집중이 필요하다. 집중은 뇌에 강한 자극을 주고, 강한 자극을 받으면 뇌는 자면서도 생각한다. 이런 도전을 쉽게 포기하고 선생님의 설명만 기다리고 있다면, 나중에 머리 탓을 할 가능성이 높다. 대학 입시를 준비하면서 이과 머리, 문과 머리 '탓'은 하지 않는 것이 좋다. 초등·중등 때 올바른 교육을 해주지 않았다는 자백이나 마찬가지다.

사고력 훈련으로 내 자녀를 공부 머리 있는 아이로 만들기

한 학년을 대상으로 같은 교재를 같은 수준의 강의로 교육한다면, 수준을 어디에 맞추든 반드시 이탈자가 생기게 마련이다. 개개인의 편차를 학교에서 또는 학원에서 잡아주기는 매우 어렵다. 왜냐하면 개인을 파악할 진단 도구도 없거니와 개별화할 수 있는 학습 시스템도 없기 때문이다.

아래 차트 1은 CPS교육연구소 사고력 진단 도구로 진단한 5학년 학생들의 결과이다. 상위 3%에서 92%까지 사고 수준이나 성향의 차이를 잘 보여준다.

이 그림을 보고 어떤 아이가 공부를 더 잘할지 추측할 수 있다. 여섯

차트 1 초5 사고력 진단 결과 예시

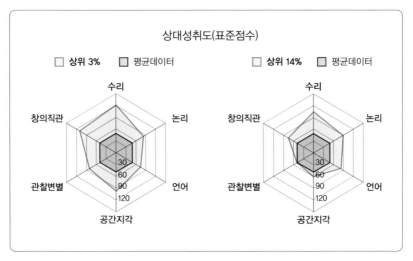

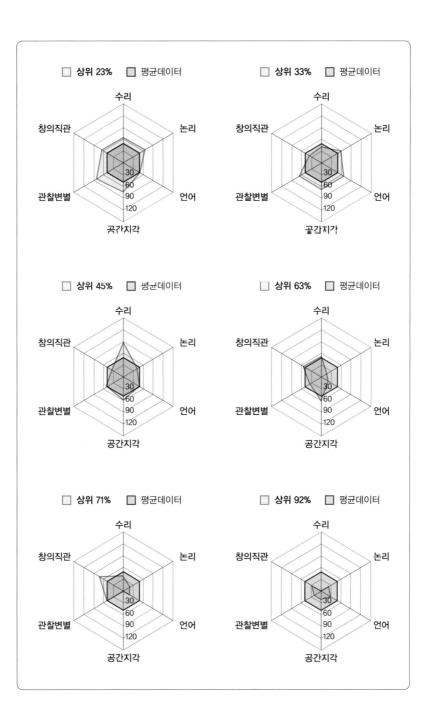

개 영역이 만들어내는 넓이가 그 아이의 사고 역량을 나타낸다. 점수가 가장 높은 아이에게서 보이는 넓이와 가장 낮은 아이에게서 보이는 넓이는 거의 20배 이상 차이 난다. 같은 학년이라도 매우 큰 격차가 있다는 것을 보여준다. 이 둘을 비교하면 적어도 2년 반, 더 심한 경우는 3년의 차이가 난다고 추측할 수도 있을 것이다. 3천 명이 넘는 5학년 학생들을 표본으로 진단한 만큼 실제 교실에서도 이런 수준차가 날 수 있다고 예상할 수 있다.

자기 학년의 수학 과정을 따라가지 못하는 아이들이 상당히 많다. 학원에 갔을 때 수업 시간이 끝나기만을 기다리는 아이들이 30% 정도이다. 이 아이들은 3학년 수학 개념 어딘가에 구멍이 생긴 것이다. 그전일 수도 있다. '아는 것 같은 착각'인지 '진짜 알고 있는 실력'인지는 설명을 시켜보면 안다. '5학년이 3학년 것을 못 할 리가…'라는 생각은 부모들의 기대이고, 실제로는 많은 수가 존재한다. 아이가 안고 있는 문제를 진단하지 않으면 바꾸지 못한다. 70%의 아이들은 수리, 언어, 논리, 공간 등의 역량이 동시에 작동하지 않는다고 보면 된다. 이들에게 수학 선생님의 강의나 설명은 공허한 메아리로 들릴 가능성이 있다.

평균선에 있는 45%대 아이 둘을 비교해보자(차트 2). 왼쪽 아이는 수리가 엄청 높고, 공간지각과 관찰변별은 평균, 언어, 논리, 창의직관은 많이 떨어진다. 반면 오른쪽 아이는 창의가 높고, 수리와 논리가 낮다.

둘 다 사고 수준은 44%, 45%대로 비슷하다. 둘의 생각하는 방식은 어떨까? 앞의 아이는 뭔가 새로운 방식으로 생각하는 것을 즐기지 않

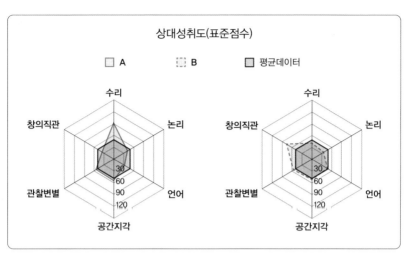

차트 2 평균선 45% 같은 수준대의 사고방식 차이

는다. 즉, 새로운 주제나 문제가 나오면 회피할 가능성이 크다. 뒤의 아이는 수리나 논리처럼 꼼꼼히 따져 분석하는 것은 막연히 싫다고 생각할 가능성이 크다. 인지도 직관적으로 하는 경향이 있다.

좋아하는 것만 공부할 수는 없다. 학습에서 위의 요소들은 모두 필요하다. 공부 머리를 만든다는 것은 위 그림의 사고 영역을 넓히는 일이다. 위 그림에서 오른쪽 아이는 수학 시간에 다른 생각을 할 가능성이 크다. 최소한 멍하게 있지 않도록 해야 하지 않겠는가? 이들에게 필요한 것은 충분하면서도 고른 자극을 주어 전체적인 넓이를 키우는 것이다. 초등 시기는 뇌가 매우 활발히 변할 수 있다.

그렇다면 공부를 잘하는 아이에게는 사고력 훈련이 필요 없다는 말인가? 아니다. 앞에서 살펴봤듯이 사고 수준이 같아도 아이들마다 생각하는 방식이 다르다. 그러므로 아이가 쓰기 싫어하는 영역의 자극을 높여 적응력을 키울 필요가 있다. 현재 높은 수준의 사고 역량을 가지고 있더라도, 상대적으로 덜 쓰는 뇌 영역을 규칙적으로 자극하는 것이 좋다.

더 중요한 사실은 공부를 잘하는 아이도 그 패턴이 그대로 유지된다는 보장이 없다는 점이다. 초등 시기의 뇌는 매우 가변적이다. 그러므로 균형 잡힌 패턴을 유지하도록 훈련시키는 게 좋다. 앞에서 언급한 것처럼, 여기서 말하는 공부 잘하는 아이는 교재를 완전히 이해하는 아이가 아니라 그 교재 내용의 본질적 의미나 다른 지식과의 관계성까지 파악하는 아이를 말한다.

아래 그림(차트 3)을 보자. 상위 3% 수준인 두 학생의 진단 결과이

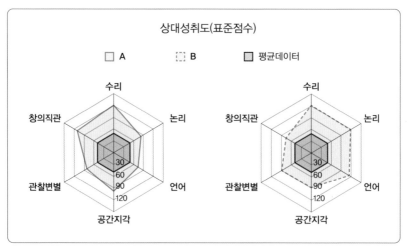

차트 3 상위 3% 같은 수준대의 사고방식 차이

다. 두 아이는 수리와 공간을 빼고는 상반되는 성향을 보인다. 왼쪽의 아이는 창의가 높고 논리, 언어가 낮다. 반면, 오른쪽 아이는 논리, 언어가 높고 창의가 낮은 편이다. 예를 들어 논리적 추론을 해야 하거나 문장이 길어지는 경우 왼쪽 아이는 오른쪽 아이보다 문제 해결에 큰 어려움을 겪을 수 있다. 물론 그렇다고 해서 오른쪽 아이가 더 우수하다고 말할 수는 없다. 접근하는 방식이 다르고 생각하는 방식이 다르기 때문이다.

사고력 진단의 목적은 평가가 아니다. 교육의 방향을 세울 때 참조하기 위함이다. 진단 조건은 동등해야 한다. 진단을 받는 학생이 알고 있는 지식의 범주를 벗어나면 안 된다. 그래서 우리는 진단 시 철저히 교육과정의 범주를 지킨다. 지식의 차이로 생각하는 힘이 평가되는 오류를 막기 위함이다. '적용할 만한 지식이 없으면 지식을 응용할 수도 없다'라는 심리학자 로버트 스턴버그Robert J. Sternberg의 말은 지식이 학습에서 충분조건은 아니지만 필요조건은 된다는 의미이다. 그러므로 사고력을 진단할 때 지식의 높낮이에 따라 좌우되지 않도록 해야 한다.

공부 머리는 현재 얼마나 많은 지식을 아는지에 달린 것이 아니다. 하나의 지식을 주었을 때 그 본질을 꿰뚫고 다른 지식과 연결할 수 있느냐가 중요하다. '하나를 가르치면 열을 아는' 것이 공부 머리다. '하나를 가르쳐도 하나도 제대로 알기 어려운 상태'의 아이에게 "열심히 노력하라"라는 말은 심리적 고통만 줄 뿐이다. 아이를 알고 아이의 공부 머리를 촘촘히 챙겨보아야 한다. '본질을 꿰뚫고 다른 지식과 연결하는 힘'은 사고 역량에서 나오며 이는 '생각하는 습관'의 산물이다. '생각하는 습관'이 쌓이면 공부 머리가 만들어진다.

내 아이의 미래를 가를 결정적 시기

한나 크리츌로우Hannah Critchlow 케임브리지대 교수는 "뇌는 노년기까지도 가소성을 유지할 수 있다. 그래서 행동을 바꿀 수 있는 능력이 평생 유지된다고 해석하고 싶은 유혹이 든다. 자신의 행동과 생각을 마음먹은 대로 얼마든지 바꿀 수 있다고 믿고 싶은 유혹도 든다. 솔깃한 얘기들이지만 별로 옳은 생각은 아니다"라고 말했다.

공부 머리를 가르는 결정적 시기는 초등학생 때이다. 중학교 고학년이나 고등학생 때는 이미 공부 머리가 굳어진다고 보면 된다. 우리 뇌의 뉴런은 지식이 늘어남에 따라 새로 만들어지고 계속 연결된다. 하지만 개인의 사고 패턴이 어느 정도 굳어지면 그것을 교정하기 훨씬 힘들고 어렵다.

스탠퍼드대학교 심리학과 교수 캐롤 드웩Carol S. Dweck은 마인드셋mindset을 연구하면서 한 가지 실험을 했다. A 그룹에는 다음과 같은 조언만 했다고 한다. "머리는 얼마든지 좋아질 수 있으며 그렇게 할 수 있다고 믿는 것이 중요하다. 뇌의 발달은 노력과 학습의 결과이다." 즉, 생각의 관점을 바꾸어준 것이다. 반면 B 그룹에는 어떻게 하면 배운 것을 오래 기억할 수 있는지 알려주었다. 두 그룹을 비교한 결과 A 그룹이 훨씬 높은 성장을 보였다.

이것이 '성장 마인드셋'이라는 이론이다. 즉, 관점에 따라 학습 성과가 다르다는 것이다. 이때 관점은 그 아이가 가지고 있는 모든 인식 체계를 포함한다. 그 관점이 구체적으로 생성되는 시기가 초등에서 중학교 저학년이다. 이 시기를 결정적 시기라고 하는 이유는 그 시기에만 뇌가 확장하기 때문이 아니다. 아이의 관점이 완전히 정립되기 전이며, 뇌가 빠르게 확장하는 시기이기 때문이다.

요즈음 학부모들은 "중학교 1학년만 되어도 아이를 통세할 수가 없다. 말을 듣지 않는다"라고 하소연한다. 중학교 1학년은 자기 생각과 관점이 만들어지는 시기이다. 부모와 다른 관점을 가질 수 있다는 말이다. 관점이 다르면 생각이 달라지고 생각이 다르면 행동이 달라진다. 행동의 변화를 요구하는 부모의 조언은 잔소리로밖에 들리지 않는다.

공부하라는 간섭 없이도 스스로 공부하는 아이를 기대하는가? 그렇다면 아이가 공부에 대한 생각이 굳히기 전에 올바른 자극을 주어야 한다. 그것이 초등 시기이다. 헨리 뢰디거는 연습을 습관화할 수 있다고 말했다. 강의를 섭렵하고 교재를 완전히 통달하는 연습만 하면 그것이 습관이 될 것이고, 어떤 지식의 본질을 찾고 다른 지식으로 연결하며 새로운 호기심을 끌어내는 연습을 하면 그것이 습관이 될 것이다. 즉, 연습이 올바른 방향이어야 한다. 공부 습관은 공부를 처음 접하는 초등 시기에 만들어진다. 그 6년 동안 익힌 습관이 그대로 중고등 시기에도 유지될 가능성이 크다.

A 학원은 학생 스스로 깨쳐 가도록 기다려주고, 필요한 때만 자극과 조언을 주는 방식으로 운영한다. 학생은 스스로 생각해야 하므로 더 힘들다. 다루는 문제의 수도 적다. 그런데 B 학원은 진도를 정해두고 학생이 모르는 게 생기면 선생님이 명쾌하고 쉽게 설명해준다. 그래서 학생도 뭔가 공부를 한 것 같고, 진도도 많이 나갈 수 있다. 학부모라면 어떤 학원을 선택할까? 대부분은 B 학원을 선택한다. 그러니 '스타 강사, 일타 강사'라는 말이 나온다. 이것이 사교육의 현실이다.

그럼 학원 원장 입장에서는 어떤 길을 선택할까? 수요가 몰리는 길을 택할 수밖에 없다. 소수의 원장이 A 학원처럼 하더라도 오래 버티기 힘들다. 그래서 길 하나만 남게 된다. B 타입의 학원에서는 초등 4학년이면 선행 학습을 하는 말도 안 되는 일이 벌어진다. 같은 학년이면 모두가 비슷한 수준이라는 착각에서 일어나는 일이다. 결국 B 학원의 방식에 학생도 학부모도 길들여진다. 그리고 그런 학습 습관이 자리 잡게 된다.

많은 학부모들이 딜레마에 빠지는 시기가 아이의 중학교 입학 이후라고 한다. '진도에 따라 착착 선행했는데, 아는 것이 없다. 뭐가 잘못되었을까? 왜 배웠는데 모를까?' 하는 고민에 빠진다. 당연히 B 학원 타입의 습관은 바람직하지 않기 때문이다. 중학교만 가도 알 수 있는 걸 왜 초등 시기에는 보지 못하는 것일까?

초등 때는 시험도 보지 않을뿐더러 생각하는 힘을 측정할 방법도 마땅치 않다. 설령 시험을 보더라도 개념의 이해도를 측정하는 수준이지고난도의 사고가 필요한 시험은 거의 없다. 그러므로 사고력의 차이가 어느 정도인지 가늠하지 못한다. 공부를 열심히 하고 문제를 많이 풀고 암기하는 것으로도 일정 수준 이상을 유지할 수 있는 때이므로 그저 잘하고 있다고 착각한다.

그러나 중학교 교과목의 폭이나 깊이는 초등 시기와는 확연하게 다르다. 또 고등학교는 중학교와 비교하면 확연하게 어렵다. 체감도가 다른 이유는 개념이 두세 개씩 중첩되거나 사고 영역이 여러 개 연결되는 등 문제가 복잡해지기 때문이다. 말하자면 하나의 개념과 지식을 아는 것에 그치지 않고 여러 개념, 사고 영역을 통합하는 능력이 필요해진다. 쉽게 말해 생각하는 힘이 더 필요하다.

더구나 요즘 시험은 서술형이 40%를 차지할 만큼 유형이 바뀌었다. 서술형 문제는 어떤 접근 전략을 수립하고 그에 따라 어떤 해결 과정을 거쳤는지를 묻는다. 일종의 문제 해결 프로세스를 서술하는 것이다. 사고력의 힘이 서서히 드러나는 순간이다.

공부 잘하는 아이와 그렇지 못한 아이가 더 극명하게 나뉘는 시기는 고등학교 때부터이다. 잘하는 아이들은 유전적이든, 후천적 교육 때문이든 한 가지를 통해 여러 가지를 추론하고 연결하는 힘이 있다. 남들과 똑같은 방식으로 공부해도 눈에 보이지 않는 힘, 즉 사고력에 따라 성취도가 다르다. 공부를 잘하는 아이보다 더 열심히 했음에도 성적이 나오지 않는 상황이 반복되면 아이는 서서히 좌절하고, 부모는 아이를 더 다그치거나 포기한다.

공부하는 습관을 언제든지 바꿀 수 있다는 주장도 있지만, 초등 저학년부터 사고력 훈련을 시작하는 경우, 초등 고학년에서 시작하는 경우, 중학교 1학년에서 훈련을 시작하는 경우의 성과는 확연히 다르다. 다양한 연구 결과에 따르면, 고학년으로 올라갈수록 공부 자립의 습관을 만들기 어려워진다. 학년이 올라갈수록 해야 할 공부가 더 늘어나서 생각하는 시간이 짧아지는 것이 큰 이유이다. 중학교에 가면 한 문제를 두고 씨름할 시간이 더 없어진다. 결국 사고를 확장할 시간이 주어지지 않는 것이다.

초등 고학년에 사고력 훈련을 시작하더라도 2년 정도면 어느 정도 습관을 교정할 수 있지만, 현실에서는 여러 이유로 그런 시간이 주어지지 않는다. 이론적으로는 중학교 1~2학년까지도 충분히 가능하고 심지어 어른이 되어도 관점을 바꿀 수 있다고 하지만, 내 경험으로는 거의 불가능하다고 본다. 차라리 아무런 사교육을 받지 않은 중학교 1학년이 빠르게 바뀌는 경우는 종종 보았지만, 6년 동안의 학습 습관이 구축된 경우는 난공불락이다. 나름대로 공부 습관이 굳어진 데다 생각하면서 공부할 시간도 없어, 문제점을 발견하더라도 교정은 사실상 거의 불가능했다. 우리가 17년간 2만 명 넘는 학생들을 진단하고 가르쳐본 경험으로는 초등 1~4학년 시기가 가장 효과적이었다.

공부 잘하는 아이는
뭐가 다를까?

　오해하지 말아야 할 것이 있다. 공부 머리가 있다고 해서 꼭 현재 공부를 잘하는 것은 아니다. 공부 머리가 갖추어져 있더라도 공부를 하지 않으면 잠재적 역량으로 남을 뿐이다. 현재 공부에 흥미를 갖지 않아서 또는 공부의 목표가 분명하지 않아서 공부를 소홀히 하고 있다면 공부 머리를 쓸 일이 없을 것이다. 그러나 공부를 하겠다고 결심하고 본격적으로 공부하는 순간 그 잠재 역량이 발휘되면서 빠른 학습 속도를 보여준다. 초등학교 때는 성적이 별로였는데, 중학교 오더니 갑자기 성적이 확 오르는 아이들을 볼 수 있다. 그 아이들이 이제 공부하겠다고 스스로 마음먹은 결과다. 공부를 시작하면 그것을 소화할 수 있는 머리는 이미 갖추어진 아이들이다. 현재 공부를 못한다고 공부 머리가 없다고 단정할 수 없는 이유이다.

공부 머리가 갖추어진 아이는 세 가지가 다르다. 초등학교는 사고력이 아닌 암기로도 상위권을 유지할 수 있기 때문에 성향을 관찰하기 어렵다. 그래서 중학생을 대상으로 거꾸로 관찰했다. 그들이 갖는 중요한 특징 세 가지는 균형 잡힌 뇌, 과제집착력, 문제해결력이다.

균형 잡힌 뇌

지능은 하나로 정의할 수 없다. 오래전에 뇌의 특정 부위가 특정 기능을 담당한다는 것이 밝혀졌고, 백여 년도 전에 뇌의 뉴런이 정보를 처리하는 방식이 발견되었다. 이런 기능을 지능이라고 정의한 것은 40년 남짓한 비교적 최근의 일이다. 이제는 뇌과학자들이 실험을 통해서 그것을 확인하고 있다.

하워드 가드너는 1987년 "인간이 가지는 모든 종류의 지능과, 지능의 모든 조합을 인정하고 기르는 것은 매우 중요하다. 인간이 서로 다른 것은 지능의 조합이 서로 다르기 때문이다. 만약 이 사실을 인정한다면, 인간이 직면하는 여러 가지 문제를 더 적절하게 처리할 가능성은 높아질 것이다"라고 주장했다.

이것을 사회에 비유해볼 수도 있다. 사회에는 전문가들이 있다. 그 전문가들이 한데 모여 문제를 해결해나간다. 예를 들어 수학을 잘하는 사람이 수학적 사고에 천착하여 나온 결과물을 수학을 위해서만 쓰는 것이 아니라 다른 문제를 해결하는 데 사용한다. 이것이 바로 위에서 말한 '회로 연결'이다. 사회에는 다양한 능력을 가진 사람들이 있고 이들이 유기적으로 협력해서 사회가 돌아간다

사람과 사람은 말이든 글이든 의사소통이라는 방식으로 연결된다. 마찬가지로 두뇌는 '시냅스'라는 뉴런 사이의 연결을 이용하여 소통한다고 비유하면 쉽게 이해될 것이다. 연결은 자주 쓸수록, 강하게 쓸수록 더 튼튼해진다. 이를 전구에 비유하면 전선으로 이어진 두 전구는 하나에 불이 들어오면 다른 하나에도 불이 들어온다. 그래서 '한번 발화하면 동시에 발화한다Fire together, Wire together'라는 말은 지능을 논할 때 핵심적인 말이다. 쉽게 말하면 어떤 문제를 해결하기 위해 논리와 수리, 언어 영역 등의 뉴런이 서로 힘을 합쳐서 연결된다. 회로가 연결돼서 힘을 합치는 것이 아니라 힘을 합치다 보니 회로가 연결된다는 의미이다. 그래서 연결이 촘촘해지면 지능이 발달한다고 볼 수 있다. 즉, 지능은 수많은 뉴런이 복잡한 회로 연결을 통해 펼치는 불꽃놀이 같은 것이다.

우리는 다음 가설에 기반하여 프로그램을 구성했다.
첫째, 뉴런의 연결은 자극을 주는 만큼 활성화한다.
둘째, 각 지능 영역을 활성화하는 적절한 자극을 만든다.
셋째, 몇 가지의 지능을 동시에 작동시켜야 하는 복합적 문제 상황을 만들어주면, 지능 영역 간의 연결을 강화할 수 있다.

사고력 훈련은 개별 지능의 확대와 더불어 다양한 영역의 지능들이 문제 해결 상황에서 원활하게 작동하도록 할 수 있다는 가설에서 출발한다. 사고력은 대상이나 사건을 잘게 쪼개어 관찰 또는 분석하는 비판적 사고critical thinking와 그 결과를 다시 비교, 조합하여 최적의 솔루션을 찾는 문제 해결적 사고problem solving를 적절히 운용할 수 있는 역량이다. 17년간 2만여 명의 학생들을 관찰한 결과, 아래 차트 4에서 왼쪽 아이가 학습 성취도가 높다는 것을 확인했다.

　그럼 공부를 잘하려면 오른쪽의 아이를 왼쪽 아이처럼 바꾸어주면 되지 않을까? 이것이 공부 머리 만들기이다. '학생이 그의 고유한 지능을 쓰도록 유도한다면, 우리는 우리도 모르는 것을 가르칠 수 있다'라고 철학자 자크 랑시에르는 말했다. 이 말인즉 사고력을 제대로 확장해주면 학생은 스스로 가르친 내용 이상의 것을 학습할 수 있다는 말

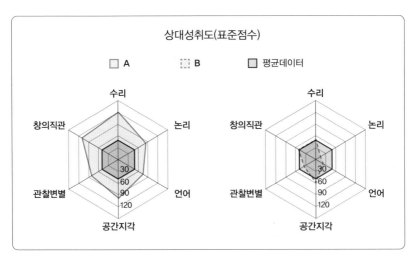

차트 4 사고 역량과 학습 성취도의 연관성

이다. 또 '우리가 난관에 부딪힐 때마다 그것을 극복하는 과정에서 더 많은 자극들을 생성할수록 두뇌의 골조는 커지며, 골조가 커질수록 학습 속도는 빨라진다(로버트 비욕)'라는 말도 같은 의미이다. 여기서 골조란 사고력의 넓이와 같은 의미다.

다음 그림(차트 5)은 훈련으로 사고력의 골조를 키울 수 있는지 알아보기 위해 두 아이를 비교 관찰한 것이다.

왼쪽 아이는 초등 2학년 말에 교육을 시작해 지금은 중학교 1학년이다. 66% 수준으로, 이 정도면 사실 선생님도 어떻게 가르칠지 막막하고 학생 자신도 막막한 상태이다. 사실상 학교 수업 또는 학원 수업이 큰 의미가 없다. 왜냐하면 배운 내용을 스스로 소화할 수 있는 준비가 안 돼있어 들어도 들리지 않는 상태이기 때문이다.

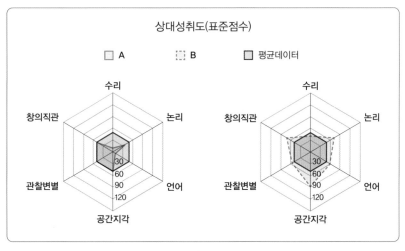

차트 5 같은 시기에 시작한 2학년 학생 두 명의 초기 진단 결과

이런 상태라면 1년 정도는 꾸준히 연습해야 아이의 사고가 긍정적인 쪽으로 전환된다. 왜냐하면 이 아이는 이미 자존감이 떨어져있어 학습에 자신감도 없을뿐더러, 학습을 한다는 것이 무엇인지, 생각이란 게 무엇인지, 생각을 어떻게 하는 것인지도 알지 못하기 때문이다. 문제를 틀리는 것이 부끄러운 일이 아니고 나아가 틀리는 경험이 소중하다는 사실을 느끼는 단계까지 가려면 적어도 1년은 걸린다.

이 아이는 다른 아이들보다 더 힘든 과정을 거쳐야 했고, 이 과정에서 선생님의 역할은 아이가 포기하지 않게 격려하는 것이었다. 그리고 기다림. 이 아이는 힘들다고 울지언정 고맙게도 포기하지는 않았다. 한 문제를 놓고 3주 동안 씨름한 적도 있었다. 2년 정도의 시간이 지나면서 자신에 대한 확신을 가지게 되었고, 스스로 문제를 해결해야 한다는 '자기문제화'의 의미도 터득하게 됐다. 교재는 사고의 영역을 균형

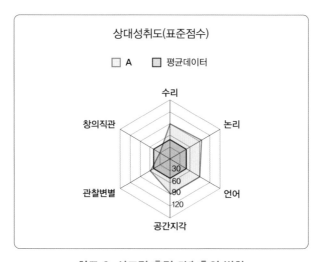

차트 6 사고력 훈련 5년 후의 변화

있게 자극하는 도구에 불과하다. 도전하고 해결하는 것은 학생 본인의 몫이다. 그러나 학생만의 몫은 아니다. 부모의 기다려주는 결단, 확고한 신뢰가 뒷받침되어야 하기 때문이다.

차트 6은 왼쪽 아이의 현재 상태이다.

진단 결과 상위 17%로 나왔다. 처음의 66%와 비교하면 큰 발전을 이루었고, 사고력의 넓이도 대폭 확대된 것을 볼 수 있다. 이 아이는 현재 스스로 공부하는 것이 재미있고, 그다지 어렵지 않다고 말하고 있다. 실제로 학교에서 상위 10% 이내에 들었다. 이제는 스스로 공부하는 것의 의미를 정확히 알고 있다.

차트 5 속 오른쪽 아이 역시 왼쪽 아이와 함께 사고력 연습을 시작했다. 왼쪽 아이와 비교하면 높은 수준이다. 사고력 훈련을 거듭하면서 이 두 아이의 발전 속도는 계속 벌어졌다. 왼쪽 아이는 학습의 의미와 태도를 익히는 데 1년 이상 걸렸지만, 오른쪽 아이는 3개월 만에 습득했다. 그런데 오른쪽 아이는 부모의 의사에 따라 선행 학습을 위주로 하는 대형 학원으로 옮겼다. 그 아이가 초등 3학년 말 때이다. 앞서 말했듯 이 시기는 아이들의 상태가 끊임없이 변한다. 그리하여 중학생이 된 지금, 오히려 왼쪽 아이가 오른쪽 아이를 능가하는 역량을 보이고 있다. 오른쪽 아이가 수리, 언어, 관찰 등 상대적으로 낮은 부분에 좀 더 많은 자극을 받았더라면 좋지 않았을까 하는 아쉬움이 있다.

두 아이를 비교하면 오른쪽 아이의 타고난 머리가 분명 더 좋았다.

그러나 후천적 훈련으로 상황이 뒤바뀐 것이다. 후천적 사고력 훈련이 얼마나 큰 영향을 주는지 확인한 사례이다. 어떤 연구는 학습에 영향을 주는 요인으로 유전이 75%, 가정 등의 환경이 20%, 교육은 5%라고 주장했다. 그 연구가 사실이든 아니든, 지능의 격차는 훈련으로 상당 부분 메꾸어진다는 것을 우리는 여러 실제 사례에서 관찰했다.

초등 6학년에서 중등 1학년 정도가 지나면 사고의 수준이나 지능 간의 균형 상태에 어느 정도 틀이 잡힌다. 이때가 지나면 일반적인 노력으로는 학습 역량의 급격한 상승은 어렵다. 변하려면 훨씬 강도 높은 노력이 필요하다.

부모들은 따로 진단을 하지 않아도 내 아이의 성향을 대강 짐작하고 있다. 그래서 우리 아이는 숫자를 싫어한다느니, 집중력이 없다느니 하는 말을 한다. 이는 진단이 타고난 능력을 판단하는 용도라는 오해에서 비롯한 경우가 많다. 그래서 진단 결과를 미리 걱정하는 것이다. 그렇지만 모든 진단 결과는 검사 당시의 시점에 한정된다. 아이의 상태는 얼마든지 변할 수 있다. 한 번의 진단으로 아이를 판정하지 않고, 변화를 기다릴 수 있는 부모가 많지 않을 뿐이다. 경험으로 보면 가장 빠르게, 그리고 많이 변하는 시기가 초등 4학년 이전이다. 그다음은 중학교 1학년까지이다.

앞의 진단 그림에서 육각형의 형태가 일그러지지 않도록 하면서 크기를 키워나가는 것을 우리는 '사고의 균형'이라고 한다. 공부 머리가 잘 갖추어져 있다는 말은 이런 균형 잡힌 상태를 뜻한다. 그럼 균형 잡힌 상태로 키워가려면 어떻게 해야 하는가? 문제의 구성 측면과 아이의 학습 수행 측면으로 나누어볼 수 있다. 문제 구성의 측면에서는 하나의 문제가 복수의 지능 영역을 동시에 자극하고, 함께 발화할 수 있는 구조를 만드는 것이 중요하다. 이것은 사고력 훈련 문제를 만드는 작업의 핵심이다. 이러한 문제의 예는 뒤에서 별도로 소개하겠다.

학습 수행 측면에서는 우선 아이가 도전할 수 있는 수준에서 시작해야 한다. 아이에 따라 도전할 수 있는 수준이 있고 그렇지 못한 수준이 있다. 진단으로 아이에게 맞는 수준을 최대한 예측해야 학습 수행이 가능해진다. 우리가 적절한 수준이라고 판단한 문제라도 학습 태도에 따라서 성과는 달라진다. 이 부분은 학부모나 선생님의 역할과 관련이 많다. '개인화'란 교재와 수업의 방식을 아이에게 맞게 진행한다는 의미이며, 이 둘이 적절하게 결합하면 극적인 변화가 일어난다.

사고력 훈련을 하는 아이들은 반복적으로 '턱' 걸리는 단계를 경험한다. 포기하고 싶을 만큼 힘든 지점이다. 이 지점을 '임계점'이라고 한다. 잘 쓰지 않는 말이라 약간의 설명이 필요하다. 산 정상을 향해 올라갈 때 눈앞에 보이는 것은 온통 숲뿐이다. 꼭대기 쪽으로 다가갈수록 길은 가팔라진다. 이때가 등산에서 정말 힘든 순간이다. 이 순간을 넘어 정상에 올라서면 눈앞에 새로운 풍경이 펼쳐진다. 나무와 풀만 있던 풍경이 아니라 하늘과 산맥과 나무가 어우러지는 넓은 풍경이 눈에 들어온다. 새로운 시야가 열리는 것이다. 그 정상이 바로 교육의 관점에서 임계점이라고 이름 붙인 것이다.

임계점은 깊은 사고의 과정으로 지식 간의 연결이 이루어질 때 나타날 수도 있고, 다른 사고 영역과 연결이 일어날 때 나타날 수도 있다. 그것을 넘으면 새로운 인지의 세계가 열린다. 등산을 하면 최정상에 도달하기까지 계속하여 작은 산봉우리를 만난다. 그리고 그 산봉우리가 높든 그렇지 않든 간에 그 봉우리에 올라서는 과정은 항상 힘들고 어렵다. 임계점을 넘어서는 과정의 반복이 바로 사고력 훈련 과정이다. 누가 대신 산 정상에 올라가 풍경을 말해준다고 해도 자기의 경험은 아니다. 스스로 임계점에 도달하지 않고는 그다음에 무엇이 보일지 알 수 없다. 이것이 스스로 도전해야 하는 이유이다.

보통 "못 풀겠어요, 어려워요"라는 말이 나오는 시기는 임계점 근처에 도달했을 때이다. 당신이 아이와 함께 등산한다면 당신은 어떻게 할 것인가? 높지 않으니 그냥 업고 갈 수도 있다. 문제를 대신 풀어주고 설명해주는 상황에 비유할 수 있겠다. 계속해서 이런 봉우리를 만날 때마다 업고 갈 수는 없지 않은가? 이때 힘도 북돋워주고 잠시 쉬어가도록 격려하면서 결국은 아이가 스스로 올라갈 때까지 함께 있어주는 것이 중요하다. 작은 봉우리 하나를 넘어보면 다음 봉우리를 만났을 때 다시 또 쉬어 가며 한발 한발 내디디면서 나아간다. 그리고 그 경험 속에서 두려움이 사라진다. 낮은 산일 때는 비교적 넘어서기 쉽지만, 정작 진짜 정상에 다가갈수록 더 험준해진다는 것을 알기에, 미리 훈련한다고 생각해보라. 초등 시기는 작은 봉우리를 스스로 넘는 법을 배우는 것으로 충분하다.

대부분의 사교육이 결과를 중시하다 보니, 아이를 업고 산을 넘는 경우가 많다. 시간이 없다는 둥, 더 빨리 풍경을 보고 싶다는 둥, 어떤 이유를 대더라도 이 방식은 아이의 홀로서기를 돕지 못한다. 결과보다 과정을 중시하라는 말은 풀이 과정을 쓰는 방식을 배우라는 것이 아니라 아이들이 이 임계점을 어떻게 넘어가야 하는지를 함께 고민하라는 말이다. 사고 영역 간 편차도 줄이고 넓이를 확대하는 데에는 교재의 개인화뿐만 아니라, 선생님과 부모님이 필요하다. 그리하여 굽이굽이 산길을 아이가 스스로 걸어야만, 공부를 마음먹은 대로 할 수 있는 상태가 된다.

집중하고 지속하는 힘

공부를 잘하는 아이들의 두 번째 특징은 생각하는 시간이 길다는 것이다. 우리 아이들은 공부하는 시간이 세계 어느 나라와 비교해도 길다. 그렇지만 그것이 '생각하는 시간'이 길다는 뜻은 아니다. '생각하는 시간'은 이해하기 어려운 개념이나 풀기 어려운 문제를 만났을 때 필요하다. 해결하기 위해 스스로 파고드는 시간의 길이, 이것이 '생각하는 시간'의 의미이다.

아이가 '생각하는 힘'이 있는지 알아보려면 조금 어려운 문제를 만났을 때 어떤 반응을 보이는지 관찰하면 된다. 문제를 보자마자 곧바로 어떻게 푸는지 모르겠다거나 푸는 방법을 물어본다면 '생각하지 않는다'라고 판단해도 된다. 캘리포니아 대학의 한 연구에서도 아이비리 그 학생과 그렇지 않은 학생의 차이는 지능이 아니라 '생각하는 시간'이었다고 발표한 바 있다. 문제를 물고 늘어지는 습관이 성적으로 나타난다. 공부 잘하는 아이들은 지능만 뛰어난 것이 아니라, '생각을 깊게' 한다. 문제를 풀기 위해 집중하여 남보다 더 오래 생각한다.

이처럼 집중하여 지속하는 상태를 우리는 '과제집착력'이라고 한다. 영재성의 3대 조건으로 지능, 창의성과 더불어 내세우는 것이 바로 '과제집착력'이다(렌줄리). 다른 표현으로는 그릿grit이라고 한다. 또 과제에 몰두할 수 있는 마음의 태도가 바로 '성장형 마인드셋'이다.

'집중하라'라는 말은 학습 상황에서 항상 듣는 말이다. 이 말은 목표에서 벗어나지 말라는 것이다. 지속의 의미이다. 지속은 포기하지 말고 밀고 나가라는 뜻이다. 결국 과제집착력은 '포기하지 않고 목표를 향해 밀고 나아가는 힘'이라고 정의할 수 있다. '집중하고 끈기 있게 하라'라는 말은 공부만이 아니라 인생에도 해당한다. 그렇지만 우리는 자주 들어 알고 있다고 해서, 바로 실행에 옮기지 않는다. 기본적으로 뇌는 게으르기 때문이다. 그래서 습관이 되도록 길들여야 한다. 그렇다면 어떻게 과제집착력을 키울 수 있을까?

생각하기 위해서는 최소한 두 가지 조건은 갖추어야 한다. 첫째, 그 문제를 해결하는 데 필요한 지식을 가지고 있어야 한다. 둘째, 그 지식을 활용하고 응용할 수 있는 조건이나 상황이 주어져야 한다. 저장된 기억을 끄집어내는 것이라면 굳이 머리를 써서 생각할 필요도 없다.

과제집착력을 향상하는 연습에 많은 지식이 필요하다면 도전하기 쉽지 않을 것이다. 또 문제 해결에 필요한 지식이 적다고 하더라도 그것을 적용하는 수준이 낮아 생각할 거리가 별로 없다면 생각의 집중과 지속을 훈련하는 도구로 적합하지 않다. 스탠퍼드대 조 볼러Jo Boaler 교수는 수학 학습법에서 '누구나 참여할 수 있게 하되, 도전 목표는 높게 하는 방법(Low Floor, High Ceiling, 바닥은 낮게 천장은 높게)'을 강조했는데, 이는 과제집착력 훈련에서도 매우 적절하다 누구나 부담 없이 참여할 수 있으면서도 폭넓고 깊이 있게 도전해볼 수 있는 형태이기 때문이다.

선생님이나 타인의 직접적인 도움이 미칠 수 없는 곳이 있다. 바로 생각이다. 그래서 오롯이 아이의 몫으로 남는 것이 생각이다. 생각이 흐트러지지 않도록 하는 것이 '집중'이고, 작더라도 계속 단서를 찾아나가는 행위가 '지속'이다. 즉, 목표를 높여서 더 많은 노력이 필요한 상태를 만들어 '도전'을 이끌어내는 것이 바로 과제집착력 훈련이다.

'더 빨리, 더 많이'는 우리나라 교육, 특히 사교육의 캐치프레이즈이다. 물론 부모의 욕구와 사교육 마케팅이 결합하여 만들어낸 현상이다. '더 빨리, 더 많이'를 '나에게 맞게, 더 깊게'로 바꾸어야 과제집착력을 기대할 수 있다. 내 수준에 맞지 않은 문제로 생각에 몰두한다는 것은 애초에 불가능하다.

우리 연구소의 사고력 프로그램인 1170Q에서 제공하는 문제는 지식의 수준이 학교 교육과정을 넘지 않는다. 지식 때문에 연습을 못하면 안 되기 때문이다. 그렇지만 그것을 활용하고 응용하는 과정은 간단하지 않다. 대부분의 아이들이 어려움을 느끼는 부분이다. 이런 이유로 1170Q 문제를 다른 문제집 풀 듯이 지식만 확인하고 간다면, 이 교재가 주는 목표를 충분히 달성할 수 없다.

　과제집착력이 키워지는 과정을 문제로 좀 더 살펴보자. 스스로 문제를 푼다는 마음으로 사고 과정을 따라가보기 바란다.

　대부분의 아이들은 그냥 배치하려고 달려든다. 시행착오로 몇 번 시도해보지만 쉽게 맞추어낼 수 없다. 지식은 한 자릿수 덧셈만 알면 된

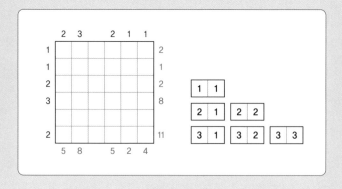

Q03 오른쪽에 여섯 개의 도미노가 있다. 도미노는 표의 두 칸 크기와 같다. 표의 왼쪽과 위쪽에 쓰여 있는 숫자는 그 줄에 배치되는 도미노의 개수를 나타낸다. 오른쪽과 아래쪽에 있는 수는 그 줄에서 도미노가 차지하는 칸에 쓰인 수를 모두 더한 값이다. 도미노는 서로 닿아있으면 안 된다. 도미노를 어떻게 배치해야 할까?

다. 한 자릿수 덧셈은 아무리 못해도 초등 2학년이면 누구나 할 수 있다. 그러나 덧셈만으로 해결되지 않는다. 덧셈의 지식을 활용하여 단서를 생각해내야 한다. '낮은 지식 수준, 높은 도전 목표'를 가지는 문제의 의미를 보여준다.

이제 이것이 어떻게 과제집착력을 만들어내는지 문제 해결 프로세스로 살펴보자. 첫째, 그림을 관찰하고 해석하여야 한다. 아래쪽에 쓰인 5, 8, 5, 2, 4를 통해 무엇을 읽을 수 있는가? 어떤 식으로 배치되든, 세로줄에 들어가는 도미노 수의 합을 나타내브로, 표 아래에 쓰인 수를 더하면 도미노 전체의 수의 합과 같다는 것을 생각해야 한다. 이것이 단서이며, 그 단서에 도달하는 데까지 많은 시간이 걸린다. 그것을 생각하지 못하면 수많은 시행착오를 겪을 수밖에 없다.

자, 생각을 따라가보자. 도미노의 전체 합은 24이다. 그런데 표 아래의 5, 8, 5, 2, 4를 모두 더하면 24이다. 이것에서 무엇을 추론할 수 있는지가 두 번째 과정이다. 아래에 쓰인 수의 합이 24로 도미노 전체의 합과 같다는 말은, 아래에 수가 쓰이지 않은 줄에는 도미노가 배치되지 않는다는 것을 의미한다. 논리적 추론을 통해서 도미노가 배치될 수 없는 칸을 배제할 수 있다. 마찬가지로 오른쪽의 수를 가지고 가로줄에서 도미노가 배치될 수 없는 칸을 배제할 수 있다. 여기까지 상당한 시간 동안 생각했고, 많은 수학적 사고를 해야 했다. 그러나 그 칸을 배제했다고 문제가 풀린 것은 아니다. 단지 실마리를 찾았을 뿐이다.

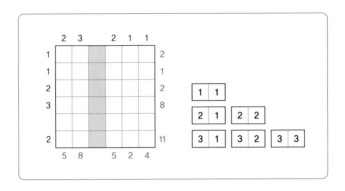

위와 같이 도미노가 배치될 수 없는 세로줄을 색칠하니, 새로운 문제로 바뀌었다. 마찬가지로 도미노가 배치될 수 없는 가로줄을 색칠하면 아래 그림과 같아진다. 여기서부터 생각은 다시 이어진다.

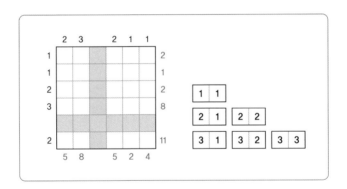

제일 아랫줄에는 도미노 두 개가 배치된다. 그런데 형태로 보아 도미노 두 개는 가로로 배치될 수밖에 없다. 그러므로 제일 아랫줄 왼쪽 두 칸에는 반드시 도미노가 배치된다. 여기서 공간 논리가 적용된다.

다음으로 아래쪽 8과 윗줄의 3을 보면, 세 개의 도미노로 8이 만들

어진다는 것을 알 수 있다. 또 오른쪽의 8과 왼쪽의 3을 보면, 그 줄에
도 세 개의 도미노로 8이 만들어진다는 것을 알 수 있다. 이로써 도미
노가 반드시 배치되는 칸을 추론할 수 있다. 아래 그림에서 색칠된 칸
이 지금까지 도미노가 배치된다는 사실을 알아낸 칸이다.

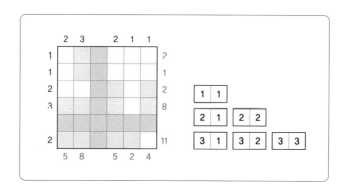

거의 다 왔다. 도미노의 수를 조건에 맞게 써넣는 새로운 퍼즐이 되
었다. 이제 아래쪽과 오른쪽의 수를 비교하며 수를 넣으면 된다. 연산
할 때도 양쪽을 고려해야 한다. 해결된 모습이 다음 그림과 같다.

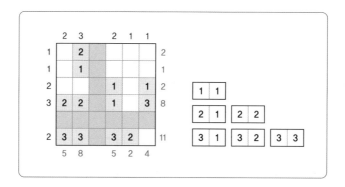

마지막으로 문제의 조건에 맞게 배치되었는지 검증할 차례다. 조건에 틀리지 않게 잘 배치된 것을 확인한다.

해결 과정을 살펴보면, 크게 세 단계로 사고가 전개된 것을 알 수 있다. 그리고 각 단계가 끝날 때마다 점차 단순해지면서 새로운 문제로 변한다. 암기할 필요 없이 각 단계에 생각을 집중하면 된다. 하나를 해결하면 새로운 문제가 되고, 해결하면 또 새로운 문제가 되는데, 점점 쉬워진다. 즉, 단계별로 성취감을 느낄 수 있어 다음 단계를 생각하게 한다. 그래서 집중이 지속될 수 있다. 이 문제를 해결하는 데 짧게는 10분 길게는 20분 정도가 걸린다. 물론 그 시간이 지나도 해결하지 못하는 경우도 있다. 그렇지만 해결했든 하지 못했든 어느 단계에 멈춰 섰는지는 분명하게 알 수 있다. 그렇기에 20분 이상 충분히 고민했어도 풀리지 않을 때, 다음 날로 미뤄서 생각을 이어갈 수 있다.

물론 1분도 견디기 힘들어하는 아이도 있고 10분을 견디는 아이도 있다. 한 문제를 1시간 동안 붙잡고 있는 아이도 있다. 적정한 시간의 척도로 '포모도로 기법'을 활용해보면 좋다. 포모도로 기법은 25분 정도 일하고 휴식 시간을 갖는다. 즉, 한 문제를 푸는 데 최대 25분 정도 투입해서 단서가 나오지 않으면 그날은 그 문제를 과감히 덮는다. 아무래도 초등학생에게 25분은 무리이기 때문에, 20분으로 잡아도 좋다. 내가 만난 어떤 아이는 이런 식으로 한 문제를 한 달 동안 끌고 간 후에 해결했다. 그때의 기분은 그 아이 말고는 누구도 알 수 없다. 그것을 한 번 경험한 아이는 그 뒤로 확 바뀐다. 이 과정에서 포기하지 않도록 곁에서 질문도 던져주고 들어주면서 참을성 있게 기다리는 것이 선생님과 부모님의 역할이다.

대부분의 부모는 한 문제를 한 달 동안 끌고 가는 프로그램을 선택하지 않을 것이다. 아이의 변화된 모습을 본 적이 없기에 기다릴 수 없다. 여기서 한 문제를 한 달 끌었다는 말은 총소요 시간이 한 시간을 넘었다는 말이다. 20분 정도 생각하고 접었다가 다음 주에 다시 20분 생각하고. 이런 식으로 4주의 시간을 투입하면 1시간이 넘는다. 이 시간 동안 그 문제를 놓치지 않고 끌고 가는 힘은 아이를 믿고 기다려주는 어른들의 태도에서 나온다. 답을 빨리 찾으라고 채근하지 않아야 한다.

여기서 과제집착력 훈련 도구로 예시한 문제는 퍼즐이다. '퍼즐'은 원래 '풀기 어려운 문제'를 말한다. '퍼즐'의 정의가 이렇다 보니 어려운 것은 당연하고, 그래서 도전 목표가 높다. 퍼즐은 목표가 분명하고 단순하며, 필요한 지식은 매우 낮다. 우리가 과제집착력 훈련에서 퍼즐을 고안한 이유는 이 때문이다.

이 문제를 해결하는 동안 뇌는 어떤 반응을 보일까? 이 문제에는 언어 영역을 자극하는 요소가 있고, 수리, 논리, 공간을 자극하는 요소가 있다. 그런데 영역별 사고 요소들은 '작업 기억'에 동시에 올라와 있어야 한다. 이때 뇌의 각 영역이 계속해서 켜져있는 상태가 20분 이상 유지된다. 이런 훈련이 반복되면 처음에는 머리가 아프던 문제도 익숙해진다. 이것이 생각의 시간이 길어지는 원리이다.

위에서 본 문제는 일부 해결, 단서 찾기, 일부 해결, 다시 단서 찾기의 과정을 반복적으로 진행해야 한다. 이는 문제를 쪼개어 보는 것과 같은 효과를 준다. 그래서 한 단계 한 단계 해결에 다가간다. 만약 이 문제를 선생님이나 부모님이 설명해준다면 아이는 아무 효과도 얻을 수 없다.

흔히 말하는 몰입은 '집중과 지속'의 상태다. 몰입을 유지하면 뇌는 스스로 모든 방법을 동원한다. 어떤 문제를 처음으로 보았을 때 뇌에는 그 문제를 바라보는 첫 번째 관점이 생긴다. 그 관점으로 해결되지 않으면 다른 관점으로 돌려 보아야 한다. 그런데 여러 가지 관점으로 바라보기는 쉽지 않다. 먼저 형성된 일정한 틀이 자꾸 방해하기 때문이다.

생각을 집중하되, 일정한 시간 고민해도 실마리가 나오지 않으면 덮으라는 이유는 이 때문이다. 포기하라는 것이 아니라 새롭게 다시 시작하라는 뜻이다. 다른 날 다시 하는 것이 가장 좋을 수 있다. 처음 형성된 관점을 지우는 시간이 필요하기 때문이다. 오늘 풀리지 않았지만 나중에 다시 그 문제를 풀겠다고 도전하는 것, 선생님에게 풀어달라고 하지 않고 다시 자기 힘으로 도전하는 것이 자기문제화이다. 집중했다 풀어주고, 집중했다 풀어주는 과정을 반복하면서 과제집착력이 올라가게 된다.

아이마다 역량의 차이는 분명히 있다. 그런데 역량과 과제집착력은 비례하지 않는다. 지능이 높은 것과 문제를 해결하기 위해 집중하고 지속하는 힘은 다른 차원이기 때문이다. 균형과 연결이 지능의 훈련이라면, 집중과 지속은 태도의 훈련이다. 구조화된 문제로 자극을 주는 것도 중요하지만, 반드시 해결해야 한다는 긴장을 유지하는 것도 중요하다.

뇌과학은 뇌의 특정 부위가 특정 사고를 담당한다는 사실을 밝혀냈다. 만약 뉴런이 말을 할 수 있다면 '정보가 들어왔는데, 수학적 사고가 필요해, 너희가 처리해야 할 것 같아'라고 말하면서 넘겨줄 것이다. 동일한 자극이 계속 들어온나면 그것은 우선 처리 대상이 되고, 양이 많아질수록 그것을 처리하기 위한 더 많은 노동력이 필요해진다. 그때 뉴런의 활성화가 일어난다. 뉴런이 시냅스로 연결되는 작업은 바로 이때 발생한다.

들어온 정보가 가치 있다고 판단되어야 뉴런이 연결되는데, 가치를 부여하는 것은 곧 관심사이며 관점이다. 우리가 교육에서 '관점'을 강조하는 이유이다. 이렇게 연결된 뉴런들은 정보가 들어오는 동시에 활성화된다. 과제집착력이 중요한 이유는 이 정도 강도로 밀어붙여야 연결이 일어나기 때문이다. 집중과 연결, 과제집착력을 동시에 강화시키는 것이 매우 이상적인 사고력 훈련이다.

스트레스를 받는 상황에서, 예컨대 학생이라면 시험을 보는 상황에서 작업 기억을 담당하는 부위가 급격히 위축된다. 이 부위는 연산이나 수학적 사고를 다루는 곳이다. 스트레스를 받으면 위축된다는 말은 두려움이 작업 기억에 큰 영향을 준다는 의미이다. 집중하고 지속하는 과정에도 스트레스가 생기겠지만, 이런 자발적 스트레스와 비자발적 스트레스는 다르다. '자발적 목표 없이 열심히 많이 하는 것'은 부정적 스트레스를 줄 가능성이 크다.

초등 과정에서 '자발적 목표 없이 열심히 많이' 공부한다면, 공부에 대한 생각이 스트레스로 자리 잡을 가능성이 높다. 학습을 스스로 판단할 수 있는 시기가 되기 전에는 하나를 깊고 다양하게 생각하고, 결과보다 과정을 중시하는 방식으로 공부해야 한다. 집중하고 지속하는 힘을 가진 아이로 기르고 싶다면 초등 시기는 '많이 배우기'가 아니라 '깊이 생각하기'를 익혀야 한다. '깊이 생각하기'가 습관화되면 중고등학교 과정에서 학습량이 많아져도 빠르게 습득해갈 수 있다.

문제 해결 프로세스를 탐구하다

공부 잘하는 아이들의 특징은 문제 해결 프로세스를 몸에 장착하고 있다는 점이다. 일반적으로 문제 해결 프로세스는 문제의 이해와 정의, 조건의 분석, 전략의 수립과 실마리 찾기, 전략에 따른 문제 해결, 솔루션 도출, 검증 등 일련의 해결 순서를 말한다. 수학 교과서를 보면 '무엇을 구하라는 것인가? 문제에서 어떤 조건들을 찾을 수 있는가? 어떻게 접근할 수 있는가? 풀이 과정은 어떤가? 솔루션이 나왔다면 검증하는 방법은 무엇인가?' 같은 질문이 들어있다. 이 질문이 바로 문제를 해결하는 순서를 익히게 해준다. 교과서에서 이런 질문을 하는 이유는 문제를 잘게 나누고, 구체적으로 질문하는 연습하기 위해서다. 즉, 생각할 요소를 단순화시키는 연습이다.

아주 간단한 문제를 예로 보자.

$$2 + 3 = ?$$

이 수식을 보는 순간 5라는 답이 나온다. 그 짧은 순간에도 뇌는 처리 과정을 거친다. '+'와 '='를 보고 더해서 그 값을 적으라는 말을 곧바로 알아차린다. 의식하지 못하는 상태에서 처리하지만, 뇌는 문제를 정의했다. 2, 3이라는 수의 조건을 따져보고, 더하는 전략을 쓴 것이다. 초등 수학 1학년 교과서에서는 이어세기, 모아세기 등을 가르친다. 일종의 덧셈 전략이다. 그리고 5라는 답이 나오면 검증하는 방법도 가르친다. 매우 단순한 문제이지만, 이처럼 문제를 해결하는 과정이 머릿속에는 작동하고 있다. 이런 정도는 조금 연습하면 의식하지 않아도 기계적으로 처리된다.

하지만 문제가 문장형으로 되어있어 한눈에 보이지 않거나, 조건이 복잡하거나, 다른 사고 영역과 결합되면 위의 단순한 문제와는 달리 생각해야 하는 요소들이 늘어난다. 그때 아이들은 문제가 어렵다고 말한다.

문제 해결이란 문제를 여러 단계로 나누고, 생각의 요소를 단순화하는 과정이다. '통제할 수 있는' 작은 문제로 만들고 차근차근 생각하는 연습이기도 하다. 먼저 '무엇을 하라는 것이지?'만 찾아보자. 그러면 생각하기 쉬워진다. 한 가지만 생각하기 때문이다. 이처럼 생각을 명료하게 할 수 있도록 질문을 나누고, 단계적으로 해나가는 것이 문제 해결 프로세스이다.

이런 생각 과정은 수학에만 있는 것이 아니다. 세상에 해결해야 할 문제가 수학만이 아니기 때문이다. 생각할 요소가 많을 때, 생각하기 쉽도록 질문을 잘게 쪼개는 것은 매우 중요하다. 공부 잘하는 아이들은 이러한 습관이 나름대로 갖추어져있다.

우리 사고력 수업에서는 학생들에게 "선생님은 여러분이 질문을 해야 답변을 합니다"라고 말한다. 학생들에게 질문하라고 하면 "이 문제는 모르겠어요. 어떻게 풀어요?"라고 한다. 학생들은 '그냥 물어보는 것'이 질문이라고 알고 있다. '질문은 구체적으로 해야 한다'라고 하면 무엇이 구체적인지를 알지 못한다.

이때는 거꾸로 선생님이 학생에게 질문한다. "이 문제가 무엇을 구하라는 거니?"라고 물으면, 처음에는 그조차 답변하지 못한다. 학생이 답을 못하더라도, 문제 해결 과정에서 생겨나는 질문을 차례로 묻는 과정을 반복한다. 그러면 적어도 아이가 '어떻게 질문하는 것이구나!'라는 틀을 익힐 수 있다. 그런 다음에는 선생님이 자기에게 무엇을 물어볼지 알고 있으므로, 그것부터 스스로 생각하게 된다. 이 과정이 쌓이면서 자연스럽게 문제를 잘게 나누어 스스로에게 질문하는 습관이 생기기 시작한다. 그리고 이것이 바로 '구체적인 질문'이라는 것을 차츰 인지해간다. 시간이 걸려도 해야 하는 연습이다.

내가 만난 한 초등 1학년 학생의 일화이다. 그 아이에게 "선생님은 구체적으로 물어봐야 답해준단다. 설명해 달라거나 풀어달라고 하면 답해주지 않는다"라고 말했다. 그랬더니 "구체적으로 질문하는 게 뭔데요?"라고 물었다. 앞에서 말한 것과 똑같이 역으로 질문을 해주었다. 질문 몇 개를 받더니 아이가 하는 말, "선생님 알겠어요. 더 이상 설명 안 해주셔도 돼요." 이 아이는 사고력 진단에서 매우 특출난 수준을 보였다. 어쩌면 이 아이는 선생님의 질문 이전에도 문제 해결 프로세스에 따라 생각해왔는데, 선생님의 질문을 듣고 자기가 문제를 처리하는 과정과 똑같아서 설명을 더 들을 필요가 없었을지 모른다. 그래서 몇 마디의 질문으로 자기한테 무엇을 요구하는지를 금세 알아차린 것이다. '구체적으로 질문을 나누어본다'라는 것이 무슨 의미인지를 깨닫는 데에는 이 아이처럼 10분이 걸릴 수도 있고 몇 달이 걸릴 수도 있다. 일반적으로는 3개월 정도 지나야 이해한다.

'생각하기 쉽게 문제를 잘게 나누어 그것을 질문으로 바꾼다.' 이 프로세스는 문제가 어려워질수록 매우 중요한 역할을 한다. 공부 잘하는 아이들은 이러한 질문의 틀이 몸에 배어있는 경우가 많다. 이것이 몸에 배어있으면 어려운 문제를 만나도 어떤 순서로, 무엇을 생각해야 하는지를 가늠할 수 있다. 비록 해결책이 당장 나오지 않더라도 사고의 방향은 정해진다. 생각해야 할 대상만 구체화해도 자신감이 생긴다.

내 아이가 이런 사고를 하는지를 알아보고 싶다면, 간단하게 측정할 수 있다. 아이가 모르겠다고 하는 문제가 있다면, 아이에게 질문을 해보라. "뭘 구하라는 문제이니?"부터 시작해서 단계적으로 질문했을 때, 만약 아이가 제대로 답변을 못 한다면 이런 문제 해결적 사고를 하지 않는다고 보면 된다. 어디서부터 생각을 해야 할지 몰라서, 그 문제에 도전할 엄두조차 내지 못한다. 그렇다면 문장의 형태로 문제가 나오거나 약간의 변형이 있는 문제는 어려워하고 풀지 못할 가능성이 높다. 반면에 초등 저학년 때부터 이런 질문을 자주 해주면 문제 해결적인 사고에 익숙해질 수 있다. 문제를 마주했을 때 혼자서 묻고 대답하는 습관이 생기고, 해결할 수 있는 역량도 커진다.

학교 시험 문제의 대부분은 이런 과정을 거쳐야 할 정도로 복잡하지는 않다. 시험에서 이런 문제는 두세 문제일 것이다. 말하자면 변별력 문제들이다. 그러므로 높은 점수를 얻으려면 이런 복잡한 문제들을 해결해야 한다. 이때 필요한 것이 문제 해결 프로세스에 따라 질문을 나누어보는 것이다. 그것이 근본적인 처방이다.

그런데 이런 근본적인 처방 대신 비슷한 유형의 문제를 많이 풀어보는 방식으로 해결책을 찾는 경우가 많다. 그러다 보면 풀어야 할 문제의 양이 늘어날 수밖에 없다. 그런 방식은 아이들이 공부를 탐구가 아닌 짐처럼 느끼게 만든다. 공부 잘하는 아이들을 무작정 따라 할 것이 아니라, 그들의 머릿속에서 일어나는 사고 과정을 닮아가야 한다.

다음 문제를 보자.

Q04 주어진 숫자의 앞 또는 뒤에 숫자 하나를 추가하여 새로운 수를 만들어, 가로줄의 세 수, 세로줄의 세 수의 합이 모두 100이 되도록 하라.

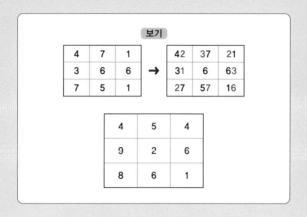

1) 문장으로 표현된 문제의 의미를 잘 모르겠다면 그림을 보면서 문제를 정확하게 정의해야 한다. 가로줄 세 수, 세로줄 세 수의 의미는 무엇인가? 문제를 보면 세 개의 가로줄과 세 개의 세로줄이 있다. 가로줄과 세로줄에 놓인 세 수의 합이 100이 되도록 만들라는 문제이다.

2) 무엇을 하라는 것인지 정확히 알았으면, 다음으로 조건을 살펴봐야 한다. 숫자의 앞 또는 뒤에 숫자 하나를 붙인다는 것은 무엇을 말하는가? 4를 예로 들면 4X이라는 두 자릿수가 될 수도 있고, X4라는 두 자릿수가 될 수 있다. 또, 보기를 보고 숫자를 붙이지 않을 수 있다는 것도 추론해야 한다. 이것이 조건의 이해이다.

3) 다음으로 필요한 지식은 무엇인가? 합을 구하는 것이므로 두 자릿수 덧셈이 필요하다. 초등 2학년 수준이다. 문제의 정의를 완전히 파악하는 경험이 누적되면 문제에서 무엇을 보아야 하는지 알게 된다.

4) 다음은 접근 전략을 찾아야 한다. 필요한 지식이 2학년 덧셈 수준이므로, 그것을 이용해서 어떻게 접근해야 하는지를 찾는 과정이다. 수학적 사고와 수 감각이 발현되는 순간이다. 먼저 숫자를 앞에 붙여야 할지, 뒤에 붙여야 할지 수 감각으로 결정해야 한다. 위 문제에서 4, 9, 8이 있는 세로줄을 보자. 만약 9의 뒤에 어떤 수를 붙이면, 9X의 두 자릿수가 된다. 그럼 4, 8에 아무런 수를 붙이지 않더라도 세 수를 더하면 100이 넘는다. 여기서 '아, 9 뒤에는 숫자를 붙일 수 없구나. 즉 9는 일의 자리의 수이다'라는 것을 확인한다.

5) 다음으로 100을 만들려면, 세 수의 일의 자릿수를 더하면 그 수의 일의 자리가 0이 되어야 한다. 이는 수학적 사고가 작동한다면 당연히 알아야 한다.

6) 위에서 9가 일의 자리라면 4, 8은 어떻게 되어야 할까? 4, 8이 둘 다 십의 자리가 되면 안 된다는 것은 조금만 생각해도 안다. 당연히 100을 넘기 때문이다. 그럼 둘 다 일의 자리일 수는 있는가? 4, 8, 9가 모두 일의 자리라는 말인데, 100도 되지 않을 뿐 아니라, 일의 자리도 0이 되지 않는다. 그러면 4X이거나 8X이다. 그렇다면 43이 되거나 87

이 되어야 한다는 것을 알 수 있다. 즉, 십의 자리와 일의 자리를 나누어 접근해야 한다. 여기까지 생각한다면 이 문제는 풀린 것이나 다름없다.

문제 해결 프로세스에서 문제의 정의와 접근 전략을 나누어 살펴보면, 생각이 조금씩 구체화된다. 전략을 하나씩 적용해가면 된다. 그러면 솔루션이 나올 것이고, 검증 방법은 모두 100이 되는지 검토하면 된다. 즉, 스스로 솔루션이 맞는지 틀린지 알 수 있다. 채점이 필요 없다. 사고력 훈련이 교과목 성직에 효과적인 이유는 이런 문제 해결 프로세스를 익히기 때문이다.

이 한 문제로도 덧셈 개념을 정확히 아는지, 적용할 수 있는지, 그리고 머릿속에서 암산할 수 있는지를 알 수 있다. "$43 + 9 + A = 100$이라는 식이 성립할 때, A에 들어가는 수는 무엇인가"라고 물으면 대부분의 2학년은 문제를 풀 것이다. 그렇지만 같은 2학년이라도 위의 문제를 풀어내는 비율은 3%도 되지 않는다. 왜 그럴까? 아주 간단하다. 십의 자리, 일의 자리를 나누어 생각하지 않은 탓이다. 그렇게 생각하지 못한 이유는 무엇일까? 그런 시각을 가지도록 질문을 받아본 적이 없기 때문이다.

아이가 구체적으로 질문하게 하라. 아이가 아직 그러지 못한다면 구체적으로 질문을 해주어라. 비슷한 패턴의 질문이 자꾸 들어오면 뇌는 그것에 가중치를 높게 두고 처리한다. 말하자면 뇌는 저장해둔다. 그러면 아이들은 이런 사고 과정에 익숙해진다. 그것이 쌓이면 의식적으로 질문을 하지 않아도 그렇게 보게 된다. 즉, 몸에 배게 된다.

문제 해결 프로세스를 몸에 장착하지 않는다고 공부를 못하는 것은 아니다. 그러나 몸에 배면 힘들게 시간으로 때우는 공부를 할 필요가 없다. 문제를 작은 단위로 쪼개는 행위는 고도의 사고 능력을 필요로 한다. 수학을 예로 들어 설명했지만, 이런 사고 과정이 장착되면 다른 분야의 학습에도 적용할 수 있다.

그 대표적인 예가 소프트웨어 교육이다. 요즘 소프트웨어 교육이 강조되고 '컴퓨팅적 사고'라는 말도 많이 언급되고 있다. 소프트웨어 개발에 중요한 것은 무엇일까? 먼저 해결해야 할 것과 나중에 해결해야 할 것을 분명하게 구분하는 것이다. 그래야 프로그래밍을 할 수 있다. 그 순서를 가장 적절하게 만드는 것이 알고리즘이다.

문제 해결 프로세스는 기업에서도 교육한다. 일의 순서를 최적화하기 위해서다. 그때 강조하는 것도 문제를 나누어서 단순화하기, 질문 만들기, 순서 정하기 등이다. 광고나 마케팅에서도 이런 문제 해결 과정에 따라 사고하는 경우가 많다. 이때는 달성하려는 목표, 자원, 기술적 지원 가능성, 타깃 등 여러 조건을 분석해 어떤 전략을 취할 것인가 등을 정한다. 일련의 문제 해결 프로세스를 그대로 따르고 있다.

문제는 달라도 해결의 프로세스는 거의 비슷하다. 문제를 바라보는 관점 훈련이라고 할 수 있다. 그리고 이런 사고의 과정을 습관화하는 것이 사고력 훈련의 목표 중 하나이다. 앞에 예로 들었던 연산 적용 문제는 2학년의 3%, 3학년의 10~15%, 4학년의 30% 정도가 해결한다.

다시 말해 2학년 수준의 지식이지만, 이것을 완전히 활용할 수 있는 아이는 상위권 일부에 국한된다.

공부 잘하는 아이와 그렇지 않은 아이의 구분은 이런 경험을 충분히 한 후에 해도 늦지 않다. 문제를 풀지 못한다고 공부 못하는 아이로 섣불리 낙인찍지 말라는 말이다. 2학년인데 이 문제를 풀지 못한다고 걱정할 일은 아니다. 사고하도록 바꾸어주면 된다. 그것은 집에서도 할 수 있다. 질문은 해줄 수 있지 않은가?(질문의 예시는 부록에 실었다.)

세상에 '공부 못하는 아이'는 없다

공부 잘하는 아이들의 사고는 편중되지 않고 균형을 이루고 있다. 문제에 집중하는 과제집착력이 있으며, 문제 해결 과정을 스스로 잘 익히고 있다. 유전적 영향이 있더라도 충분히 연습하면 상당 부분 개선할 수 있다는 것도 많은 연구가 알려준다. 그렇지만 그것을 아는 것과 실행하는 것은 다른 차원이다.

'개인 맞춤 학습'이라며 차별화를 시도하는 학원이 많다. 지식의 유무로 개인화 하는 것도 필요하지만, 근본적으로 왜 그런 차이가 나는지를 찾아보는 것이 중요하다. 가령, 수학에서 연산을 못 하면 연산만 계속 반복해서 시킨다. 그러나 아이마다 연산을 못하는 이유가 다를 수 있다는 것을 감안하고 처방해야 한다.

어떤 부모라도 자기 아이가 학교에서, 학원에서 먼 산만 바라보고 있을 것이라고 생각하지 않는다. 다른 아이는 몰라도 우리 아이는 그렇지 않을 것이라고 믿는다. 그러나 아이들의 사고는 스펙트럼이 넓다. 문제를 해결하기 위해서는 문제를 정확히 파악해야 하는 것처럼, 아이의 교육 문제를 풀기 위해선 아이에 대해 최대한 알아야 한다. 그런데 학원은 부모들의 이런 믿음 때문에 아이의 문제를 있는 그대로 드러내기 두려워하는 경우가 많다. 그러나 초등에서 해결할 수 있는 문제를 덮어버리면 중학교, 고등학교에 가서 수학 포기, 국어 포기자로 이어질 수 있다. 안타깝게도 이런 예는 상당히 많다.

세상에 공부를 잘하지 못하도록 정해진 아이는 없다. 처방을 잘못하기 때문이다. 앞서 보았듯이 5학년 아이가 사고 역량이 낮은 상태이면 학원 그룹 수업을 하든, 개인 과외를 하든 5학년 과정으로 공부하기 힘들 가능성이 크다. 그러나 그 사실을 인정하기 싫어한다. 5학년 교과라도 따라가게 해달라고 한다. 이럴 때 '5학년 교과과정을 열심히 하면 된다'라는 것은 올바른 처방이 아니다. 3학년 또는 4학년의 어딘가가 막혀있을 수 있기 때문이다. 해결 방안은 거기에서 출발해야 한다. 5학년 아이가 3학년 또는 4학년 공부를 해야 한다면 자존감에 상처를 받을 수밖에 없다. 그럼 어떻게 해야 할까? 스스로 그 필요성을 깨닫게 해야 한다. 그것이 부모가 노력해야 하는 부분이고, 그 출발은 아이와의 대화에서 시작한다.

우리 연구소에서 5학년 때부터 수업을 시작한 아이가 있다. 비교적 늦게 시작했다. 지금은 중학교 2학년이다. 이 학생은 자신이 정확히 무엇을 모르는지를 아는 데 시간이 많이 걸렸다. 자신을 메타인지하기 시작하는 데 거의 2년이 넘게 걸린 셈이다. 이 아이가 중1 때 조용히 털어놓았다. 5학년 때 배운 수학 개념을 잘 모르겠다고. 그럼 6학년 것도 당연히 이해가 되지 않았을 것이다. 5학년 수학 개념 정도야 가르쳐 줄 수 있었지만, 가르치지 않았다. "그것을 해결하려면 어떻게 하는 게 좋을지 네가 생각하는 방안을 선생님께 알려줘. 함께 생각해보자." 이것이 전부였다.

결국 그 아이는 5, 6학년 수학을 혼자서 다시 공부하는 방법을 택했다. 아이가 택한 결정을 부모에게 전달하며 편견 없이 지원해달라고 부탁했다. 학부모에게 이런 상황을 전달했을 때, '지금 중2 과정을 선행해도 부족한데 5, 6학년 과정을 공부한다니...' 하면서 크게 상심할 수도 있다. 다행히 이 부모는 우리의 조언을 받아들였다.

이 학생은 사고력 훈련으로 문제나 개념을 자기문제화하는 것에 어느 정도 훈련돼 있었으므로 비교적 빠르게 5, 6학년 과정을 습득해갔다. 선생님이 함께하겠다는 말은 학생의 설명을 들어주겠다는 말이었다. 그 아이가 선생님께 자기가 공부한 것을 설명했다. 무엇이 필요한지를 아는 메타인지가 되지 않고, 그것을 어떻게 메워야 한다는 방안을 스스로 세우지 않았다면 선택할 수 없는 일이다. 자존감의 상처 없이 스스로 극복해냈다. 학생, 선생님, 부모가 같은 눈높이로 바라볼 수 있었기에 가능한 변화이다.

성적이 저조한 아이들은 대부분 자기가 부족하다는 것을 막연하게 느끼고 있다. 이 아이처럼 어떤 것이 이해가 되지 않는다고 구체화할 수 있다면 처방은 간단하다. 만약 계속 중1 과정으로 씨름했다면 극복하지 못했을 것이다. 그것이 공부 자립의 모습이다. 모든 아이는 이런 능력을 가지고 있다. 그것을 리드하는 방식의 문제이다.

앞에서 언급한 공부 잘하는 아이의 세 가지 특징은 사고력 훈련의 목표이기도 하다. 이 훈련을 하면서 점차 자신의 부족한 부분을 구체화하는 습관을 가질 수 있다. 이 아이는 문제 해결 과정을 설명하면서 자기가 어느 단계에서 막히는지를 깨달은 사례이다. 문제 이해 단계에서 막히는 경우와 전략을 수립하는 과정에서 막히는 경우, 해결 과정에서 막히는 경우 등 단계에 따라 부족한 것이 다르다. 설명하고 표현해보는 과정을 거치지 않았다면, 자신의 상태를 문제로 인식하지 않았을지도 모른다.

무엇이 부족하다고 해서 그 부분만 잔뜩 연습한다고 공부가 잘될까? 공부는 그렇게 간단한 것이 아니다. 아마 여러분은 공부가 간단하지 않다는 사실을 알기에 이 책을 읽고 있을 것이다. 이 책은 공부를 잘하는 조건을 이해하려는 독자들을 위한 책이다. 공부 잘하는 행동 지침을 요약하면 매우 간단하다.

아이를 알아가려고 노력하라. 아이의 현재 상태를 인정하라. 그리고 그것을 개선하는 방안을 아이의 눈높이에서 함께 찾아보라. 이 큰 줄기를 놓치지 않으면, 세부 문제에서 부모가 어떻게 리드할지를 좀 더 바르게 결정할 수 있다. 부모의 기대로 아이를 보면 "4학년인데 이제 선행을 해야 하지 않나요?"라는 분별없는 질문을 하게 된다. 아이가 싫어하든 말든 선행을 할 수 있는 아이는 3~5% 정도이다. 강제성을 띨 경우 반발은 있을 수 있어도 지적으로는 따라가는 데 문제없다. 사실 이 정도의 아이들은 끌고 가지 않더라도 대개는 더 하고 싶어 한다. 선행을 할지 말지는 학년에 따르는 것이 아니라 아이를 아는 것에 따른다는 점을 잊어서는 안 된다. 많은 부모님들이 현실을 모르는 소리라고 부정하고 싶겠지만, 이것이 틀리지 않았다는 것은 확인하는 데는 오래 걸리지 않는다. 중2, 3학년만 돼도 알게 된다.

다시 말하지만, 공부를 못하는 아이로 정해진 경우는 많지 않다. 대부분의 아이는 학교 수업을 소화할 수 있다. 학년이나 그에 따른 교과는 표준에 불과하다. 아이의 환경에 따라 표준에 못 미칠 수도 있다. 그런 결과를 내는 요인은 천차만별이다. 그렇지만 그것이 최종 결과가 아니며 더 나은 방향으로 개선할 수 있다는 믿음을 가져야 한다. 그래야 아이를 파악하려는 의지가 생긴다. 아이가 공부하고자 결심할 때 공부하는 것을 이해할 수 있는 머리, 공부를 지탱하는 힘, 그리고 무엇을 아는지 모르는지를 스스로 분별하는 힘을 만들어주는 것이 중요하다.

내 아이에게 맞는
사고력 훈련

내 아이를 파악하라

이상적인 교육 중 하나로 '유대인 교육법'이 종종 언급된다. 이 교육의 핵심은 가정에 있다. 가정에서 긴 시간 동안 누적된 경험과 문화가 뒷받침되어야 한다. 그런 가정 문화에서 자라나지 않은 부모가 자식에게 그런 교육을 물려주기는 쉽지 않다. 그렇기에 일정 부분 외부 교육에 의존하게 된다. 그중 하나가 사고력 훈련을 위한 전문 교육 프로그램이다.

사고력 훈련은 진단, 교재 구성, 수업 방식, 평가 등 체계적이고 다양한 준비가 필요하다. 그런데 실제로 이런 시스템을 구비하려면 긴 시간이 필요하다. 적어도 우리나라는 사고력과 관련해 시스템을 구비하는 시도조차 제대로 이루어지지 않았다. 2006년에 처음 사고력 훈련 계발을 시도한 곳이 CPS교육연구소이고, 어느 정도의 표본을 쌓으며 프로그램으로 정착하기까지 17년이 넘게 걸렸다.

이러한 진단 검사는 아이들의 능력을 확인하거나, 지능 수준을 진단하려는 것이 아니라, 현재 그 아이가 지능을 활용하는 방식을 알아보기 위해서다. 그러므로 진단의 결과는 매년 달라질 수밖에 없다. 아이는 성장하면서 다양한 자극을 받게 되고 그에 따라 사고의 모양이 바뀐다. 영역들이 완전한 균형을 이루기는 어려워도 문제 해결에 장애가 될 정도로 몇몇 영역이 기능하지 못하는 것은 방지할 수 있다.

사고 영역에 의도적인 자극 주기

사고력 훈련을 위한 문제를 만들 때부터 수업 방식, 개인화 등 많은 중요한 요소를 의도적으로 반영하여 구성해야 한다. 앞에서 100 만들기 같은 문제는 수리적 지능이 높게 나오는 아이들에게 적절하다.

이 장에서는 특정 사고 영역이 중심이 되고, 다른 영역이 부차적으로 쓰이는 샘플 문제로 어떻게 문제에 의도적인 자극을 주는지를 보여주고자 한다. 그리고 앞에서 말한 문제 해결 프로세스를 그대로 적용해보겠다. 이 샘플들은 지금은 읽지 않고 넘어가고, 나중에 필요시 참고해도 좋을 듯하다.

영역별 사고력 훈련
샘플 문제

1) 논리 중심

이 문제는 논리가 주된 사고 영역이면서, 다른 영역을 함께 자극하도록 만든 문제이다. 단순히 형식 논리만으로 풀리는 문제들이 아니다. 문제가 해결하기 어렵다는 것은 여러 영역의 사고, 즉 지능들이 함께 작동해야만 해결되는 문제라는 뜻이다.

아래 문제를 보자. 1170Q의 훈련 문제이다. 논리, 수리, 언어, 공간 영역에 자극을 준다.

> Q05 두 명의 수영선수가 있어요. 한 명은 1분에 150m를 가고, 다른 한 명은 1분에 200m를 간다고 해요. 두 명이 동시에 출발한 후, 결승점에 먼저 도착한 사람이 나중에 도착한 사람보다 1분 빨리 들어왔다고 한다면 출발지점부터 결승점까지의 거리는 얼마나 될까요?

이런 타입의 문제는 수학에서 자주 등장한다. 아이들은 보통 수가 나오면 수식부터 적용하려고 한다. 하지만 이 문제는 수식을 적용하는 것보다 논리적으로 분석하는 것이 더 빠르고 효과적이다. 뭔가 복잡해 보이고, 어디서부터 들어가야 하는지 헷갈리기도 한다. 이 문제의 정답률은 30% 내외이다. 문제 분석을 정확히 하고(언어 영역) 문제 상황을 머리에서 그릴 수 있다면(공간 영역), 논리로 간단히 해결되는 문제이다. 그런데 왜 이렇게 정답률은 낮을까? 문제 정의와 분석 과정을 소홀히 했기 때문이다.

가장 먼저 문제에 대한 정의와 조건 분석 과정을 따라가보자. 이 단계는 문장의 의미에만 집중한다. 첫째, 두 사람이 수영하고 있는데, 둘이 수영한 거리는 같다. 둘째, 둘은 속도가 다르다. 셋째, 한 사람이 1분 먼저 들어왔다는 것에서 뒤의 사람은 1분 더 수영했다는 사실을 추론할 수 있다. 문장으로 추론이 되지 않으면 머릿속으로 상황을 그려본다. 한 사람이 1분 먼저 결승점에 도착한 뒤에도 나머지 한 명은 여전히 수영하고 있는 모습이 그려지지 않는가? 그 이미지만 떠올려도 뒤의 사람은 1분 동안 더 수영한다는 걸 알 수 있다. 이 세 번째 추론은 실마리와 해결 과정을 제시해주는 중요한 단서이다. 그런데 문제에서 구하라는 것은 무엇인가? 두 사람의 속도 차이를 이용해 둘이 수영한 거리를 구하는 것이다. 여기까지가 문제 정의와 조건 분석 과정이다.

조건을 토대로 실마리를 찾아보자. 뒤에 오는 사람은 1분에 150m를 가는 사람이다. 앞의 사람이 결승점에 도착한 뒤에도 뒤의 사람은 1분을 더 수영해야 한다고 추론했으므로, 그 거리는 150m이다. 즉, 앞사람과 뒷사람의 거리 차이가 150m라는 말이다. 이때 '150m의 차이는 어떻게 생긴 것이지?'라는 관점으로 전환해야 한다. 이제 수리적 계산이 등장할 차례다. 한 사람은 1분에 200m를 가고 한 사람은 150m를 가니, 1분마다 두 사람은 50m씩 차이가 생긴다. 150m의 차이가 생기려면 3분이 걸린다. 수식이 필요하다면 이 단계에서 필요하다. 더 가야하는 150m가 의미하는 것은 무엇일까? 빨리 가는 사람과의 거리 차이라는 것을 알 수 있다. 이것을 알아차리는 아이들도 많지 않다. 그것을 알아차리면 150m가 차이가 나려면 몇 분간 수영해야 하는지를 알 수 있을 것이다. 이제 계산이 필요하다. 1분에 50m씩 차이가 생기므로 3분을 수영해야 150m 차이가 난다. 이것을 계산하는 수식은 150 ÷ 50 = 3이다.

마지막으로 3분의 시간 동안 누가 수영한 거리를 계산해야 하는가? 앞의 사람이 결승점에 3분 만에 도착했다는 사실을 생각해내야 한다. 이제 두 번째 수식이 나온다. 3 × 200m = 600m이다. 즉, 출발 지점에서 결승점까지의 거리, 즉 수영한 거리는 600m이다.

계산 이전에 논리적인 관계를 분석하는 작업이 선행되어야 한다. 언어의 정확한 의미를 정의하는 과정에서 1차 논리 분석, 실마리 과정에서 2차 논리 분석, 해결 과정에서 3차 논리 분석이 필요한 문제이다. 이 분석 단계마다 계산은 필요하다. 이 정도 계산이라면, 대개 계산에서 실패하지는 않는다. 결국 언어 분석 또는 논리 분석에서 실패했을 가능성이 크다.

　그럼 이 문제를 풀지 못했을 경우 부모나 선생님이 무엇을 해주어야 할까? 대부분은 처음부터 끝까지 설명해준다. 이런 방식으로 가르치면 아이가 어디에서 생각이 멈추었는지, 또는 잘못 이해했는지 또는 생각조차 하지 않았는지를 알 수 없다. 그래서 이와 유사한 사고를 요구하는 문제가 나오면 또 틀리게 된다. 부모나 선생님이 가르치는 것이 아니라 질문을 해주어 아이가 생각하도록 유도해야 한다.

　질문은 앞에서 단계별로 생각했던 내용을 질문으로 바꾸면 된다. 문제 이해 단계의 질문은 다음과 같다. "몇 명이 수영하니? 두 사람은 수영하는 속도가 어떻게 다르니?" 다음은 확인 질문이다. "두 사람의 수영 속도가 다르다는 것이 무엇을 의미할까? 한 사람이 1분 먼저 도착했다는 말은 다른 사람은 어떻게 하고 있다는 말이니?" 이런 질문에 제대로 답하지 못하면 질문을 바꾼다. "1분 동안 두 사람이 수영하는 거리에서 어떤 차이가 나니?"라고 구체적으로 질문할 수 있다. 위에서 사고 과정을 설명했는데, 각 단계에서 설명한 내용을 질문으로 해주면 아이가 그 설명의 내용을 생각하게 된다. 그런데 곧바로 설명을 못 할 수 있다. 그래서 과제로 생각하는 시간을 충분히 주라는 것이다. 생각해야 할 구체적 질문이 있기에 단서를 가진 셈이고, 거기서부터 생각이 조금씩 진행되는 것이다. 그래야 자기의 사고를 키울 수 있다.

　'어떻게 설명하면 아이가 잘 알아들을까?'라는 생각은 버려야 한다. '어떻게 질문하면 아이가 생각을 할까?'라고 관점을 바꾸어야 한다. 그것이 아이의 생각하는 힘을 키우는 것이다. 질문을 잘하는 사람이 좋은 선생님이다. 잊지 말길 바란다. 유려하고 재미있게, 알아듣기 쉽게 설명해주는 선생님이 좋은 선생님은 아니다.

2) 언어 중심

다음 문제는 언어 해석이 익숙하지 않거나 놓치는 개념이 많은 아이를 위한 언어 보정 문제이다. 언어 보강 훈련인 셈이다. 문제 속에서 언어적 사고가 다른 영역과 협력하여 작동하도록 의도한 것이지만, 언어 보강이므로 다른 영역의 관여도를 대폭 낮췄다.

문제의 설명이 매우 길다. 문제 의미를 이해하려면 그림과 함께 보아야 한다. 그림을 언어로 설명한 것이기 때문이다. 아이들은 일단 이 정도 길이의 문제를 읽기 싫어한다. 문제를 푸는 것이 쉬운지 그렇지 않은지는 보지도 않는다. 문제가 무엇인지를 알아내는 과정이 길면, 일단 모른다고 하고 설명을 들으려고 한다. 굳이 머리 아프게 생각할 필요가 없다는 입장이다. 공부의 첫 고리가 잘못 형성된 결과이다. 아이들과 수업해본 경험상 70~80%는 이렇다. 자세를 바꾸는 데만 6개월에서 1년이 걸린다. 3개월 내에 바뀌는 경우는 드물다. 그렇기 때문에 문제를 읽으려는 자세만 제대로 갖추어도 공부할 준비가 돼 있다고 본다.

___

Q06 아래 네모 안 색칠된 두 칸 크기의 모양은 다섯 개의 섬을 나타냅니다. 이 섬에는 한 명에서 다섯 명까지의 서로 다른 인원수의 사람들이 살고 있습니다. 표가 바다라고 가정하고 이 섬들을 조건

에 맞도록 배치해야 합니다. 표의 오른쪽과 아래쪽 바깥에 있는 숫자들은 그 가로줄 또는 세로줄에 걸쳐있는 섬들의 개수를 나타내고 왼쪽과 위쪽에 있는 숫자들은 그 세로줄 또는 가로줄에 걸쳐있는 섬들에 살고 있는 사람들의 수의 합을 나타냅니다. 섬에 사는 사람의 수는 섬 위에 적혀있습니다. 이런 조건에 따라 섬들을 배치하였더니, 아래 그림과 같았습니다. 이때 중요한 것은 섬들은 가로, 세로 방향으로는 물론 대각선 방향으로도 서로 닿아 있지 않다는 것입니다 동그라미에 들어갈 수자를 써넣으세요

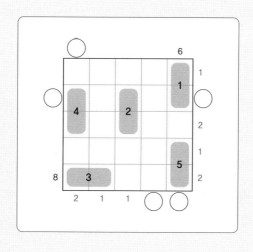

역시 문제 해결 프로세스를 따라 검토해보자. 무엇을 하라는 것인가? 동그라미에 수를 넣으라는 것이다. 수를 넣는 조건은 무엇인가? 첫째, '섬에 쓰인 숫자는 그 섬에 살고 있는 사람의 수'를 나타낸다. 그림을 보며 확인한다. 둘째, 네모 박스의 오른쪽과 아래, 왼쪽과 위에 쓰인 수가 나타내는 의미를 파악한다. 오른쪽과 아래는 섬의 개수를, 왼쪽과

위는 섬에 사는 사람의 수를 나타낸다. 셋째, 표 바깥에서 섬이나 사람의 수를 나타내는 숫자는 그 줄에 걸쳐있는 섬이나, 그 섬에 사는 사람의 수를 모두 더해야 한다. 넷째, 섬은 가로, 세로, 대각선으로 서로 맞닿아있지 않아야 한다. 이때 가로, 세로, 대각선은 이 문제에서 어디를 지칭하는지를 이해해야 한다. 이 네 가지는 대부분의 학생들이 찾아낸다. 그런데 '섬마다 사는 사람의 수가 다르다'라는 문장을 놓치는 경우가 많다. 언어로 표현돼있고, 그림에도 나와있는데 왜 놓치는 것일까? 명시적으로 표현해놓지 않았기 때문이다. '서로 다른 인원수의 사람이'라는 문구에서 추론해야 하는 의미를 놓쳤기 때문이다. 질문해주면 그제야 중요한 조건임을 안다. 이 다섯 가지의 조건을 자기 언어로 정리하고 있어야 한다. 그래야 생각하는 과정에서 그 언어 정보를 활용할 수 있다. 여기까지가 문제 분석이다.

이 문제는 앞의 문제 분석 과정만 끝내면 사실상 해결을 위한 전략 수립이 필요하지 않을 만큼 단순하다. 언어 교정을 목적으로 한 것이므로, 문제 정의가 끝나면 문제 풀이는 바로 이루어질 수 있도록 난이도를 낮추었기 때문이다. 그러므로 실마리 단계의 논리와 공간지각 영역은 크게 문제가 되지 않는다. 만약 다양한 사고의 자극을 목적으로 한 문제라면 원래 문제로 출제하겠지만, 이 문제는 언어로 표현된 의미를 간과하거나 놓치는 현상을 보이는 아이들에게 언어 부분의 교정만을 목적으로 변환시킨 것이므로, 논리나 공간지각 영역을 대폭 낮춘 것이라고 보면 된다.

3) 수리 중심

수리적 지식과 감각이 기본이 되고 다른 영역의 도움을 받아 해결해야 하는 문제이다.

> <u>Q07</u> 세 개의 상자에 세 장씩의 숫자 카드가 들어있어요. 모든 상자에서 카드를 한 장씩 꺼내서 다른 상자에 있는 카드와 바꾸면 세 상자에 들어있는 수 카드의 합이 모두 같아진다고 해요. 수 카드를 어떻게 바꾸면 될까요?

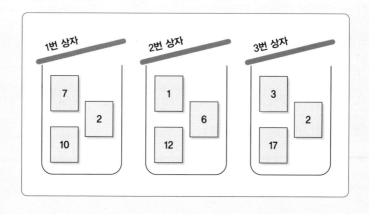

먼저 문제의 정의와 분석이다. 언어로 표현된 의미와 문제의 조건을 찾아야 한다. 이 문제에는 세 가지의 조건이 바로 보인다. 첫째, 세 상자에 세 장씩 수 카드가 있다. 둘째, 상자마다 하나씩의 수 카드를 꺼내어 다른 상자에 넣는다. 셋째, 그 후 각 상자에 들어 있는 수 카드에 쓰인 수를 더하면 그 합이 모두 같다. 이는 표면적 이해를 바탕으로 한다.

그런데 문제에서 언급하지는 않았지만 추론할 수 있는 내용이 있다. 이것이 네 번째 조건인데, 수 카드를 옮긴 후에도 각 상자에는 세 장의 수 카드가 있다는 것이다. 이것은 문제가 언급하지 않았다. 하지만 '카드를 꺼내어 서로 바꾸었다'라는 문장에서 이 조건을 추론해야 한다. 이것을 놓치는 아이들이 대단히 많다. 추론으로 알 수 있는 내용까지 파악해야 언어 영역의 역할이 끝난 것이다.

그런데 이 문제는 그림에도 조건이 있다. 이제 관찰과 변별을 해야 하는 단계이다. 이제 다섯 번째 조건이다. 세 상자의 수의 배치를 관찰하여 현재 수의 합이 얼마인지 또는 그 차는 얼마인지 등을 그림에서 읽어내는 것이다. 현재 상자의 수의 합은 각각 19, 19, 22이다. 여기까지가 문제 이해 및 분석에 해당한다. 이 문제 이해와 분석이 이루어지지 않는 아이들이 50% 이상이다.

이것이 끝나면 수리와 논리 영역이 가동된다. 19, 19, 22를 모두 같게 만든다는 조건에 부합하려면 20, 20, 20으로 맞추어야 한다는 것이 수 감각과 논리에 따라 도출된다. 이제 실마리가 나온 것이다. 카드 하나씩을 옮겨 담아 각 상자의 수의 합이 20이 되도록 한다. 이것이 실마리이며 전략이다. 이 전략에 따라서 이제 어떤 카드를 움직여야 할까를 생각해야 한다. 이때 앞의 조건을 기억하고 있어야 하며, 작업 기억으로 올려놓아야 한다.

세 번째 상자에서 2를 꺼낸다면 17과 3 두 수만으로 20이 되어, 문제 조건에서 세 개의 수 카드의 합이라고 하는 조건에 부합하지 않는다. 그럼 3을 꺼내야 한다. 여기까지 진행됐다면 이 문제는 해결된 거나 다름없다. 이것은 수리 영역이 판단한다.

이 문제는 언어, 수리, 논리, 관찰 등의 영역이 순차적 또는 동시적으로 작동하는 문제이다. 그렇지만 가장 주된 영역은 수에 대한 감각, 즉 수리 영역이다.

1만 명 이상의 학생 중 이 문제의 정답률은 30%가 되지 않는다. 지식으로 보면 한 자릿수와 두 자릿수의 덧셈을 못 할 리가 없다. 그렇다면 덧셈을 할 줄 아는 것보다 더 중요한 것이 무엇일까? 각 상자의 수가 같다고 했을 때, 그 수는 얼마일까를 찾아야 한다고 알아차리는 것이다. 이것이 수 감각이다. 이에 따라 전략이 나오는 것이다. 그러나 대개의 아이들은 이것을 시행착오로 푸는 경우가 많다. 일단 옮겨보는 것이다. 다행히 빠르게 나오면 좋지만, 그렇지 않으면 몇 번 해보다 포기해버린다. 매우 단순한 문제임에도 수의 관계가 아니라 수의 덧셈만 보는 아이들이 상당히 많다는 말이다. 언어와 관찰에서 수 감각과 논리로 전환되는 지점을 놓친다.

이것을 선생님이 친절하게 설명해준다고 가정해보라. 아이에게 남는 것은 무엇일까? 위 네 가지 사고 영역이 협력하는 경험을 하지 못할 것이고, 그 결과로 그들 영역 간의 연결도 일어날 가능성이 없다. 생각은 선생님이 대신한 것이므로, 아이에게 남는 것은 '이런 문제를 또 만나면 이렇게 푸는 것이구나'라는 답을 찾는 방법뿐이다. 정작 이 문제가 주고자 하는 사고 영역의 자극은 전혀 받지 못하게 된다. 그래서 선생님이 풀어주거나 부모님이 설명해주면서 한 권의 문제집을 풀었다면, 사고력 향상에는 거의 도움이 되지 않는다.

예시 문제들은 문제의 정의 단계, 전략 수립 단계, 해결 단계마다 사고 영역을 다양하게 자극하도록 만들어졌다. 이것이 의도적 목적이다. 그럼 "이런 구조화된 문제가 없다면 어떻게 연습하나요?"라는 질문이 나올 수 있다.

수리 영역 중심의 훈련은 수학 문제로 하면 된다. 수학 문제는 널려 있다. 수학 문제도 수리 영역만 자극하는 것은 아니다. 대부분의 심화 문제는 다른 사고 영역이 교차된다. 그것을 가지고 문제 해결 프로세스에 따라 생각하는 습관을 만들어주면 집에서도 충분히 이런 훈련을 할 수 있다. 단, 이때 배제해야 할 문제가 있다. 첫째, 문제를 읽지 않아도 문제의 요구가 드러나는 문제는 특별한 목적이 없는 한 굳이 손댈 필요가 없다. 대부분의 연산 문제가 여기에 해당된다. 이때 특별한 목적이란 연산 자체가 되지 않아 특별히 훈련해야 할 경우 등을 말한다. 둘째, 현재 아이가 가지고 있는 지식을 넘어서는 문제는 배제해야 한다. 예를 들어 2학년 학생에게 3, 4학년의 지식이 필요한 문제 등과 같은 것이다. 그런데 2학년 과정에서 나오는 지식으로 추론해서 파생하는 지식이라면 그것은 상관없다. 불필요한 선행은 하지 말라는 당부이다. 그런 기준으로 문제를 뽑으면 대개 심화 문제가 될 것이다. 수학에서는 심화 문제 대부분이 퍼즐적 요소를 가지고 있다. 그래서 생각을 깊이 하는 수학을 습관화하려면 선행보다는 심화를 추천한다.

심화 문제를 다루는 방법은 예시한 일정한 문제 해결 과정 즉 사고 과정을 따라가면 된다. 그러면 그 문제를 해결하기 위해 써야 할 사고 영역을 고르게 자극하게 된다. 다양한 자극을 줄 수 있는 수학 문제라 하더라도, 공식을 암기하거나 유형별 풀이 방법을 기억하여 답 찾기를 중심으로 하면 그 문제들에서 얻을 수 있는 복합적인 자극을 받지 못한다. 생각하는 과정을 중시하는 이유이다.

수학 문제로 사고를 확장하려면 풀지 못한 때 설명해주거나 가르쳐주면 안 된다는 것도 여러 차례 강조했다. 질문으로 대체한다는 것도 말했다. 풀지 못하는 문제가 나오면 아이의 사고를 확장해주는 선물 같은 문제를 찾았다고 긍정하라. 백 개의 문제보다 그 한 문제가 더 소중할 수 있다. 수학을 이런 방식으로 탐구해나가는 습관을 만들어주면 사고력 확장에 큰 도움이 될 뿐 아니라, 지식을 자기체계화시키는 데도 빠른 진전을 보인다.

수학은 수리 영역만 강하다고 잘하는 것이 아니다. 만약 단 한 번도 수학 문제를 여러 가지 사고 관점에서 보는 경험을 하지 않았다면, 수학을 잘할 것이라고 생각하지 않는다. 자기주도학습이 이루어지지 않을 것임은 말할 나위 없다. 어느 유명한 수학자의 경험이다. 어렸을 때 아버지가 퍼즐 문제를 많이 주셨고, 그것을 가지고 초등학교를 보냈고, 그것이 지금 수학자가 된 밑바탕이라고 했다. 다시 말하지만 퍼즐을 풀었기 때문이 아니라 퍼즐이 요구하는 이러한 사고 과정을 몸에 체득했기 때문이라는 것을 잊지 않아야 한다.

4) 공간지각 중심

아래 문제는 그림으로 되어있다. 그림이 나오면 감각적으로 공간에 대한 인지가 필요하겠구나 하는 생각이 들 것이다.

> Q08 앞은 볼록하고 뒤는 거울에 비치는 것처럼 오목하게 들어가있는 블록이 있습니다. A부터 F까지의 블록을 이용하여 블록을 눕혀 6 층으로 쌓으려면 어떤 순서로 쌓아야 할까요?

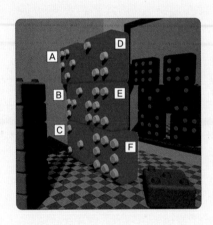

이 문제를 사고 영역별로 살펴보자. 우선 공간지각 영역이 필요하다. 오목과 볼록의 관계를 비교하는 관찰변별 영역도 필요하다. 이 블록을 회전하거나 눕혔을 때 어떤 모양일지를 그려내는 공간의 시각화도 필요하다. 문제가 무엇을 요구하는지를 이해하는 언어 해석 역시 필요하다. 그러나 언어의 비중은 10% 이하다. 주된 영역은 공간과 관찰 영역이다. 물론 공간지각이 좀 떨어지면 논리적으로 분석하는 방법도 가능하다. 그래서 논리적 요소도 10% 정도 들어있다. 그러므로 이 문제는 공간이 주요 사고 영역으로, 관찰변별, 언어, 논리 등은 부차적 사고 영역으로 작동하도록 구성한 문제이다. 이 문제는 3학년 수준의 아이들 중에서 공간과 관찰변별 영역이 상위권에 속하는 아이들은 상대적으로 잘 풀겠지만, 그렇지 않은 아이는 어려울 것이며, 일부는 아예 그림 자체가 이해가 되지 않을 것이다. 그래도 진지하게 도전해야 공간 인지나 관찰 영역이 자극을 받는다. 이것이 문제가 주는 의두를 충분히 활용하는 방법이다.

문제 해결 과정을 따라간다는 것이 머리에 떠오를 것이다. 문제 정의와 분석 단계이다. 블록을 6층으로 쌓는다는 말의 의미를 해석해야 한다. 한쪽은 볼록이고 한쪽은 오목이라는 말에서 블록의 위와 아래쪽에 다른 블록이 결합된다는 것을 알아차려야 한다. 그렇게 해야 블록 사이의 공간이 뜨지 않은 상태로 쌓을 수 있기 때문이다. 문제에서 구하라는 것은 A부터 F까지의 블록을 포개어 쌓을 때, 그 순서를 찾는 것이다. 조건 이해와 미션을 찾았으면 문제를 정의하고 이해한 것이다.

이제 다음 단계로 실마리나 전략을 수립하기 위해 무엇을 해야 할까? 그림을 면밀하게 관찰한다. 관찰도 프레임이 있어야 한다. 이 문제에서는 세 가지 정도를 반드시 볼 수 있어야 한다.

첫째, 같은 블록이라도 블록의 볼록한 부분의 개수나 위치는 오목한 부분의 개수나 위치와 다르다는 것을 관찰해야 한다.

둘째, 볼록한 부분이 오목한 부분에 들어가야 하므로, 볼록한 부분이나 오목한 부분의 개수보다는 위치를 살펴야 한다는 것을 알아차려야 한다.

셋째, 이미 눕혀져있는 블록은 문제의 조건과 관련이 없음을 알아차려야 한다.

이런 관찰 결과를 바탕으로 어떻게 접근하면 더 효과적으로 해결할 수 있을까? 모양이 특이한 것을 찾아보거나, 반드시 결합될 수밖에 없는 블록을 찾아보는 것이 효과적이지 않을까? 이것이 실마리이다. 이때 공간의 인지와 시각화가 필요하다. 결합했을 때의 모습을 머릿속에서 그릴 수 있어야 하기 때문이다. 반드시 결합되어야 할 조각을 찾는 방법은 무엇일까? 블록의 모양이 특이한 것부터 찾아본다. 가장 특이한 볼록 모양을 가진 블록은 A와 F이다. A는 뒷면의 오목한 부분이 가장 많고, F는 볼록한 부분이 가장 많다. F의 볼록한 부분이 다른 블록의 오목한 부분에 끼워지려면, 볼록한 부분의 개수 이상의 오목한 부분을 가진 블록이어야 한다. 이 생각이 미치는 것은 공간지각적인 감각이다. 물론 논리로 공간 분석할 수도 있다. 이렇게 보면 F블록 위에 놓을 수 있는 블록은 A밖에 없다. 이것이 반드시 결합됐을 수밖에 없는 두 개의 블록이며, 순서는 A가 위, F가 아래에 놓인다. 이것을 A-F라고 표현하자. 이 결합된 두 블록이 어느 위치에 가든 두 블록은 이처럼 결합돼있다는 것을 이해해야 한다.

이제 A를 보자. A의 아래에는 반드시 F가 온다는 것은 알았고, 그

위에는 무엇이 올까로 생각이 옮겨간다. A블록의 볼록한 부분이 들어갈 수 있는 오목한 부분을 거울에서 찾아본다. 다시 관찰과 공간 영역이 작동한다. 아무리 보아도 A를 끼워 넣을 수 있는 오목한 부분을 가진 블록이 없다. 이 말은 무슨 말일까? 다른 블록이 A 위에 놓일 수 없다는 말이다. 곧 블록 A는 가장 위에 놓인다는 말과 같다. 이렇게 해서 A, F의 위치가 결정됐다. 제일 위에 A, 그다음이 F이다. 이제 실마리가 완성됐다.

다음으로 F 아래에는 어떤 블록이 올까? F 아래에 올 수 있는 모양은 F의 거울에 비친 뒷면과 다른 블록들의 볼록한 부분을 비교해서 알 수 있다. B와 D가 가능하다. 그런데 둘 중의 어느 것인지 특정할 수가 없다. 그럼 아까처럼 다시 특이한 모양의 블록을 찾는 것으로 돌아간다. 볼록한 부분의 개수가 많은 것은 E이다. 그 볼록한 부분의 개수만큼 많은 오목한 부분을 가진 블록은 무엇이 있는가? 이미 정해진 A를 제외하면 C밖에 없다는 것을 알 수 있다. 이 말은 C와 E는 반드시 결합하되, C가 위, E가 아래, 즉 C-E이다.

이제 큰 틀의 순서는 나왔다. [A-F-?-C-E-?]의 형태이다. 이제 C의 볼록한 부분을 보자. C의 위에 올 블록으로 가능한 것은 오목한 것으로 보면 B와 E이다. 그런데 E는 이미 C 아래에 놓기로 정해졌으므로, B밖에 없다. 그럼 B-C-E의 순서가 정해진다. 즉, A-F-?-B-C-E의 순서가 정해진 것이다.

이제 마지막으로 D블록이 남았다. 만약 D블록이 F와 B 사이에 들어갈 수 있는가? D블록은 F아래, B 위에 들어가는 것이 가능하다. 이제 여섯 개 블록의 순서가 모두 정해졌다. 위에서부터 A-F-D-B-C-E 이다.

이 문제를 해결할 때 아이들의 머릿속에서 생각이 전개되는 과정을 보여주었다. 그리고 그 단계마다 어떤 사고 영역이 작동하는지도 예측할 수 있다. 만약 '이미 눕혀진 블록은 왜 있지?'라는 의문이 들더라도 문제의 조건 분석에서 찾을 수 있어야 한다. 특이한 것부터 찾는 것은 창의적 발상이며, 그것을 가능하게 하려면 정확한 관찰이 필요하다. 그리고 해결 과정에서 주도적으로 작동하는 것은 공간지각과 공간의 시각화이다. 이것이 하나의 문제를 해결할 때 어떤 특정 지능만으로 해결되는 것이 아니고 복합적으로 작용한다는 말의 의미이다. 또 문제가 사고 영역을 고르게 자극하도록 만들어져 있다는 말의 의미이기도 하다.

5) 관찰변별 중심

관찰변별이 중심이 되고 논리, 공간이 결합된 문제를 보자. 세 가지의 사고 영역이 어떻게 서로 작용하는지 문제의 예를 가지고 살펴보기로 하자.

Q09 아래 그림은 열여섯 개의 도미노 세트를 네 개씩 짝지어 세워놓은 것입니다. 서있는 도미노 세트와 아래 펼쳐진 도미노 세트가 일치하도록 알파벳과 번호를 짝지어보세요.

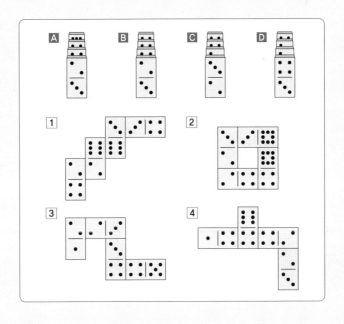

위에 있는 도미노들의 일부분만 보고 어떤 도미노가 있는지를 아래 펼쳐진 도미노 세트에서 찾는 문제이다. 전체를 보고 부분을 관찰한다든지, 부분을 보고 전체를 그린다든지, 일부의 특징으로 전체를 일반화한다든지 하는 것들은 모두 관찰변별 영역에 해당한다. 그리고 펼쳐진 도미노를 회전하여 세운다면 어떤 모양이 될지를 인지하는 것은 공간 영역에 속한다. 그런데 관찰과 공간지각을 작동하더라도 확인할 수 없을 때는 어떻게 해야 할까? 이때는 논리적 사고를 발동해야 한다. 이런 세 영역의 사고가 함께 작동하면서 해결하도록 구조화돼있다. 이 문제를 해결하기 위해 사고가 어떤 과정으로 움직이는지 머릿속을 따라가

보도록 하자. 이때도 역시 문제 해결 과정을 염두에 두어야 한다.

먼저 문제가 무엇을 하라는 것인지를 정의한다. 위의 도미노 세트와 같은 도미노 세트를 아래에서 찾는 것이다. 즉 같은 도미노 세트 네 개가 위의 모습처럼 서있거나, 아래 모습처럼 눕혀져 펼쳐져있다는 것이다. 문제 정의는 비교적 간단하다.

그림 문제가 나오면 실마리나 전략은 생각조차 하지 않는 경우가 많다. 무턱대고 달려들어 찾으려고 한다. 하지만 우리는 이제 문제를 단계로 나누고 잘게 쪼개야 한다는 것을 알고 있다. 문제 정의가 끝났으니, 어떻게 찾을 수 있을지 단서를 찾아 전략을 세워보자.

우선 그림 자체를 주의 깊게 관찰한다. 다른 도미노와 특별히 다른 것이 있는지 관찰한다. A, B, C, D 중에서 A 도미노의 제일 뒤에 서있는 도미노가 보인다. 점 세 개가 나란히 보이는데, 세웠을 때 이런 모습일 수 있는 도미노는 무엇일까? 도미노가 회전했을 때의 모습을 머릿속에서 그려본다. 공간지능이 작동하는 순간이다. 2번 도미노 세트에서 점 여덟 개가 들어있는 도미노가 세웠을 때 이런 모습일 수 있다. 그리고 나머지 도미노를 세웠을 때 점 세 개가 나란히 있을 수 없다는 것을 확인한다. 그 한 가지 특징으로 A세트와 2번 세트는 같은 도미노 세트라는 것을 알 수 있다.

B세트를 보자. 맨 앞에 보이는 도미노가 2-3의 눈으로 구성돼있다.

그런 도미노 눈이 들어있는 펼쳐진 세트는 3과 4이다. B세트에서 뒤에 있는 세 개의 도미노의 눈은 모두 두 개씩 보인다. 만약 B와 3이 같은 세트라면, 3의 도미노를 모두 세운다고 머리속에서 그려보라. 맨 앞에 2-3 도미노를 세운다 하더라도, 1-2의 눈을 가진 도미노는 어떻게 해도 두 개의 눈이 보이도록 세울 방법이 없다. 그러므로 B세트는 3이 될 수 없다. 그래서 B와 4가 같은 세트이다.

이제 C와 D, 1과 3세트가 남았다. 그런데 C에는 2-3 눈을 가진 도미노가 있는데, 1번 세트에는 없다. 그러므로 논리적으로 C는 3이 될 수밖에 없다. 1과 3세트를 세우면 둘 다 D 보양이 나올 수는 있으나, 3이 C로 결정됐으므로 D는 1이 될 수밖에 없다.

이 문제를 두고 아이들 머릿속에서는 이와 같은 사고 과정을 따라 생각이 전개된다. 문제 정의 과정, 관찰 과정, 공간적으로 회전과 재배치를 머릿속에서 그리는 과정, 논리적 배제 등이 동시 또는 순차로 일어난다. 그런 자극을 주도록 문제가 구성된 것이다. 그래서 그 단계마다 관여하는 영역이 다르다. 그러나 서로 동시에, 순차적으로 작동하면서 회로 연결의 가능성을 높여준다. 이 한 문제를 풀었다고 바로 연결이 일어난다고 확신할 수는 없지만, 이런 사고 패턴이 반복되면 일정한 임계점을 넘게 되고 비로소 연결이 일어난다.

학습 현장에서는 관찰이나 변별이 학습에 무슨 도움이 되느냐는 질문이 종종 나온다. 이에 생각해볼 만한 사례를 제시하고 싶다. 미국 예일대 의과대학에는 관찰을 세밀히 할 수 있는 역량을 강화하기 위한 프로그램이 따로 마련돼있다고 한다. 2001년 미국 의학 협회 저널에 발표된 연구 자료에 의하면 예술 작품을 통한 관찰 능력 향상을 훈련하여 10% 이상 관찰 역량이 향상되었다고 한다. 그럼 관찰이나 변별이 학습에 도움이 되지 않는다면, 예일대 의대는 왜 관찰 능력을 키우기 위해 별도의 강화 프로그램을 만드는 것일까? 여기서 좀 더 확장해서 살펴보면, 과학을 하려고 한다면 관찰과 변별은 매우 기초적인 역량이다. 예를 들어 다윈의 진화론은 세밀한 관찰에서 탄생한 것이다. 과학은 새로운 것을 만드는 것이 아니라 아직 발견하지 못한 원리를 밝혀내는 것이다.

과학 이론은 발명이 아니라 발견된다는 말이 올바르며, 발견에는 관찰이 핵심으로 자리한다. 이런 발견이 원리로 일반화된 뒤에 공학적인 발명이 따라온다. 공학적 발명에서도 당연히 관찰은 중요하지만, 이때는 그보다 더 중요한 것이 공간적 시각화이다. 직업이나 학문에 따라 약간의 경중은 있지만, 학교 공부만을 학습이라고 생각하지 않으면 관찰과 변별이 학습에 도움이 되느냐는 의문은 해소될 것이다. 수가 전부라고 생각하는 수학에도 관찰과 변별 요소는 매우 많다.

6) 창의직관 중심
창의성은 흔히 남들이 생각하지 못하는 또는 지금까지와는 전혀 다른 새로운 방식으로 사고하는 것을 말한다. 그래서 아주 단순한 말로 '틀을 깨기out of box'라고도 한다. 창의성의 정의는 너무 다양하기에, 한

두 줄의 말로 정의할 수 없다. 우리가 관심을 가지는 것은 문제를 새로운 시각으로 보는 능력이다. 그러므로 우리가 말하는 창의성은 주어진 문제가 있다는 전제를 하며, 문학적 상상은 대상이 아니다.

우리는 창의성을 문제를 해결하는 과정에서 발산적 사고와 수렴적 사고가 밀고 당기면서 발현되는 어떤 것으로 본다. 하지만 이외에도 창의성의 요소 측면에서 열다섯 가지 정도의 기법 훈련도 병행하고 있다. 발산적 사고에서는 유창성, 다양성 등 많은 아이디어를 꺼내는 것에 중심을 두지만, 한편으로는 어떤 솔루션이 나오려면 그 문제의 조건이나 정의는 어떤 것일까 하는 역발상의 사고도 훈련해야 한다. 해결의 창의성도 중요하지만, 문제를 정의하는 창의적 시각도 중요하기 때문이다.

대부분의 창의성 프로그램이 전자에 초점이 맞추어져 있다면 우리는 후자에도 똑같이 관심을 가지고 있다. 예를 들어 아서 코난 도일이 주인공 셜록 홈즈를 통해서 가설 추론의 사고를 펼쳐나가는 과정이 일종의 창의적 문제 정의라고 볼 수 있다. 옷에 묻은 흙과 장화를 보고 '비가 왔고, 흙이 옷에 튈 만큼의 흙탕길을 걸었다'라고 추론하는 것이다. 결과에서 원인을 추론하는 방법인데, 솔루션을 보고 그 문제의 조건을 추론하는 것과 같다. 그것이 얼마나 다양한 것인가는 창의적 발상 능력과 관련이 있다. 다음 문제를 보기로 하자.

Q10 그림을 참조하여, 괄호 안에 들어갈 내용을 고르세요.

① Daegu (대구)   ② Seoul (서울)

③ Cheongju (청주)   ④ Incheon (인천)

　외견상으로 아무런 일관된 규칙이 보이지 않는다. 그런데 기차에 숫자가 쓰여있고, 아래에는 영어와 한글로 목적지가 쓰여있다. 숫자와 글자에 일정한 규칙성이 있다는 것 정도는 추론할 수 있다. 그럼 그것을 찾아서 다음에 어떤 목적지가 오겠는지 찾는 것이 문제이다. 이것은 규칙성을 찾는 논리 문제처럼 보인다. 그런데 논리로만 접근하면 해결책이 나오지 않는다. 문제를 새로운 방식으로 정의하고 해석하는 창의적 발상이 필요한 것이다. 새로운 시각, 이것을 관점이라고 한다. 관점이 달라지면 문제의 정의가 달라질 수도 있고, 솔루션이 달라질 수도 있다. 창의성은 단순히 새로운 생각만을 의미하는 것이 아니고 그것의 구체화 가능성을 전제로 한다. 그러므로 합리성이나 타당성 또한 중요하다. 이 문제는 암호 풀이 같다고 할 수 있다. 그렇다. 지금 우리는 암호 하나를 풀었다. 그리고 그 풀이가 타당해야 한다.

'창의성은 그저 사물들을 연결하는 것이다. 창의적인 사람은 그들의 경험을 연결해서 무엇인가 새로운 것을 만들어내는 사람들이다.' 스티브 잡스의 말로, 기존의 것을 새롭게 연결하는 관점을 강조한다. 여기서는 숫자, 알파벳이라는 기존 지식을 새로운 연결을 통해 규칙성을 이끌어내는 것이다. 이 문제의 답이 중요한 것이 아니라 새로운 방식으로 연결해보는 경험이 중요하다.

아이들이 갖는 호기심을 새롭게 바라보고, 또 생각을 펼치도록 해주는 것은 가정에서도 할 수 있는 창의성 훈련이다. "왜?"라는 질문을 많이 하면 된다. 하지만 아이들은 이런 질문에 단답형으로 대답한다. 뭔가 그럴싸한 대답을 기대하지만, 언제나 어른들의 기대치에 부응하는 대답을 하는 경우는 거의 없다. 아이들 입장에서 생각해보면 그런 질문을 왜 하는지 이해가 안 되는 경우도 많기 때문이다. "어, 그래. 답을 잘 찾았구나. 그런데 왜 이것이 답이라고 생각했니?"라고 선생님이 질문하면, "답이니까 찾았는데, 그것을 어떻게 설명해요?"라고 반문하는 경우가 매우 많다. 답을 답이라고 하는데 무슨 설명이 필요하냐는 뜻이다.

이때 선생님이나 부모님의 대응은 "너의 생각이 궁금해서 물어보는 거야"라는 차원에서 끝내는 것이 좋다. 하나의 질문에 제대로 된 대답이 나오지 않았다고 해서 큰일이 나는 것은 아니다. 이런 질문을 자주 하여 아이에게 각성만 시켜주면 된다. 뇌는 같은 패턴의 질문이 반복되면, 나중에는 무의식적으로 그것을 떠올리게 돼있다. "왜?"라는 질문은 문제나 현상이나 행동을 바라보는 시각을 전환하는 계기가 된다. 아이가 그 질문을 받고 아무 대답을 하지 않았더라도, 아이는 머릿속에서 그것을 한 번 더 생각하고 있다. '한 번 더' 생각하게 하는 것으로도 충분하다. 거기에서 보는 시각이 조금씩 달라지는 것이기 때문이다. 그리고 그것을 리드해주는 것이 창의성 훈련이다. 반드시 준비된 교육만이 창의성을 계발하는 것은 아니다. 그냥 생활 속에 있어야 한다. 다시 강조하지만, 창의성은 관점을 다양하게 하고 그 결과에 대한 타당성과 합리성을 추구하는 것에서 시작된다.

개인화하지 않으면 효과는 없다

아이마다 사고 수준이나 패턴이 다르다는 것은 개인별로 맞춤 교육이 필요하다는 것을 의미한다. 여느 학습과 마찬가지로, 사고력 훈련도 교재 – 수업 – 평가 – 보정의 과정을 따른다. 여기에서 세 가지 요소가 나온다. 교재의 개인화, 수업의 개인화, 보정의 개인화이다.

교재를 개인별로 만들어준다는 것은 불가능에 가깝지만 그럼에도 시도되어야 한다. 어떤 문제를 다루든 지식의 개념은 같다. 사고력도 당연히 학교에서 배우는 개념과 지식에 기반해야 한다. 그러나 그것을 기반으로 하는 문제는 수도 없이 다양하다. 지식을 암기만 하고 있어도 풀 수 있는 문제가 있는 반면에 두 가지 또는 세 가지 이상의 사고 영역이 동시에 작동해야 풀 수 있는 문제도 있다. 흔히 난도가 높다고 말하는 문제는 다양한 사고 영역을 활용해야 한다.

1) 분수 $\frac{1}{3}$ 과 $\frac{1}{4}$ 중 어느 것이 큰가요?

2) 분수 $\frac{4}{6}$, $\frac{2}{3}$, $\frac{7}{8}$, $\frac{12}{18}$ 중에서 다른 것 하나를 찾으세요.

3) 분수 $\frac{1}{3}$, $\frac{3}{4}$, $\frac{2}{5}$, $\frac{1}{2}$ 에서 자리를 잘못 배치한 것은 무엇인가요?

세 개의 문제를 살펴보자. 1)의 문제에서 $\frac{1}{3}$ 과 $\frac{1}{4}$ 의 크기 비교는 개념만 알고 있으면 별다른 생각이 필요하지 않다. 통분도 필요 없다. 그냥 피자 한 판이 있는데, 세 개로 나누었을 때와 네 개로 나누었을 때 어느 조각이 더 크냐고 묻는 것과 같다. 그것이 분수의 기초 개념이다. 즉 개념만 알고 있으면 별도로 생각할 것 없이 알 수 있는 문제이다.

그런데 문제 2)는 좀 더 확장된 지식이 필요하다. 그래서 통분의 개념을 알아야 풀 수 있다. 한눈에 비교할 수 있는 기준이 보이지 않는다. 여기서 통분이라는 지식은 비교 기준을 만들어주는 역할이다. 문제 1)보다는 한 단계 나아간 지식이 필요한 셈이다. 통분은 초등 5학년에 배운다. 그런데 5학년 중 상당히 많은 아이가 문제 2)를 제대로 해결하지 못한다. 많은 아이들은 통분은 배웠지만, 왜 그것을 해야 하는지 제대로 이해하지 않아 쉽게 잊어버린다.

문제 3)은 단순히 분수의 개념이나 지식만으로 되는 것은 아니다. 통분 개념에 논리와 언어적 사고가 추가됐다. 문제에서 자리가 잘못됐다는 것은 무슨 의미일까? 이것만으로 자리의 의미가 나오지는 않지만, 순서와 관련이 있으리라는 추론은 해볼 수 있다. 이것은 언어 감각이다. 그래서 이 수들을 비교할 수 있는 방식으로 바꾸어야 한다. 통분을 해서 $\frac{20}{60}, \frac{45}{60}, \frac{24}{60}, \frac{30}{60}$ 로 바꾸어보자. 수의 크기에 따라 순서를 배치하는 문제임을 알아차린다. 따라서 $\frac{45}{60}$ 이 잘못된 자리라고 추론할 수 있다.

위의 세 가지 문제를 보면, 다른 사고가 추가됨으로써 문제의 난도가 조금씩 올라가는 것을 알 수 있다. 이처럼 두 가지 이상의 사고가 필요한 문제, 또는 수학적 사고에 다른 영역의 사고가 중첩되는 문제 등으로 생각의 요소는 더 늘어난다. 이처럼 사고가 보태지는 것이 수학의 심화 단계이다.

동일한 개념을 묻는 문제더라도 문제의 난이도가 어떻게 달라지는지를 알았다. 그런데 앞서 살펴보았듯 어떤 아이는 머리를 조금이라도 써야 하는 문제에 적응하지 못하는 반면 어떤 아이는 네 가지 이상의 사고 영역이 모두 포함된 복잡한 문제에도 적응한다. 그러므로 이들에게 다른 문제가 제공되어야 함은 너무도 자명하다.

여러 예제로 설명했듯이 하나의 문제에는 다양한 사고 영역들이 조합될 수 있다. 그래서 수학만으로 사고 수준의 높고 낮음을 판단할 수는 없다. 문제가 어려워질수록 사고가 복합적이기 때문이다. 따라서 개인화를 두 가지의 관점에서 생각할 필요가 있다.

첫째는 한 가지 사고도 제대로 쓰지 못하는 아이와 여러 가지 사고를 동시에 쓸 수 있는 아이의 구분이다. 즉, 사고 수준을 구분해야 한다는 의미이다. 교재가 학년에 따라 제공되서는 안 되고 아이에 따라 제공되어야 한다. 둘째는 영역 간의 불균형이다. 수리적 사고가 극히 낮고, 다른 영역이 좀 더 높은 학생은 수리를 많이 자극하는 문제를 풀어야 한다. 그래서 낮은 영역을 보완해주어야 한다.

단, 주의할 점이 있다. 사고 수준이 낮다고 해서 한 가지 사고만 해도 되는 문제들만 제공한다면 아이는 어떻게 될까? 계속해서 그 정도의 자극만 받으므로 두 가지, 세 가지 사고를 다루는 문제로 넘어갈 기회가 없다. 여기서 조 볼러 교수가 말한 '누구나 참여할 수 있게 하되 도전 목표는 높이는Low floor, high ceiling' 문제가 필요해진다. 이는 사고 수준이 높은 아이에게도 똑같이 적용된다. 한두 가지 사고는 비교적 쉽게 풀지만, 그 이상의 중첩된 문제는 그들도 어렵다. 그래서 사고 수준이 낮든, 높든 현재 자기 수준에 적절한 문제, 그리고 상당한 노력을 들여야 풀 수 있는 문제, 아주 고도의 생각을 해야 하는 문제가 골고루 제공되어야 한다.

열 개의 문제를 줄 때, 서너 개의 문제는 현재 수준에서 비교적 어렵지 않은 문제, 그리고 서너 문제는 상당한 노력을 기울여야 하는 문제, 그리고 두세 문제는 고도의 생각이 필요한 문제로 구성하는 것이 적절하다.

이처럼 사고 수준에 따라 개인에게 제공되는 문제는 사고 수준이 낮든 높든 관계없이 모두 20~30% 정도의 고도의 사고를 필요로 하는 문제가 들어있다. 그래서 아이들의 사고 역량이 높든 낮든, 어려움을 느끼는 정도는 거의 같다. 그래야만 뇌의 회로 연결로 이어지고, 높은 사고 활용 능력을 배워나갈 수 있다. 이것이 사고력에서 말하는 교재의 개인화이다.

그러므로 교재가 개인화되지 않으면 사고력에 기반한 문제가 아니라고 보는 것이 타당하다. 또 누구에게나 어려운 정도가 같기에, 학습 역량이 낮은 아이가 높은 아이를 볼 때 '아 저 아이도 힘들어하는구나'라고 확인하고 '나만 어려운 것이 아니네' 하며 안도할 수 있다.

이것을 수업적 측면에서 볼 수도 있다. 비교적 어렵지 않게 해결할 수 있는 문제는 선생님의 도움 없이도 아이가 스스로 풀 수 있는 문제이다. 상당한 노력을 기울여야 하는 문제는 한두 가지의 질문을 통해 방향을 잡아주면 풀 수 있는 문제이다. 고도의 생각이 필요한 문제는 해설에 버금가는, 생각의 방향을 잡아주는 질문이 필요하다. 앞서 말한 열 문제는 '바람직한 어려움'의 상태를 모든 수준에서 맛보도록 배분했다고 보면 된다. 이때 선생님은 어떤 문제이든지 문제를 풀어주는 사람이 아니다. 대신 스스로 읽고 다시 생각해볼 수 있는 생각의 관점, 방향, 목표 등을 질문해주면 된다.

마지막으로 사고력 훈련을 지속할 때 사고 영역들의 부침浮沈은 계속 발생한다. 그래서 일정한 주기로 측정하여 특별히 더 낮게 나오는 영역에 더 자극을 줄 필요가 있다. 그러므로 이것도 개인별로 다를 수밖에 없다. CPS 1170Q는 학생의 답을 입력하면 3개월 단위로 영역별 결과가 도출된다. 즉, 학습 중에 평가가 이루어진다. 그에 따라 3개월 단위로 보정 프로그램이 개별적으로 제공된다. 보정 프로그램은 부족한 사고 영역을 중심으로 구성된 문제들이다. 이것이 보정 프로그램의 개인화이다.

지식은 표준이 있으므로 따라야 할 과정이 있다. 그러나 사고력은 개인의 사고 역량에 따라 진행되어야 한다. 그래서 교재의 개인화, 수업의 개인화, 보완의 개인화. 이 세 가지가 사고력 훈련에서는 반드시 필요하다.

가르치지 말고 질문하기

조수석에 앉아 남이 운전하는 모습을 본다고 해서 운전에 익숙해지지 않는다. 학습도 마찬가지다. 선생님의 설명이 학생의 학습 역량을 직접 향상시키지 않는다. 듣는다고 다 들리는 것은 아니라는 좋은 예시가 '칵테일 파티 효과'이다. 파티장에서 많은 사람이 얘기할 때 자기가 집중하지 않은 사람의 말이나 관심도가 떨어지는 대화는 들리지 않는 현상을 가리킨다. 이처럼 '주의'하지 않으면 들려도 귀에 들어오지 않는다. 마찬가지로 학생이 같은 시간 동안 같은 선생님의 설명을 들는다고 해도 학습 결과는 차이가 날 수밖에 없다. 아이들마다 사고 역량이 달라 선생님의 설명에 대한 이해도가 다르기 때문이다. 학습 상황에서 학생의 관심도, 학습에 집중하는 태도의 차이가 이를 보여준다. 준비되지 않은 상태로 학습에 참여할 때와 준비된 상태로 학습에 참여할 때 들리는 정도가 다른 것이다.

설명이 필요한 개념이나 지식도 그러한데, 스스로 생각해야 하는 사고력 훈련에서 개인의 참여 여부는 너무도 분명한 차이를 낸다. 그 참여를 우리는 '자기문제화'라고 한다. 자기문제화는 사고 수준의 높고 낮음의 문제가 아니다. 아이가 학습을 인식하는 관점, 그리고 평소의 환경에서 배운 학습 태도 등이 자기문제화를 형성한다. 자기문제화는 해결해야 하는 주체가 자기 자신이므로, 남의 도움을 받더라도 결국은 내가 해결해야 한다는 확실한 의식이다. 남이 성공한 공부법이 나의 성공적인 공부법이 아닌 이유로는 자기문제화 정도가 같을 수 없다는 사실도 있다.

자기문제화를 몸에 배게 하려면 가르치지 않고 스스로 깨닫게 만들어야 한다. 어떻게 가르치지 않고 깨닫게 할 수 있을까? 그렇게 복잡하지 않다. '왜'라는 질문을 하고 아이의 설명을 인정하면 된다. 아이가 문제 자체를 잘못 이해해서 황당하게 설명해도 인정하라. 틀려도 인정하라는 처방이 황당할 것이다. '네 설명이 틀렸다. 네가 잘못 이해했다'라고 하기 전에 '아이가 왜 이렇게 이해했을까?'라는 궁금증이 생기지 않는가? 그것을 물어보면 된다. 어떻게 생각해서 그렇게 이해했는지를 물어보라. 아이가 대답하면 다시 또 그것에 대해 물어본다. 그러면 어느 단계에서 아이 스스로 무엇인가를 잘못 이해하고 있음을 깨닫는다. 그때 다시 돌아가 검토한다.

'그냥 설명해주면 안 되나' 하는 생각이 들 수도 있다. 이 생각이 행동으로 표출되어 문제 풀이를 포기하는 경우도 있지만, 같은 생각을 하더라도 끝까지 시도하는 아이도 있다. 이것이 차이를 만드는 태도이다. 포기하는 아이가 포기하지 않도록 돕는 것이 중요하다. 그렇다면 아이는 어느 순간 자기가 스스로 문제를 풀어야 한다는 걸 인식한다. '공부 자립'이 싹트는 것이다.

아이의 생각에 기반하지 않는 질문은 그 어떤 열린 질문open-ended question이라도 자기문제화를 이끌지 못한다. 자기문제화를 이끄는 질문은 아이의 생각을 따라가는 질문이다. "그래, 좋은 시도다. 자 그럼 너의 말대로 한번 문제를 해결해보자"라고 말하면 된다. 잘못된 시도였으면 당연히 어디선가 걸리게 돼있다. "아, 여기서 막히네. 그럼 우리가 어디에서, 무엇을 빠뜨렸을까?"라고 질문한다. '네'가 아니라 '우리'가 중요하다. 너의 생각을 인정하고 선생님도 너와 함께 팀을 이루어 생각하고 있다는 것을 표현하면 좋다. 의도적으로 하지 않아도 아이를 인정하다 보면 지도자의 말투도 자연스럽게 바뀐다.

막힌 부분을 아이가 그 자리에서 찾아내지 못할 수 있다. 그러면 더 이상 진도를 나갈 수 없다. 이때가 중요한 시점이다. 대부분 선생님은 이때부터 설명하기 시작한다. 이렇게 되면 결국 앞선 시도는 아무 의미가 없어진다. 이때 가르치지 않고 기다리는 것이 중요하다. "자, 오늘은 많이 진전했다. 지금 막힌 부분은 네가 더 생각하면 될 것 같아. 오늘은 패스. 대신 계속 생각해서 다음에 설명해줘"라고 마무리하라. 그리고 다른 문제로 넘어가면 된다. 이것이 자기문제화를 체화시키고, 가르치지 않고 스스로 깨닫게 하는 방법의 핵심이다.

아이가 학원에 갔다 왔는데, 교재에 풀지 않은 문제들이 있다면 부모는 어떤 반응일까? 그 풀지 않은 문제들이 한 달이 다 되어도 그대로라면 독자 여러분은 참을 수 있겠는가? 당연히 부모 입장에서는 답답하다. 학원에서 아무것도 해주지 않는다고 생각할 것이다. "우리 애가 문제를 풀지 못하면 선생님이 설명해주어야 하는 것 아닌가요? 그러려고 학원 보내는 것 아닌가요?"라고 따져 묻는 부모님들도 많다. 또는 너무 이상적이지 않느냐는 질문도 많이 받았다. 그렇게 할 수 있는 부모나 선생님이 얼마나 있냐는 핀잔도 듣는다. 열린 질문을 해야 창의적인 아이로 성장한다고 해도 그것은 이론이지 자기 아이의 문제로 생각하면 쉽게 수용하기 어려운 것이 부모의 마음이다. 하지만 아이가 공부를 자기문제화하고 자립하게 하려면 아이의 생각을 물어봐야 한다. 열린 질문이 이루어지려면 아이의 생각에 집중하고 아이를 인정해야 한다.

자기문제화를 실천으로 옮기는 데 걸리는 시간은 아이들마다 다르다. 대개의 경우 사고 수준과 관련이 깊다. 앞에서 소개한 1학년 아이는 10분 만에 인지했지만, 2년이 지나서야 이해하는 아이도 대단히 많다. 얼마나 걸려야 바뀔지는 모른다. 분명한 것은 바뀐다는 사실이다. 그때까지 부모는 기다려줄 수 있어야 한다. 질문과 기다림이 필요하다. 여기서는 선생님을 기준으로 설명했지만, 이것은 부모에게도 똑같이 해당하는 말이다.

5부에서 부모가 아이와 대화하는 법을 다루었다. 공부는 '설명과 채점'이라는 생각을 버리면, 부모님들도 질문으로 아이를 변화시킬 수 있다. 하나의 좋은 질문은 백 개의 가르침을 넘어설 수 있다. 하나의 문제가 한 권의 책을 능가할 수 있다.

2부

독해력

공부 자립의 기초 도구

간과하면 큰일 나는
우리 아이 독해력

어떤 문제든 독해력이 우선이다

언어는 의사소통의 수단으로, 전통적으로 언어를 다루는 관점은 말하기, 쓰기, 듣기, 읽기이다. 언어 사용은 대부분 텍스트 형태에 기반한다는 일반적인 인식이 깔려있다. 그러나 요즈음은 정보 형태와 정보유통 방법 등이 매우 다양해졌다. 기술의 발전은 문자만이 아니라 이미지, 영상, 도표 등 다양한 비언어적 정보 형태를 촉발하고 있다. 또한책보다 훨씬 많은 정보가 디지털 기기로 유통된다. 사방에 정보 유통도구들이 널려있다고 해도 과언이 아니다. 비언어적 정보가 오히려 언어적 정보, 텍스트를 압도하는 현상마저 나타나고 있다. 그래서 과거에는 듣지 못했던 '디지털 리터러시', 또는 '미디어 리터러시' 등의 개념이 등장한다. 하루가 다르게 신조어가 나타나고 어휘의 의미가 변화하며 텍스트의 구조까지 파괴되는 현상이 나타나고 있다. 언어는 시대에 따라 끊임없이 변화할 수 있기에 이런 현상은 자연스럽다. 변화하는 시대에 원활한 소통을 위해서는 이러한 현상을 긍정적으로 수용할 수밖에 없다.

텍스트 기반의 리터러시만 강조하면 수용자인 학생들은 진부하게 느낄 뿐만 아니라, 변화를 따라가지 못한다고 생각한다. 현재 교육의 주요 대상인 알파 세대는 변화된 환경에서 자랐기 때문에 '디지털 네이티브'라고 불릴 정도로 의식 자체가 다르다. 또한 사회 역시 '속도 사회'라 할 정도로 빠르다.

일상에서는 굳이 어려운 어휘보다 쉽고 감각적인 언어로 빠르게 소통한다. 많은 축약어들이 그 증거이다. 긴 문장의 의사 전달보다는 사진이나 영상과 같은 감각적 언어가 그들의 의식 구조에 더 맞는지 모른다. 의미를 전달하기보다는 느낌을 전달하는 그들만의 신호 같은 것이다. 문자는 거추장스럽고 고리타분하다는 느낌마저 들 정도이다. 그래서 어쩌면 세대 간 소통의 벽은 자연스럽게 생기는 현상이다. 문자 중심의 시대에도 세대 간 단절이 있었는데, 가속화된 기술 발전이 사회를 송두리째 바꾸고 있는 지금은 그 벽이 훨씬 높아진 셈이다. 최근 출제된 수능 국어 문제에 그림과 도표가 많이 등장하는 것도 이런 현실을 수용한 결과라고 본다.

그렇지만 학습에서는 언어를 보는 관점이 달라야 한다. 학습에서 언어는 의사소통의 수단을 넘어, 정보나 지식을 습득하는 매개체이자 사고의 도구이다. 우리는 언어로 사고하고, 새로운 의미를 만들어가기도 한다. 생각하는 행위가 언어와는 상관없다고 여기거나 간과하는 경우가 간혹 있다. 말을 하거나 글로 표현하지 않더라도 생각은 일어나고 있기 때문이다. 그렇지만 언어가 없다면 생각할 수 없다. 입 밖으로 말을 꺼내지 않더라도 우리는 머릿속에서 말하고 있다. 그것이 생각이다.

우리가 배우는 지식은 인류의 생각이 축적된 결과물이며, 지식을 배운다는 것은 그 축적된 생각을 받아들이는 것, 즉 '생각을 읽어내는 것'이다. 이때 대부분의 지식이 언어의 형태로 남겨졌기에 언어는 생각을 전달받는 매개체이다. 그래서 학습에서는 언어 기능이 '사고의 도구'가 된다.

설령 영상이나 이미지가 의미나 감정을 전달하는 기능을 가지고 있더라도 그 의미를 알기 위해서는 언어의 형태로 해석해야 한다. 즉, 텍스트화되지 않은 정보이지만, 머릿속에서는 텍스트화를 하고 있다는 말이다. 게다가 의미 있는 학습 자료는 대부분 문자로 기록해놓았고, 학교에서 배우는 지식 또한 철저하게 텍스트에 기반하고 있는 경우가 많다.

그러므로 환경이 빠르게 변하고 매체가 다양할지라도, 그 매체를 수용할 때는 텍스트에 기반한 '생각의 읽기'가 작동한다고 해도 무방하다. 그러므로 공부할 때, 그 자료가 텍스트이든 디지털 영상이든 아니면 그림이든 도표이든 간에 그것을 언어화하는 과정은 피할 수 없다. 문해력이 떨어진다는 말은 '생각의 읽기'가 되지 않는다는 말이다.

정보는 기하급수적으로 늘어나고, 매체는 다양해지고, 형태도 제각각인 현재의 학습 환경에서 언어의 역할은 더욱 중요해지는데, 빠르고 간결한 언어문화가 일상화되다 보니 문해력이 떨어지는 것은 당연하다. '생각의 읽기'는 속도와 거리가 멀다. 그런데 문해력은 '생각의 읽기'이다. 그 간격을 얼마나 좁힐 수 있는지가 교육에서는 매우 중요한 과제다.

강조되는 문해력, 그러나 핵심은 독해력이다

문해력이 화두가 될 수밖에 없는 환경이다. 문해력이 떨어지는 건 학생이 무지해서도 아니고, 부모가 책을 읽히지 않아서도 아니다. 학습에 쓰이는 언어와 일상에서 쓰는 언어의 간극이 너무 크기 때문이다. 하지만 그런 환경에도 불구하고 그 근본에는 '텍스트를 어떻게 이해하고 해석하는지'라는 주제가 본질로 남아있다.

문해력은 두 가지 의미로 나누어 생각할 수 있다. 글자를 알며 읽고 쓸 줄 아는 수준의 문해력과, 텍스트의 의미와 이면까지 읽는 문해력이다. 우리나라의 문맹률은 극히 낮다는 점을 고려하면 여기서는 후자의 문해력을 대상으로 설명한다.

PISA는 다음과 같이 문해력을 도식화한 바 있다.[*]

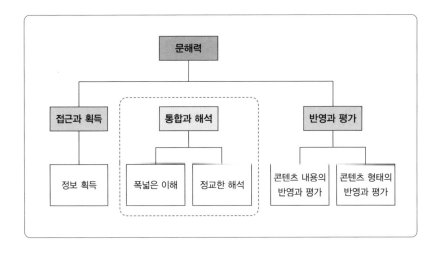

PISA는 문해력을 위 그림처럼 크게 세 파트로 나누고 있다. 정보가 들어오고 읽고 이해하고 평가하고 반영하는 일련의 과정에 따라 세 단계로 도식화한 것이다. 우리가 흔히 문해력이 떨어진다고 말할 때 문해력의 의미는 '통합과 해석'이다. 콘텐츠, 곧 텍스트를 정확하게 이해하려면 통합과 해석이 필요하다. 통합은 유사점과 차이점을 식별하거나, 정도를 비교하거나, 인과관계를 이해하는 등 여러 정보를 연결해 의미를 만드는 작업이다. 해석은 대상에 의미를 부여하는 과정으로 일종의 추론이다. 독해에서 다루는 영역은 주로 이 부분이다. 그래서 이것을 좁은 의미의 문해력 또는 독해라고 정의하려고 한다.

• [PISA 2012 Assesment and Analytical Framework]에서 언급하는 읽기 문해력의 영역

그림에서 볼 수 있는 '접근'과 '획득'은 정보에 접근하는 법, 정보를 선택하는 일과 관련이 있다. 이것을 문해력의 범주에 포함한 이유는 현대의 언어 환경이 매우 복잡하기 때문이다. 예전처럼 주된 정보나 지식 전달 수단이 인쇄물로 단순화돼 있다면, 선택도 크게 복잡하지 않다.

그러나 지금은 환경이 달라졌다. 일단 디지털 콘텐츠의 경우는 전자책, 보고서, 뉴스나 블로그 등 완성된 저작물도 있지만, 여러 독자가 참여해 만들어가는 진행형 콘텐츠도 많다. 대표적인 예가 '위키피디아'이다. 또 토론방이나 메시지를 통해 스스로 저작에 참여하는 경우도 있다. 한편 그 형태도 텍스트만이 아니라 유튜브, 인스타그램과 같이 다양한 플랫폼, 다양한 형태를 가진다. 정보를 누군가 대신 필터링하지 않기 때문에 필연적으로 잘못된 정보가 많이 섞여있다.

이런 환경에서는 제대로 된 정보를 습득하는 것이 이해와 해석보다 중요하다. 그래서 접근과 습득의 어려움을 극복하기 위해 "문해력을 강화해야 한다"라고 강조하는 것이 아닐까 싶다. 그렇지만 어떤 정보를 선택할지도 사실 해석과 맞물려있다는 점을 알아야 한다.

'반영'과 '평가'는 해석이 끝난 다음 단계이다. 예를 들어 기존의 지식이나 정보, 또는 그와 관련된 문화적 환경, 지식이 필요한 분야 등 다양한 텍스트 외적 요소를 현재 읽고 있는 텍스트와 결합하여 평가하거나 새로운 지식으로 반영하는 것이다. 여기에는 주관적 가치관도 반영된다.

이러한 세 가지의 활동은 순차적으로 일어날 수도 있지만, 동시에 일어날 수도 있다. 예를 들어 어떤 책에 참인 것과 거짓인 것, 사실과 주장이 섞여있다. 이때 일단 정보의 전후 맥락을 확인해 해석하고, 그 해석을 통합하여 판단 및 평가한다. 또 정보를 찾다가도 텍스트를 발견하면 즉시 해석과 추론 과정이 일어나고 나아가서는 평가까지 해야 한다. 그래야 정보를 선택할 수 있기 때문이다. 이는 디지털 매체처럼 비非연속 텍스트가 많을 때 더 자주 필요하다.

그러므로 텍스트를 찾아 읽을 때 이러한 해석과 평가가 순환 고리처럼 계속 반복된다. 독서는 이처럼 텍스트를 읽으며 자신에게 필요한 지식이나 사고를 선택하고 평가하여, 자기의 가치관이나 지식으로 체계화하는 행위를 의미한다. 만약 독서 활동 중 이러한 일련의 과정이 일어나지 않는다면 그 효과는 현저히 떨어질 수밖에 없다.

우리가 공부 또는 학습에서 강조하는 부분은 통합과 해석이다. 통합과 해석이 평가를 이끌어내는 기반 요소이기 때문이다. 이 부분을 좁은 의미의 문해력, 또는 독해라고 한다. 여기에서는 혼동을 피하기 위해 독해력이라고 부르겠다. 말하자면, 독해는 문해력 안에 있는 핵심 부분이다. 텍스트의 정보들을 맥락에 맞게 통합하고 그 내용의 정확한 이해가 선행되어야 한다. 학습에서는 이것이 핵심이다.

독해는 텍스트 자체를 이해하고 해석하되, 평가를 반영하지 않은 활동이다. 시험에서 문해력을 평가한다면 텍스트에 대한 이해와 해석에 초점이 맞추어질 수밖에 없다. 왜냐하면 텍스트에 대한 평가는 독자의 관점에 따라 주관적이기 때문이다. 그래서 수능을 포함한 대부분의 국어 시험에서 '이해와 해석'이 중심이 된다.

아이들이 "읽어도 무슨 말인지 모르겠다"라는 말을 하는 이유가 바로 이 독해 부분 때문이다. 최근 들어 수능 국어 문제가 비언어적 텍스트, 그리고 비연속적 텍스트를 많이 반영한다고 하더라도 문해력 평가의 본질은 독해일 수밖에 없다. 학습 역량을 평가하는 시험에서는 객관적 해석이 가능한지 여부가 중요하기 때문이다.

어떤 텍스트를 읽고 그것을 자기의 기존 지식에 반영하거나 통합하려면 우선 텍스트에 대한 정확하고 객관적인 이해가 선행되어야 함은 당연하다. 글에 나타나지 않은 이면을 읽어내거나 표현된 내용을 해석할 때도 철저하게 문맥에 기반해 해석해야 한다. 환경이 변화하여 문해력이 갑자기 등장한 것 같지만, 독해력은 언제나 중요했고 강조되어 왔다.

하지만 갑자기 독해력이 더 중요해진 이유는 첫 번째로 정보가 폭주하고 있기 때문이다. 인류가 2천 년간 누적한 정보보다 산업 시대 이후 100년간 쌓인 정보가 더 많고, 그 전체의 자료보다 최근 20~30년간의 정보가 훨씬 많다고 한다. 정보나 자료의 선택이 어려운 상태이다. 하물며 그 속에 섞여있는 자료의 진위까지 따져야 하니 대단히 많은 노력이 필요하다.

두 번째 이유는 영상, 그림, 도표, 그래프 등과 같은 비언어적 정보의 활용이 늘어났다는 점이다. 파워포인트로 자료를 만들 경우도 텍스트는 최소화하고 이미지로 시각화한다. 그 이미지를 읽어내는 것도 독해의 범주에 들어와있다.

세 번째는 책, 보고서, 잡지, 블로그, 개인 메시지, 단문 메시지, 영상 등 정보의 생산 형태가 다양해지고 있다는 점이다. 책처럼 이야기의 처음과 끝이 있는 연속적 텍스트가 있는가 하면, 단문 메시지, 보고서 등의 축약 문구, 광고 문구 등과 같은 비연속 텍스트도 크게 늘었다. 한 줄의 문장, 짧은 구문으로 해석하고 판단할 수 있는 역량이 필요해졌다. 그렇기에 객관적이고 합리적인 해석이 필요한 상황은 급격히 늘어가고 있다.

그런 점에서 문해력의 강조가 필수적인 환경이지만, 그중에서 핵심은 여전히 독해력이다. 더구나 이 책에서 주제로 삼는 학습의 관점에서 본 언어 역할은 '생각 읽기'라고 했는데, 그 '생각 읽기'가 바로 독해이다.

많이 읽으면 독해를 잘할 것이라는 오해

문해력이 강조되면서 독서가 해결의 열쇠라고 말한다. 독서는 독해를 포함하고 있는 활동이므로 독해력에 도움이 되지 않을 리가 없다. 그러나 그것이 전부라는 오해는 하지 말아야 한다. 독서와 독해의 속성은 분명히 다르다.

이 책은 학습의 도구로서 언어를 말하고 있다. 어렵게 얘기하지 않더라도, "독서를 하면 국어 공부를 하는 건가요? 국어책을 읽으면 독서를 하는 것인가요?"라는 단순한 질문만 던져봐도 안다. 이 두 질문에 여러분은 어떤 대답을 할 것인가? "아뇨"라고 하는 사람이 당연히 많을 것이다. 학부모 상담에서 질문해봐도 대답은 대부분 "아니오"였다. 이유를 정확히 설명하지는 못하더라도, 그렇지 않을 것 같다는 직관적인 느낌은 있다. 그것이 살아오면서 쌓인 경험과 지식이다.

국어 시험에서 측정하는 영역은 독해의 범주이다. 독서 활동은 개인의 독서 방식에 따라 독해의 범주를 포함하기도 하고 그렇지 않기도 하다. 그러므로 독서를 많이 했는데 국어 점수가 잘 나오지 않는다면 독서 방식을 점검해야 한다. PISA가 제시한 문해력의 요소를 모두 합하면 가장 이상적인 독서라고 할 수 있다. 그러나 현재의 사교육이 제시하는 독서 방식은 이것에서 벗어나 있는 느낌이다. 독서 프로그램을 보면 대부분 추천 도서를 정해놓고 과제처럼 읽고 있지 않은가? 첫 단추부터 이상적인 독서에서 벗어나있다. 사람들은 분명히 직관적으로 독서와 독해가 다르다는 것을 알면서도 여전히 둘을 동일시하고 있다. 독서만으로 독해력이 향상되고 국어 성적이 올라갈까? 그럴 수도 있고, 그렇지 않을 수도 있다. 그래서 언어가 중요하다고 하니 무턱대고 독서 학원을 등록했다가는 낭패를 볼 수도 있다. 독서가 어떻게 진행되는지 분명히 알지 않으면 효과가 전혀 없을 수도 있다.

본질적으로 독서는 지식을 얻고, 사상의 지평을 넓히는 것이다. 대단히 주관적이다. 문해력의 관점에서 보면 세 번째 단계, 즉 반영과 평가에 중점을 둔다. 학교에서 배우는 표준화된 지식을 넘어서는 지적 자양분을 얻기 위해 독서하는 것이지, 국어 공부를 위해 독서를 하지는 않는다. 그렇다 보니 독서 방식의 스펙트럼은 매우 넓다. 책의 주제도 제각각이지만, 독서의 목적이나 방법도 제각각이다. 목적에 따라 단순히 줄거리만 파악하는 독서도 있고, 지식을 꼼꼼히 습득하기 위한 정보형 독서도 있고, 감상을 즐기는 감상형 독서, 평가에 방점을 두는 비판적 독서도 있다.

또 글을 읽는 방식에 따라 한줄 한줄 의미를 파헤쳐가는 정독, 빠르게 전체 얼개를 읽어가는 속독이 있다. 각각의 경우마다 텍스트를 읽는 방식과 텍스트에서 받아들이는 내용이 다르다. 앞서 말했듯 그 내용을 받아들이는 과정은 대부분 주관적이다. 예를 들어 사전 지식, 경험의 유무 등에 따라 독서를 통해 얻는 의미, 감동, 바라보는 시각 등이 제각각이다. 그래서 책은 저자의 손을 떠나는 순간, 저자의 의도와 상관없이 순전히 독자의 자의에 따라 해석된다. 그래서 독서는 기본적으로 주관적이다.

반면 독해는 글쓴이의 의도를 정확히 파악하는 것이 목적이다. 그래서 객관적이고 타당해야 한다. 어휘의 순서, 문장의 순서에 따라 저자의 강조점이 달라질 수 있다. 같은 문화권의 언어적 감각이 있다면 대부분 비슷하게 읽어낸다. 축약된 문장이나 의미가 명료하지 않은 문장을 읽으며 앞뒤 맥락으로 의미를 찾아가는 것, 근거가 나타나지 않아

글이 타당성을 잃었다고 파악하는 것, 글의 비약을 메꿔가는 것이 모두 독해의 영역이다.

하나의 글에서 뜯어보아야 할 요소는 매우 많다. 그렇게 촘촘히 뜯어보는 이유는 글쓴이의 의도를 최대한 정확히 이해하기 위해서다. 그래서 독해는 해석의 의미와 가깝다. 독해력이 떨어진다는 말은 해석력이 떨어진다는 말이며, 현대 사회에서 '문해력이 떨어진다'라는 지적도 해석력과 밀접하다.

독서의 목적을 분명히 해야 한다. 학습을 위한 독해력 향상이 목표인가, 아니면 지식과 정보의 폭넓은 습득이 목표인가를 정해야 한다. 학습에 필요한 읽기는 주관적 읽기가 아니라 객관적 읽기이다. 학습을 위한 독서라면 객관적 읽기를, 생각의 단초와 지식의 폭을 넓히기 위한 독서라면 주관적 읽기를 해도 무방하다. "4년 동안 독서 논술 학원에 다녔는데, 왜 이렇게 독해력이 떨어질까요?"라고 질문하는 부모님이 있다. 소위 책 한 권 읽지 않고도 서울대에 갔다는 극단적인 말은 독해, 즉 국어의 읽기 영역은 독서와는 다른 측면이라는 점을 말해준다. 학습 독해를 제대로 하려면 국어 수업을 제대로 들으면 된다.

짧은 글은 독해가 아니다?

상담하면서 가장 자주 듣는 질문이 있다. "한두 줄짜리 문장을 읽어도 독해라고 할 수 있나요?" 독해 문제집들이 한 페이지 정도의 긴 지문으로 구성된 경우가 대부분이라서 이런 질문이 나오는 듯하다. 이것이야말로 독해에 대한 대표적인 오해이다. '텍스트'는 인쇄물이든 디지털이든 상관없이 모든 문자 언어를 포함한다. 책의 짧은 제목이나 목차도 독해의 대상이며 광고의 문구, 프레젠테이션의 축약형 문구도 독해의 대상이다. 우리가 흔히 접하는 책이나 보고서같이 분명한 시작과 끝을 가진 글이 '연속 텍스트'라면, 앞서 언급한 텍스트는 '비연속 텍스트'라고 한다. 특히 디지털에서는 비연속 텍스트가 많이 등장한다. 완성된 문장이 아니더라도 독해가 필요한 상황이 늘어나고 있다. 그래서 '독해란 긴 글을 읽는 것'이라는 편견을 먼저 버려야, 독해를 올바로 볼 수 있다.

독해는 통합이나 해석이 필요한 모든 텍스트를 대상으로 한다. 두 줄짜리 수학 문장도 당연히 독해의 대상이다. 교과서의 내용도 독해의 대상이다. 단지 수학, 과학, 역사, 사회와 같이 글의 내용에 따라 주로 활용하는 관점이 다를 수는 있다. 관점에 대해 뒤에 설명하겠지만, 비문학 지문에는 비유가 적은 반면, 문학 지문에는 비유나 수사가 풍부하다. 국어는 텍스트가 어떤 내용이든 간에 그것을 이해하고 해석하는 기본적인 역량을 만들어주는 과목이다. 국어에는 읽기만 있는 것이 아니고 듣기, 말하기, 쓰기, 문법 규칙이나 문장 구조 등 다양한 요소가 있지만, 읽기와 독해는 모든 학습의 근간이다. 국어 읽기의 대상은 책만이 아니라 연속, 비연속 텍스트를 모두 포함하는 것이다. 짧은 글은 독해가 아니라는 인식이 오해란 사실은 수능 국어 문제에서 그림이나 도표가 자주 출제되는 것만 보아도 알 수 있다.

실제 수업 현장의 예를 보자. 우리 연구소가 만든 독해력 프로그램은 '프레임 읽기'라는 방식을 따른다. '어제 나는 미세 먼지가 심해서 마스크를 썼다.' 이 문장은 사실인가, 주장인가? 이 질문에 대부분의 4학년 아이들은 틀린 답을 말한다. 이 문장의 내용이 참말인지 거짓말인지 알 수가 없으므로 사실이 아니라 주장이라고 답한다. 초등 4학년 국어 교과서에서는 '사실'을 참말인지 거짓말인지 확인할 수 있는 것이라고 가르친다. 물론 이외에도 사실에 대한 판정 기준이 더 있다. 이 문장에서 미세 먼지가 심했는지 아닌지 확인할 수가 있다. 또 마스크를 썼는지도 확인할 수 있다. 즉, 둘 다 확인이 가능하므로, 이 문장은 사실이다.

그럼 다른 예문을 보자. '철수는 그 수학 학원 때문에 성적이 올랐다'라는 말은 사실인가? 이때 성적이 올랐다는 것은 확인할 수가 있다. 그런데 '학원 때문에'라는 말은 알 수 없다. 성적이 오른 변수는 많으므로 인과관계를 확인할 길이 없다. 즉, 이 문장은 사실이 아니고 주장이다.

사실과 주장을 구분하는 일이 그리 중요한 문제인가? 이런 의문이 들 수도 있다. 예로 든 두 문장을 비교해보자. 첫 번째 문장에서 그 정도의 미세 먼지에는 마스크를 쓰지 않아도 된다고 비판하더라도 그것은 그 비판자의 입장일 뿐이다. 사실 자체를 비판하는 것은 의미가 없다. 그러나 두 번째 문장은 주장이다. 주장은 근거가 뒷받침되지 않으면 받아들이기가 어렵다. 만약 근거가 없는 주장을 한다면, 이는 비판의 대상이 된다. 이 둘의 차이가 무엇인지 느껴지는가? 앞 문장은 받아들일 수 있지만, 뒤의 문장은 받아들일 수 없다. 그런데 이런 근거가 없는 주장에 동조한다면 제대로 된 비판을 하지 못한다는 말이다. 독해할 때 적절한 근거 없이 유추하면 객관성이나 합리성을 잃을 수밖에 없다. 초등 4학년 아이들이 사실과 주장을 잘 구분하지 못하는 이유는 한 줄짜리 문장도 독해가 제대로 되지 않아서이다.

글은 단어, 문구, 문장, 단락, 글의 형태로 구성돼있다. 단어, 문구, 문장, 단락이 모두 독해의 대상이다. 독해는 글이 길고 짧은 것과는 무관하다. 그러므로 긴 지문을 읽어야 독해력이 향상된다는 생각, 심지어는 책을 읽어야 독해력이 향상된다는 생각은 잊어도 된다. 독해를 하면서 글을 읽어야 독해력이 향상된다. 그것이 책이든 보고서이든 상관없다.

독해력 연습의 도구, 프레임

학습을 위한 읽기로서의 독해

학습에서 요구하는 '객관적 읽기'란 글이 전달하고자 하는 의미를 정확히 이해하는 독해를 말한다. 나의 생각과 상관없이 '글은 이렇게 말하고 있다'라는 것을 파악하는 작업이다. 학습 자료를 내 마음대로 해석하는 것은 당연히 허용되지 않는다.

읽기의 방법은 시기에 따라 변화시키는 게 좋다. 초등 3학년까지는 객관적 읽기가 어렵다. 말과 문자를 일치시키는 것도 제대로 완성되지 않은 단계이기 때문이다. 말하자면 이 시기는 과도기다. 따라서 저학년의 읽기는 소리 내어 읽는 낭독이 좋다. 낭독은 문자와 소리와 의미를 한번에 자극할 수 있기 때문에 언어를 담당하는 뇌 영역이 하나의 뭉치로 연결되는 효과를 준다. 낭독은 그림을 담당하는 시각 중추와 소리를 담당하는 청각, 언어 표현을 담당하는 브로카 영역, 그리고 언어의 이해를 담당하는 베르니케 영역을 동시에 자극하고 연결한다. 이들이 원활하게 연결되는 것을 '읽기의 유창성'이라고 할 수 있다.

글을 읽는 행위는 뇌의 다양한 영역을 회로화시켜야 가능하다. 그래서 읽기는 타고나는 것이 아니라 후천적으로 배워야 한다. 저학년 시기에 읽기의 회로를 구축해준다고 생각하면 된다. 초등 3학년까지는 읽기 유창성을 완성하길 권장한다.

초등 4학년 이후에는 객관적 읽기를 배워야 한다. 4학년 국어 교과서를 보면 어휘 추론이나 어휘 비교, 어휘 대조, 사실과 의견, 주장과 근거 등의 개념이 나오기 시작한다. 이들이 글을 객관적인 잣대로 뜯어보게 하는 도구이다. 이 시기에 객관적 읽기로 전환해주지 않으면 향후 학습 수행에 차질이 생긴다고 주장하는 학자들도 많다.

4학년 이후의 읽기는 교과서에서 배우는 객관적 읽기의 다양한 도구를 활용해야 하므로 읽기에 대한 관점이 저학년 때와는 달라야 한다. 만약 독서로 객관적 읽기를 연습한다면, 반드시 짚어야 할 두 가지를 언급하고 싶다.

첫째, 아이가 좋아하는 책을 고르는 것부터 시작해야 한다. '많이 읽어야 한다'라는 일념으로 추천 도서 목록을 정해놓고 짐처럼 여기는 상황은 피해야 한다. 독서를 싫어하게 하는 결정적 원인이 될 수도 있다. 이러한 목표는 많이 읽어야 문해력을 키우고, 국어 공부에 도움이 된다는 오해에서 비롯한다. 그리고 이런 오해는 주관적 읽기든 객관적 읽기든 독서 자체를 왜곡한다. 모든 아이가 똑같은 책을 읽어야 한다는 것을 상식적으로 받아들일 수 있는가?

"우리 아이는 문학 작품은 정말 읽기 싫어해요", "비문학은 딱딱해서 싫대요", "우리 아이는 역사책은 좋아하는데, 다른 책은 손도 안 대려고 해요" 등 아이들의 특성도 가지가지다. 이런 말의 이면에는, 시험에 비문학이 많이 나온다더라, 비문학이 어렵다더라, 국어에 과학 지문이 나온다더라 등과 같은 불안감이 있다. 하지만 나는 그런 걱정은 안 해도 된다고 단언한다.

시험은 객관적 읽기 능력을 측정한다. 독해는 그 지문의 내용이나 길이와 상관없다. 시험 때문에 아이가 독서의 진짜 즐거움을 느끼지 못하게 하는 것은 너무 큰 희생이 아닐까? 아이가 무슨 책을 좋아하는지 알기 어렵기 때문에, 누군가 '읽으면 좋다는 책'을 대신 선별해 놓았으니 '좋은 책이겠지' 하고 별생각 없이 선택하는 경우도 많다. 책의 선택에 관해서는 나중에 좀 더 다루겠다.

둘째, 학원에서 진행하는 독서 프로그램을 선택했다면 객관적 읽기와 주관적 읽기를 병행하는지 반드시 살펴봐야 한다. 특히 4학년 이후의 독서 프로그램이라면 객관적 읽기에 대해 꼼꼼히 따져보라. 4학년 이상의 경우 글쓰기를 포함시키기도 한다. 그러나 우선 읽기에서 객관적 읽기, 즉 독해를 어떻게 훈련하고 있는지 체크하는 것이 좋다. 그래야 "독서 토론 학원을 몇 년 다녔는데, 국어나 독해력이 왜 늘지 않죠?"라는 말이 나오지 않는다.

무엇을 읽기의 소재로 삼든, 객관적 읽기를 어떻게 익혀야 할까? 가장 추천하는 방법은 국어 교과서를 착실하게 익히라는 것이다. 교과서 지문의 내용을 읽는 것이 목적이 아니라 그 지문을 통해 무엇을 설명하려고 하는지를 익히라는 말이다. 국어 교과서의 단원마다 앞서 말한 어휘 추론, 어휘 비교 등의 학습목표가 나와 있다. 학습목표는 이 단원에서 왜 이런 것들을 가르치고 있으며, 그것이 어떤 의미인지를 설명한다. 지문은 학습목표를 달성하기 위해 사용하는 소재인 셈이다. 언어로 된 지식을 제대로 파악하고 해석하기 위해서 교과서가 제시하는 요소들을 익혀야 한다.

교과서에서 배우는 이런 학습목표가 바로 독해의 요소들이다. 읽을 때 이런 요소를 활용하면 객관적 독해를 할 수 있다. 이렇게 읽어야만 비로소 독서가 독해 연습의 장이 되고, 독해는 독서의 틀과 기초가 된다. 그런데 이런 독해의 요소를 학교 수업 중 배우고 난 뒤에는 잊어버리기 쉽다. 학생들은 국어 교과서를 통해 독해 방법을 배우면서 그것이 다른 글을 읽을 때도 쓸 수 있는 도구라고 생각하지 않는다. 그냥 배우고 지나가는 지식쯤으로 간주한다. 학교 교과서를 무시하는 인식도 문제이다. 이유가 어찌 됐든 이것을 몸에 장착하지 않으면 학습을 위한 읽기로 전환하지 못한 상태라고 할 수 있다. 학습에 구멍이 생기는 것은 바로 이 독해를 잡아주지 않았기 때문이다.

학습을 위한 읽기를 잡아주는 데 오랜 시간이 걸리지는 않는다. 글을 보는 관점을 바꾸어주면 된다. 그리고 그 관점이 자동적으로 작동하게 뇌를 길들이는 것, 즉 습관을 만들어주면 된다.

정독은 글의 뜻을 새기면서 자세히 읽는 것이다. 그러므로 학습에서 정독은 당연하다. 그런데 1부에서 언급했듯이 학생이 보려고 하는 의도가 있어야 보인다는 사실은 독해에서도 그대로 적용된다. 보고자 하는 의도, 또는 보아야 하는 관점이 필요하다. 그것을 우리는 독해의 관점이라는 의미에서 '프레임'이라고 이름 붙였다. 그런데 많은 아이들이 독해의 프레임을 쓸 줄 모른다. 학교에서 배운 적은 있지만, 스스로 연습하지 않았기 때문이다. 국어는 읽기만 하면 된다는 무지함이 문해력을 낮아지게 만드는 요소 중 하나이다. 국어도 사고력이라는 점을 이해해야 한다.

사실적 읽기와 추론적 읽기

우리는 책의 제목과 목차만 보고도 그 책이 어떻게 전개될지 예상한다. 사실이나 사건을 중심으로 전개될지, 특정 사안에 대한 비판을 중심으로 전개될지, 독자가 많은 생각을 하면서 읽어야 할 것인지 등 대강의 흐름을 추측할 수 있다. 그래서 의식적으로 인지하지는 않더라도 제목을 보고서 책을 대하는 관점이 만들어진다. 그리고 처음에 만들어진 이 관점을 책을 읽는 내내 유지할 가능성이 크다. 예를 들어 역사책을 읽으면서 추론하거나, 비판하거나 또는 창조적으로 해석하는 것은 쉽지 않다. 사실과 사건의 전개를 중심으로 읽는다는 관점이 이미 형성돼 있어, 그 틀을 벗어나서 다른 시각으로 돌리기 쉽지 않기 때문이다.

한 권의 책에 한 가지의 관점만 있는 것은 아니다. 예전에는 역사 시험을 보면 어떤 사건이 언제 일어났는지, 조신의 몇 대 왕이 누구인지, 어떤 저서를 언제 누가 지었는지 등을 묻는 경우도 있었다. 그래서 역사 과목은 암기라는 편견이 만들어진 것이다. 사실 역사에는 어떤 사건을 둘러싼 환경, 인과관계, 영향에 대한 추론 등 매우 다양한 면이 있다. 역사는 상상과 창조의 시각이 필요하지만, 역사책을 두고 이런 방식으로 읽는 사람은 드물다. 대개는 사건이나 사실에 초점을 맞추고, 그 시각에서 벗어나기 쉽지 않다. 그것을 벗어나려면 의도적인 노력이 있어야 하고, 의도적인 노력을 하려면 방향을 제시하는 지표가 있어야 한다.

다섯 가지의 큰 프레임으로 책을 읽을 수 있다. 사실적 읽기, 추론적 읽기, 비판적 읽기, 감상적 읽기, 창조적 읽기가 그것이다. 같은 책을 보더라도 틀을 바꾸면 글에서 여러 얼굴이 보인다.

1) 사실적 읽기

사실적 읽기는 책에서 나타나는 사실을 읽는 것이다. 앞서 설명했듯 어떤 진술이 참인지 거짓인지 확인할 수 있으면 그 문장이 사실이다. 그러므로 어떤 사건도 사실이지만, 새로운 용어 정의도 사실이고, 이론 설명도 사실이다. 국어 과목에서는 어휘의 의미, 글의 내용 요약, 글의 의미 독해, 중심 내용이나 핵심어 파악 등이 사실적 읽기에 해당한다. 글이 명시하는 것을 파악하며 읽어야 하며 단어, 문장, 문단과 같이 작은 단위부터 글의 주제와 같이 큰 단위까지 검토하며 읽는다. 수능을 비롯한 여타 시험에서 가장 많이 출제되는 읽기 방식이다. 이때 사실의 정의를 혼동해서는 안 된다. 내가 알고 있는 사실이 아니라, 책이 제시하고 있는 사실을 파악하는 것임을 잊지 않아야 한다.

2) 추론적 읽기

추론적 읽기는 글 속에서 제시되지 않은 정보를 논리적으로 이끌어내는 행위이다. 물론 글의 이면을 파악하기 위해서는 드러난 정보를 정확히 이해해야 한다. 즉, 앞서 말한 사실적 독서가 선행되어야 추론적 독서가 가능하다. 그래서 '내 마음대로 해석'이 아니라 글에 나타난 정보에 근거해 논리적으로 '그럴 수밖에 없는' 내용을 읽어내야 한다.

그렇지만 모든 추론이 논리학이나 수학처럼 딱 떨어지지는 않는다. 그래서 추론을 할 때는 사실적 읽기와 문장의 논리적 추론, 비유의 해석, 지시나 함축의 의미 파악, 수사 표현 등 다른 도구들이 필요하다. 물론 이런 도구들은 모두 학교 국어 시간에 배운다.

3) 비판적 읽기

비판적 읽기는 글이 다루는 내용과 가치가 '적절성'이 있는지 따져 보는 것을 말한다. 적절성은 정확성, 타당성, 합리성, 효용성을 포괄하는 개념이다. 비판적 읽기를 할 때는 독자의 배경지식이나 가치관이 주관적으로 작용하는 경우가 많다. 독서 토론이 대표적인 예이다. 하지만 설령 주관적 비판이 허용되더라도, 글쓴이의 주장이나 내용은 정확히 파악해야 한다. 말하자면 앞서 말한 사실적 읽기와 추론적 읽기가 선행된 후에 비판이 이루어져야 한다. 시험에서는 자신의 지식과 경험을 글의 판단 잣대로 사용해서는 안 되기 때문에 주장의 오류, 근거의 오류 등을 글 속에서 찾아 비판해야 한다. 그러므로 비판적 시각을 묻는 문제는 시험에서 거의 출제되지 않는다.

4) 감상적 읽기

감상적 읽기는 글의 내용과 정서적으로 교감하며 글을 읽는 것이다. 설명문이나 논설문 등의 비문학적 글은 감상적이기보다 내용 자체의 사실성, 객관성, 타당성을 더 중요시하지만, 문학적인 글은 지극히 개인적이며 보편적으로 공감할 수 있는 내용을 다루기 때문에 감상적 독해에는 문학 작품이 더 적절하다. 이때에도 시험은 개인의 감상을 기준으로 하지 않으므로 표현이나 비유, 화자의 감정 등을 글의 맥락 속에서 읽어내는 훈련을 해야 한다. 글의 맥락을 벗어난 '내 마음대로' 감상은 시험에 출제되지 않는다.

5) 창조적 읽기

창조적 읽기는 글의 내용에 자신의 생각과 경험을 접목해 새로운 생각이나 견해를 재구성하는 것이다. 즉, 글에서 새로운 통찰을 읽는다. 독서가 주는 가장 큰 힘이라 말하고 싶다. 창조적 읽기는 사실적 읽기, 추론적 읽기, 비판적 읽기를 거친 후에 가능하다. 글을 읽을 때 여러 가지 다양한 측면에서 접근해보고, 새로운 생각이나 관점이 떠오르면 이를 논리적으로 재조직하여 자신만의 고유하고 창조적인 생각을 이끌어낼 수 있어야 한다. 글쓴이의 생각을 무조건 수용하는 것이 아니라 비판하고 또 이를 넘어서 자신만의 생각을 만들어낼 때 창조적 읽기가 이루어진다. 새로운 대안을 찾거나 제시하는 활동이 수반된다는 점이 특징이다. 문해력의 반영과 평가 단계에 해당한다. 그러므로 시험에서는 거의 다루지 않는다.

책의 제목과 목차만 보고도 어떤 시각으로 책을 읽을지에 대한 틀이 생기지만, 그것을 의도적으로 바꾸어 볼 수 있다. 여기서 중요한 점은 어떤 시각을 적용하든 기본은 사실적 읽기와 추론적 읽기라는 것이다. 이 두 가지가 가능해야 비판적, 창조적 시각을 끌어낼 수 있다.

하버드 대학 도서관 웹사이트는 신입생을 위한 읽기의 여섯 가지 전략을 다음과 같이 안내한다.

하버드 도서관이 제시하는 독서의 여섯 가지 전략

• 여섯 가지 전략이 순차 또는 동시에 작동하면서 독해 진행 •

1. 미리보기
한 권의 책을 읽을 때의 '미리보기'는 책의 목차, 작가, 머리말, 글의 성격이나 유형 등 책과 관련한 사전 정보를 통해 내용에 접근하는 관점을 세울 수 있다. 글의 유형에 따라 반드시 살펴야 할 관점이 있다.

4. 반복과 패턴
단어 선택의 의미(문장 비유), 어휘 사용의 순서(어휘 순서), 문장 배치의 특징적인 패턴(의미 순서), 표현의 패턴이나 사람, 사건 또는 이슈를 이끌어가는 일관된 방법(수사 표현) 등을 통해 작가가 특별히 강조하는 단서를 추출한다.

여섯 가지 읽기 전략
• 의도적 읽기는 학생에게 더 많은 정보를 더 오래 간직하게 함
• 학업성적과 지적성장의 필수적인 요소

2. 주석
글을 읽고 떠오르는 새로운 생각, 탐구하고 싶은 내용, 기억하고 싶은 문장, 새로운 단어의 해석, 새로운 구문 등을 정리하는 것을 말한다.

5. 상황변화 인지
글을 읽고 문맥과 역사적, 문화적, 물질적 또는 지적 상황의 관점의 연계성에서 텍스트 검토(의미 독해), 사전지식과 경험의 렌즈를 통해 바라보며, 단어들과 그 의미에 대한 추론 등 맥락으로 내용을 해석하는 것을 말한다.

3. 개요/요약/분석
작가의 주장, 개요와 요약, 제시하는 사실이나 주장, 주장의 근거나 설득력 있는 증거, 추론의 타당성, 앞뒤 관계의 의미 조화 등을 말한다.

6. 비교와 대비
읽기의 명시적 표현, 숨겨진 의미 등을 문맥에서 비교, 대조를 통해 파악하고 문장 흐름이 일관되는지, 상황이나 논지전개 전환 등을 인지하는 것을 말한다.

이 도표는 미리보기, 주석, 개요/요약/분석, 반복과 패턴, 상황 변화 인지, 비교와 대비가 책을 읽을 때 중점적으로 봐야 할 지점임을 보여준다. 하버드 대학이 이런 읽기 전략을 입학생에게 안내하는 이유는 학업성적과 지적성장을 위해 글을 뜯어보는 전략이 필요하다고 판단했기 때문이다.

CPS연구소가 개발한 프레임 국어는 독해의 '프레임frame'이라는 말을 썼다. 이때 프레임은 글이라는 풍경을 바라보는 창문과 같다. 글을

바라보는 관점이라고 생각하면 좋겠다. 같은 풍경도 창문 모양에 따라 달라질 것이다.

그렇다면 독해의 프레임은 앞서 말한 다섯 가지 시각과 무엇이 다를까? 사실적 읽기를 할 때는 사실과 의견을 구분하고, 주장과 근거를 찾아내며, 원인과 결과, 배경 등을 구분하여 파악해야 한다. 그 각각이 관점이다. 그러나 교과서에서 이와 같은 방법을 알려주는 것만으로는 학생이 자신의 몸에 익히기 부족하다. 수학 개념을 배우는 것만으로는 그것을 자기 것으로 만들기 어려운 것과 같다. 그래서 독해의 프레임을 통해서 의도적으로 연습할 필요가 있다.

핵심을 꿰뚫는 관점을 길러주는 프레임

독해를 습관화할 수는 없을까? 객관적 읽기, 즉 독해 역량을 높이려면 어떻게 해야 할까? 이런 고민 끝에 나온 것이 '프레임'이라는 연습 도구이다. 우리 연구소가 제시하는 '프레임'은 독해 관점을 의도적으로 유도하는 도구이다. 여기서 소개하는 관점으로 글을 읽는다면 대부분 그 글이 전달하려는 내용을 정확하게 읽어낼 수 있다. 2년 동안의 베타 테스트를 거쳐 프레임 읽기 훈련을 체계화했다.

이제부터 열일곱 가지 프레임을 간략히 소개한다. 프레임 하나하나를 살펴보면 국어 시간에 배운 기억이 날 수도 있다. 그렇지만 독자들도 이것을 독해에 필요한 도구라고 생각하지 못했을 것이다. 수능 시험의 공통 영역은 읽기 중심이고, 여기서는 예외 없이 프레임을 적용한 읽기 문제가 등장한다. 그런데 수험생 대부분은 그것이 국어 시간에 배운 내용이라는 것을 모른다. 그래서 지문의 내용만 가지고 따진다. 국어 시험인데 왜 과학 지문, 기술 지문이 나오느냐를 따지는 것이다. 앞서 독해는 이해와 해석이 필요한 모든 연속적, 비연속적 텍스트에 해당한다고 했다. 심지어 이미지, 도표 등도 독해 영역에 포함한다고 했다.

각 프레임이 어떤 의미를 가지는지 생각해보자. '공부를 잘하려면 국어를 잘해야 한다'라는 말은 글에 다양한 관점을 적절하게 적용하면서 읽을 수 있어야 한다는 뜻이다. 제대로 읽지 못하면 국어뿐 아니라 다른 과목도 잘할 수 없다.

1) 주제 찾기와 중심 내용

주제 찾기, 중심 문장, 핵심어는 같은 내용을 다른 각도에서 본 것이다. 또, 중심어, 소재어 등의 용어도 있다. 이런 용어들을 일일이 따지며 구분하자는 것이 아니다. 하지만 이러한 용어를 알면 작가가 주장하고 싶은 내용이 무엇인가를 정확하게 읽어낼 수 있다.

'눈 속에 핀 매화에는 꿋꿋한 선비의 기개가 있다.'
이 짧은 문장도 주제, 중심 문장, 핵심어로 나누어볼 수 있다. 매화와 선비의 기개를 연결하는 발상이므로, '매화'와 '선비'라는 두 단어가 없으면 의미가 형성되지 않는다. 그래서 이 둘이 핵심어이다. 이 짧은 문장 속에는 '매화가 눈 속에 피어 있다'와 '매화에는 꿋꿋한 선비의 기개가 있다'라는 두 문장이 있다. 중심 문장은 이 문장 자체이다. 그럼 주제는 무엇일까. 주제는 이 문장의 의미를 추상화해 찾아낼 수 있다. 즉, '매화를 보며 느끼는 감정'이 주제이다. '선비의 기개를 느끼는'이라고 구체적인 모습으로 표현됐지만, 그것을 아우르는 단어는 '감정'이다. 주제는 추상화, 중심 문장은 추상의 근거인 구체적 내용, 핵심어는 의미를 구성하는 핵심적인 단어라고 도식화할 수 있다.

독해할 때 주제와 중심 내용을 찾는 이유는 이것이 작가가 주장하는, 또는 하고 싶은 말이기 때문이다. 이것을 기준으로 보면 한 권의 책을 몇 줄의 의미로 이해할 수 있다. 사례를 들거나 이론을 인용하거나 세평을 인용하는 대목은 자기가 하고 싶은 주장에 설득력을 부여하기 위한 장치들이다. 하려는 말과 장치를 구분하는 것은 독해에서 대단히 중요하다.

주제, 중심어, 핵심어, 중심 내용은 책이나 문학 작품에만 있는 것이 아니다. 문학이든, 비문학이든 모든 연속적인 텍스트가 가지고 있다. 그것을 제대로 찾기만 해도 글의 전체 흐름에서 벗어나는 독해를 하지 않는다.

2) 문장 추론

문장에서 의미를 추론하는 것은 독해의 핵심이다. 독해는 이해와 해석이 주된 목표인데, 글을 쓰는 사람은 전달하려는 메시지를 명시적으로 전달하는 경우도 있지만 간접적으로 전달하는 경우도 많다. '배가 고팠다. 냉장고를 열어 식빵과 딸기잼을 찾았다'라는 문장에서 무엇을 추론할 수 있는가? 샌드위치를 만들려고 한다고 합리적으로 추론해낼 수 있다. 문장 어디에도 샌드위치를 만든다는 표현은 없지만, 배고픈 상황과 식재료를 연결지어 이렇게 이끌어낼 수 있다. 매우 단순한 문장이지만 지시적 의미로만 읽지 않고, 이렇게 읽어야 올바른 독해이다. 이것이 추론이 중요한 이유이다.

좀 더 긴 문장으로 상황 추론을 해보자. '장바구니에는 비닐봉지도 있고 종이봉투도 있고, 천 가방도 있다. 어느 것이 환경 영향이 가장 적을까? 자료*에 따르면 비닐봉지는 원료인 석유 시추에서 생산, 폐기까지 배출하는 이산화탄소가 1.6kg이다. 종이봉투는 목재 벌목을 하므로 5.5kg의 이산화탄소를 배출하고, 천 가방은 목화 재배가 에너지와 물을 많이 소비하므로 무려 272kg을 배출한다고 한다. 반면에 천 가방은 가장 여러 번 재사용이 가능하여 백삼십일 회 이상을 사용하면, 비닐봉지보다는 탄소 발자국이 적다. 또 폐기 후 분해될 때까지의 시간은 천 가방이 종이봉투보다는 길지만 그래도 그리 길지 않다. 반면 비닐은 오랫동안 분해되지 않는다. 우리는 이제 지구와 환경을 위한 최선의 선택을 해야 한다.' 이 글에서 결국 무엇이 최선의 선택이라는 말인가? 어떤 장바구니를 쓰라는 말은 명시적으로 하지 않았지만, 천 가방을 쓰라는 말이다. 대신 여러 번 재사용하라는 것이다.

* TED Ed 〈Which bag should you use?〉

독해에서 이처럼 명시적이지 않은 내용을 메꿔가면서 의미를 찾아 읽는 것이 중요하며, 그것을 추론이라고 한다. 추론은 스스로 의도를 가지고 질문하거나 보려고 하지 않으면 그냥 지나쳐버릴 수 있다. 의도적으로 이면을 보려는 의도, 즉 관점이 중요하다.

3) 문장 비유

비유는 단어가 본래의 외연적 의미와 다른 의미로 쓰이는 경우이다. 비유는 수사법의 일종이지만, 별도로 프레임을 설정한 이유는 자주 쓰이기 때문이다. 국어 수업에서는 비유하는 방식을 설명해준다. 하지만 독해에서 중요한 것은 비유가 나타내는 의미를 읽는 일이다. 내가 알고 있는 단어의 의미로 해석하여 말이 되지 않는다면 이는 비유나 수사에 가깝다는 것을 전제하고 그 의미를 찾아보려고 해야 한다. 그 의미는 글의 앞뒤 문맥, 즉 맥락에서 찾아야 한다. 은유법이니 직유법이니 하는 비유의 뜻과 형태는 국어 시간에 배우지만, 배운 것을 실제로 활용하도록 익혀야 한다.

4) 사실과 주장, 근거

사실인지 의견인지, 그 의견이 단순한 주장인지, 근거를 제시한 주장인지, 근거가 타당한지 그렇지 않은지, 제시한 근거가 또 다른 사실을 기반으로 하는지, 의견이나 소문에 기반한 것인지 등 여러 가지 상황을 검토할 수 있다. 흔히 사실을 참말과 혼동하는 경우가 많다. 사실은 있었던 일이거나 현재 있는 일, 그리고 증거가 있는 일, 확인할 수 있는 일을 일컫는다.

특히 비문학의 경우는 이러한 관점은 중요하다. 사실과 주장을 구분하는 것은 글의 정확한 의도를 파악하는 근간이다. 또 글의 내용을 비판할 때 가장 기본적인 출발선이다. 사실에 대해서는 참말인지 거짓인지를 구분해야 한다. 의견이나 주장에 대해서는 그것을 뒷받침하는 근거를 비판해야 한다. 이 정도는 따지면서 글을 봐야 한다. 사실과 의견, 주장, 근거 등은 가장 초보적인 데이터라고 생각해야 한다. 글을 읽으면서 이런 것들이 눈에 들어오지 않는다면 글을 읽는다고 할 수 없다.

5) 인과관계

인과관계의 파악도 중요하다. 인과관계는 시간, 순서, 관계 등을 함께 봐야 한다. 결과가 되는 사건이 원인보다 앞설 수는 없다. 그리고 직접적인 인과관계인가, 간접적인 상관성을 가지는가는 구분할 수 있어야 한다.

'간밤에 폭풍우가 몰아쳐서 묶어놓지 않은 배들은 모두 파손돼버렸다'라는 문장에서 배가 파손된 이유가 '폭풍우가 몰아쳤기 때문'인지 '묶어놓지 않았기 때문'인지를 구분하지 못하는 경우가 많다. 대부분 학생들이 폭풍우가 몰아치지 않았다면 배가 부서지지 않았을 것이라고 생각한다. 몰아친 폭풍우는 배가 파손되는 데 영향을 준 요인이기는 하지만, 폭풍우에도 묶어놓은 배들은 부서지지 않았다는 구절을 보면 '묶어두지 않았다'가 파손의 직접적인 원인이다. 폭풍우는 배가 부서진 것과 상관성을 가질지라도 원인은 아니다. 그런데 폭풍우가 몰아쳤다는 사실이 분명함에도 '폭풍우가 몰아치지 않았다면'이라는 가정을 하여 원인을 잘못 찾고 있는 셈이다. 이는 비교적 단순한 문장이므로 설명해주면 쉽게 이해하지만 만약 글이 복잡해진다면 어떻게 될까?

원인과 결과는 '발생한 사실을 가지고 판단한다'라는 단순한 틀만 가지고 보아도 많은 부분 오독을 줄일 수 있다. 인과관계를 잘못 이해하면 처방이나 대책이 달라진다. 특히 비문학의 지문에서는 이런 상황이 꽤 자주 발생한다.

6) 어휘 순서와 의미 순서

어휘 순서나 의미 순서는 글의 구조와 관련이 있다. 그런데 그 구조가 의미의 미묘한 전환을 일으킬 수 있다. 문장을 구성하는 것은 단어이다. 단어의 배치는 문장 성분이라는 틀 안에서 일정한 문법 규칙을 따른다. 우리말은 주어가 앞에 오고, 목적어, 서술어 순서로 배치된다. 꾸며주는 말은 꾸밈을 받는 말의 바로 앞에 온다. 꾸며주는 말과 꾸밈을 받는 말은 가까운 것이 원칙이다. 그런데 이 규칙이 꼭 지켜지는 것은 아니다. 예를 들어 '학교! 이제 안 가도 돼'라는 문장은 도치돼있다. 목적어가 제일 앞으로 나와있기 때문이다. '학교'를 강조하고 싶은 것이다. 이 말에는 학교에 가기 싫은 상황에서 가지 않아도 되는 핑계가 생겼다는 의미, 그래서 좋다는 의미가 숨어있다. 단순히 '학교를 안 가도 돼'라는 사실의 표현이 아니라 감정까지 내포하고 있다. 사실이 바뀌는 것은 아니지만 미묘한 의미의 전환이 일어났다. 어휘 순서가 내가 알고 있는 일반적인 경우와 다르다면, 작가가 왜 그렇게 썼을지 생각해봐야 한다.

의미 순서 또한 비슷하다. 어휘 순서가 단어 또는 어절의 순서라면 의미 순서는 문장의 순서이다. 만약 어떤 사실에 대한 문장들을 시간 순으로 정렬한다면 이해가 쉬울 텐데, 그 순서가 뒤바뀌어있을 수 있다. 그냥 넘어갈 일이 아니라 왜 이런 순서로 정렬했을까를 생각해보라는 것이다. 글쓴이가 나름의 의도를 가지고 썼을 가능성이 높고, 그 의도는 글의 해석에 매우 중요한 단서가 될 수도 있다. 특히 감상적 읽기에서는 자주 쓰는 프레임이기도 하다.

7) 수사 표현

수사修辭표현은 글의 맛을 살리거나 의미 전달을 강화하는 효과를 준다. (직유와 은유처럼 자주 쓰이는 수사표현 방법은 앞의 '문장 비유'에서 별도로 설명했다.) 수사법에는 강조를 위한 열거법, 반복법, 점층법 등과 변화를 위해 반어법과 역설법 등 여러 가지가 있다. 그러나 중요한 것은 작가가 왜 그런 수사표현을 쓰는지를 이해하는 것이다.

독해에서 수사표현을 눈여겨보라는 이유는 문장 추론과 연결되는 경우도 많기 때문이다. 예를 들어 '무정한 하늘에 울려 퍼지는 푸른 종소리'라는 문장에서 우리는 글쓴이의 심리 상태를 추론해내면서 받아들인다. '무정한 하늘, 푸른 종소리' 같은 글자 그대로는 말이 안 되는, 색다른 표현을 만나면 글쓴이가 왜 이런 표현을 사용했는지를 역지사지의 입장에서 헤아려볼 필요가 있다. 수사 표현에 대한 감각을 익히면, 남과 공감하고 소통하는 방법을 배울 수 있다.

8) 지시 함축

무엇을 지칭하는지 분명한 것이 지시指示라면, 함축은 표현하지 않았지만 논리적으로 당연히 포함되는 것이다. 이 둘은 외연과 내포라는 단순한 관점으로만 보아도 꽤 많은 정보를 이끌어낼 수 있다는 점에서 하나의 프레임으로 묶었다.

지시는 이, 그, 저, 이것, 그것, 저것 등과 같은 지시대명사를 사용하는 경우가 많지만, 지시어를 쓰지 않고도 지시하는 경우가 글에서는 많이 나타난다.

아래 문장을 예로 살펴보자.

한 명의 교사가 자리에 앉은 수십 명의 학생 앞에서 일방적으로 가르치는 기본 교수법이 거의 한 세기 동안 바뀌지 않고 있다. 지식과 정보가 교사의 머리에서 학생의 머리로 전달되는 것이 아니라, 교사의 노트에서 학생의 노트로 전송되고 있다는 오래된 농담이 있을 정도다. 많은 교실에서 가장 중요한 교수 도구는 여전히 흑판에 쓰는 '분필'이다.

이 글에서 '분필'은 '일방적으로 가르치는 교수법'을 가리킨다. 이처럼 지시어를 사용하여 직접 지시하지 않더라도 무엇을 가리키는지를 파악해야 한다.

함축은 앞서 살핀 추론의 한 부분이라고 봐도 무방하다. 단지 추론이 개연성을 갖는다면 함축은 필연성을 갖는다는 점에서 조금 다르다. '엄마는 음악회에 가셨다. 그래서 나도 따라갔다'라는 문장에서 '내가 음악회에 갔다'라는 말은 없지만, 당연히 '나는 음악회에 갔다'라는 사실이 함축돼있다. 내가 음악회에 갔다는 말이 없다고 항변할 사람은 없다. 그런데 더 복잡한 상황이라면 어떻게 될까? 개연적인가 필연적인가를 따져봐야 하다. 여기에는 둘 다 논리가 기준으로 작용한다.

9) 어휘의 확장 - 어휘 설명, 어휘 대조, 어휘 비교, 어휘 추론

단어는 독해의 기본이 되는 초석이기도 하며 사고의 핵심이기도 하다. 단어가 풍부한 사람과 그렇지 않은 사람의 독해력은 다를 수밖에 없고, 단어를 소재로 생각하는 수준도 다를 수밖에 없다. 어휘가 부족하면 한 줄 읽기가 되지 않고, 한 줄 읽기가 되지 않으면 단락 읽기가 되지 않고, 단락 읽기가 되지 않으면 글 전체의 맥락이 잡히지 않는다. 한 문장에서 두 개 이상 어휘 의미를 모르면 그 문장의 정확한 의미가 파악되지 않을 가능성이 크다. 특히 문장의 주성분이 되는 단어의 의미를 모르면 그 문장은 오독될 가능성이 높다. 또 한 단락이 서너 개의 문장으로 구성된 경우, 이 중 한 문장의 의미가 오독되면 그 단락의 의미 파악은 부정확해질 수밖에 없다.

단어의 뜻은 하나가 아니다. 하나의 뜻만 가진 단어도 있지만, 여러 가지 의미로 쓰이는 단어도 있다. 그러므로 단어의 의미는 문장 안에서 맥락에 따라 결정된다고 보는 것이 타당하다. 그러므로 독해를 잘하려면 어휘의 의미를 맥락에서 파악하는 연습을 먼저 해야 한다.

첫째, 문장에서 그 어휘가 설명되어 있는지 찾는다. 대개 새로운 단어는 그 의미가 어떤 식으로든 글에서 설명되고 있다.

둘째, 대조의 방법을 활용한다. 반의어, 또는 대비어 등이 있는지 찾아보자. 글을 쓰는 사람은 반복적인 어휘 사용을 즐기지 않는다. 그리고 문장의 인상을 강하려고 대조법을 쓰는 경우가 많다. 예를 들어 '가격이 상승하면 그 제품에 대한 수요는 감소한다'라는 문장을 보자. 이때 상승과 감소는 반의어 개념이다. 여기서 '감소'는 '오르다'의 반대 개념이라는 것을 추론할 수 있다.

셋째, 비교를 활용한다. 유의어 또는 동의어를 쓰는 경우가 많으므로, 잘 모르는 단어의 경우 앞선 단어와 비교하여 뜻을 파악할 수 있다. 예를 들어 '우리 주위에서 일어나는 온갖 복잡한 일 때문에 마음이 혼란스럽다면, 조용한 사색의 시간을 갖는 것이 좋다. 문제를 다시 생각해보면 혼란함이 정리되는 경우가 많기 때문이다.' 이 문장에서 '사색'이라는 단어와 같은 의미로 사용하고 있는 단어가 '생각'이라는 것을 알 수 있다. '사색'의 뜻을 몰라도 그 의미를 끄집어낼 수 있다.

넷째, 문맥의 흐름을 통해 단어의 의미를 추론한다. '안개가 낮게 퍼져나간다'와 '밥이 퍼져 맛이 없다'를 보면, 후자는 전자와 같은 넓은 장소로 번져가는 의미의 '퍼지다'가 아니라는 것을 알 수 있다. '퍼지다'라는 단어가 일종의 비유를 통해 그 의미가 확장된 셈이다. 이처럼 문맥을 통해 어휘 의미를 확장해나갈 수 있다.

글을 읽을 때 줄거리만 보지 않고 단어의 의미를 새기는 것이 정독의 시작이며 올바른 독해의 기본이다. 단어를 파악하면서 문장 의미를 정교화하고, 전체 글을 파악하는 연습이 필요하다. 또한 사전을 쓰지 않고 단어 의미를 파악했을 경우 나중에 사전으로 정확한 의미를 새겨보는 것이 중요하다. 그 과정에서 단어의 다른 용법들을 익히고 어휘를 확장할 수 있다.

우리말에서 어휘 확장의 중요한 요소가 한자어의 습득이다. 한자를 알고 한자로 구성된 낱어를 아는 것만으로는 학습에 적절하게 쓸 수가 없다. 한자어가 쓰이는 상황에 익숙해져야 한다.

한자어는 분명 국어의 어휘이지만 한자를 알고 있다면 더 정확히 이해할 수 있다. '어른을 상석에 모셔야 한다'라고 말을 했는데, '상석'이 무슨 의미인지 모른다면 알맞게 행동할 수가 없다. '그 말은 일고의 가치도 없다'에서 '일고' 역시 한자 단어이다. '상석'이나 '일고'를 써서 말을 하는데, 한자는 볼 수 없다. 그러므로 이 어휘는 그 상황을 표현하는 문장의 의미 속에서 익히는 것이 효과적이다. '윗자리에 모신다는 의미이구나, 생각할 가치가 없다는 의미이구나'로 상황을 통해 이해하는 것이 한자 어휘를 확장하는 데 중요하다.

한글이 생기기 전, 한자만으로 표기하던 조선 초까지는 한자를 하나하나 익히는 것이 중요했다. 중국어처럼 한자 한 글자가 의미를 전달하기 때문이다. 그래서 반드시 익혀야 하는 한자를 먼저 익혔다. 그러나 국어가 생기면서 한자를 기초로 파생한 국어 단어는 한자 한 글자가 아니라 그 단어의 의미와 쓰이는 상황을 이해하는 것이 더 중요해졌다.

초등 시기에 한자 급수를 따는 데 시간을 들이는 경우가 많은데, 이는 한자어 습득에 효과적인 방법은 아닐 수도 있다. 한자 급수 시험을 준비하며 익힌 한자를 한자어에 연결하려면, 한자가 조합되어 한자어가 만들어지는 방식을 알아야 한다. 가령 추론, 추리, 추산, 추측 등의 한자어에 같은 '추推'가 쓰여서 각기 다른 의미를 정교하게 나타낸다는 것을 알아야 한다. 또 이렇게 확장된 한자어를 예문에서 정확하게 구분해서 쓰는 연습을 병행해야 한다.

어휘의 의미를 글 안에서 알아낸다고 할 때의 어휘는 하나의 단어일 수도 있지만, '구句'일 수도 있다. 예를 들어 1930년, 영국의 경제학자 케인스는 기계가 일을 다 한다면 우리는 모두 실업자가 되는 상황을 가정해서 '기술적 실업'이라고 불렀는데, 이는 하나의 용어로 하나의 어휘처럼 취급해야 한다. 이런 용어의 의미는 대개 글에서 설명돼있다. 이러한 용어는 그 의미를 정확히 이해해야 한다. 비문학 지문은 경제적 용어, 기술적 용어, 과학적 용어, 신조어 등이 많이 나오기 때문이다.

10) 언어 센스

수학에 넘버number 센스가 있듯이 언어에도 언어 센스가 있다. 언어 센스는 의미를 읽어내는 힘이다. 다양한 경험, 지식, 문화, 집단무의식 등이 어우러진 스키마, 글을 읽는 관점 등이 언어 센스의 역량을 길러낸다. 예를 들어 수사법에 대해 전혀 배우지 않았어도 어떤 표현의 의미를 느낌으로 알아차리는 것은 바로 언어적 감각이 작동하기 때문이다.

비문非文도 그런 맥락이다. '우리는 역전 앞에서 만나기로 했다'라는 문장은 비문이다. '역전'이 '역 앞'의 의미이므로 '역 앞 앞에서 만나기로 했다'라는 중복 표현이다. 이것을 이상하게 느끼는 사람도 있고 그렇지 않은 사람도 있다. 언어 감각의 차이 때문이다. 언어 센스가 좋지 못하면 학습을 위한 읽기뿐만 아니라 자신의 생각을 전할 때도 장애가 된다.

언어 센스를 기르려면 글을 읽을 때 줄거리만 읽지 마라. 표현과 구조 등도 눈여겨보아야 한다. 그래서 이 또한 의도적인 읽기가 필요하다. 읽기와 관련해 이런 부분을 강조하는 경우는 거의 없다. 형식이 내용을 지배하는 경우를 간과한 것이다.

학습 독해를 하기 전, 언어 감각은 읽기보다는 말하기와 듣기에서 더 많이 습득된다. 교육이 없이도 전통과 문화가 구전되는 이유이다. 읽기 교육과 상관없이 언어는 일상이고 경험이며 문화의 반영이고 집단의식의 반영이다. 언어는 태생이 문화와 관련이 있어 언어적인 감각은 대화로 많이 길러진다. 이때의 대화는 완성된 문장과 논리의 틀을 가지고 자신의 생각을 말하는 것을 의미한다. 말을 하면서 자연스럽지 못한 부분을 스스로 다듬어낸다. 언어학자들의 주장대로 타고나면서 언어의 씨앗이 들어있든 그렇지 않든, 말을 하면서 분명 부자연스러운 부분을 다듬게 된다. 그것이 가능한 것은 국어가 모국어이기 때문이다. 또한 다른 사람의 말을 주의 깊게 들으면서, 그 말의 부자연스러움을 느끼며 자신의 언어 감각을 다듬기도 한다. 그러므로 발표하고 토론하는 기회는 읽기와 또 다른 의도적인 훈련의 하나가 되어야 한다.

초등 3학년까지 아이들의 어휘나 문법, 국어의 구조 등은 대화에서 다듬어진다. 그리고 그것은 학습적 읽기의 기반이 된다. 의도적인 훈련보다 더 큰 영향을 미치는 것은 가정이다. 저학년이 경우 언어 생활의 대부분은 가정에서 이루어진다. 일상에서 부모와 자녀의 대화가 중요한 이유이다.

11) 의미 독해

의미 독해는 글의 맥락에서 의미를 파악하는 작업이다. 시험에서 가장 많이 출제하는 방식이기도 하다. 글의 내용과 맞는 것, 글의 내용과 다른 것, 글에서 알 수 없는 것 등 다양한 방식으로 출제된다. 글 읽기의 최종 목적이라고 볼 수 있다.

의미 독해는 문장 추론, 언어 센스와 더불어 의미를 이해하는 데 중요한 프레임이다. 언어 센스는 집단의 무의식이나, 개인이 형성한 스키마를 통해 의미를 당연하게 이해하는 것이고 문장 추론은 논리적으로 의미를 드러내는 것을 말했다. 반면에 의미 독해는 문맥을 읽는 것이다. 예를 들어 '범용인공지능은 향후 5년에서 500년 사이에 현실화될 수도 있다'라는 말의 맥락은 범용인공지능은 그 실현이 불확실하다는 의미를 나타낸다. 이 문장은 언어 센스나 문장 추론과는 달리 문맥에서 파악해야 한다.

12) 요약하기

요약하기는 글의 요지를 뽑아내는 작업을 말한다. 요약하기는 나무가 아닌 숲을 보는 행위에 비유할 수 있다. 사례를 넣고, 이론도 인용하고 다른 글도 참조하는 등 설득력을 높이기 위해 살을 붙여가는 것이 글이라면, 그것을 다시 가지치기하여 핵심적인 내용만 간추려 줄이는 작업이 요약이다.

글을 읽든 토론을 하든 대화를 하든 내용을 짧게 정리하는 일은 논지 파악에 도움이 된다. 초등 4학년은 아직 요약하기를 힘들어한다. 일단 요약이 무엇인지 잘 모른다. 그냥 짧게 줄이는 것으로 생각한다. 글에서 중요하다고 생각하는 한 부분을 옮겨 써놓는 경우도 많다. 요약을 연습해본 적이 없거나, 잘못된 방식으로 한 경우 머리에는 '줄인다'라는 개념만 남게 될 수 있다.

머릿속으로 들어온 지식은 체계화되지 않으면 장기 기억으로 전환되지 않는다. 요약은 습득한 정보를 분류하고, 범주화하고, 체계화하는데 필수적인 과정이다. 책 한 권을 머릿속에 넣고 다니는 사람은 없다. 줄거리도 요약의 일종이다.

요약은 전체 내용을 짧게 줄이되, 핵심어나 중심어 등으로 내용이 충실하게 전달되도록 하는 일이다. 선생님이나 부모님이 교육에 활용하기 좋은 요약 연습을 소개한다.

첫 번째, 어떤 글을 읽을 때 중요한 단어와 핵심어에 밑줄을 긋는다.

두 번째, 글의 주제 혹은 글의 제목을 적는다.

세 번째, 밑줄을 긋지 않고 온전한 요약문을 만든다. 즉 읽으면서 중요 단어들을 뽑아내는 과정이 자동으로 이루어지며, 그것을 조합하여 요약문으로 완성하는 것까지 한 번에 처리하도록 훈련하는 것이다. 두 번째 단계까지 의도적인 연습이 충분히 됐다면 이제 글을 읽으면서 핵심어를 작업 기억에 띄워놓을 수 있게 된다.

작업 기억이라는 말을 들어보았을 것이다. 판단이나 해석, 분석을 하기 위해 필요한 요소가 한 가지라면 그것으로 처리하면 되지만, 여러 가지라면 그 여러 가지를 모두 함께 처리해야 한다. 처리하는 작업을 하기 위해 필요한 요소를 컴퓨터의 창에 띄우듯이 가져와야 하는데, 이때 이 창을 한 번에 띄우는 것이 작업 기억이라고 비유할 수 있다.

일주일에 한두 개씩 2년 정도 연습하면 대개의 아이들은 능숙하게 글을 요약한다. 개인에 따라 차이는 있지만 응용력이 뛰어난 아이는 1년 이내에도 매우 정교하게 요약을 해낸다. 모든 공부가 그렇듯 요약도 직접 하지 않으면 체득할 수 없다. 이론이나 방법을 설명하는 것으로 해결되지 않는다. 스스로 연습할 수 있도록 한 발씩 한 발씩 리드하는 것이 선생님이나 부모가 도와줄 일이다.

독해 훈련의 의미

학습을 위한 독해는 여러 가지 관점을 도구로 삼아 글을 해석하는 일이다. 국어책이나 여러 가지 단행본만이 아니라 수학, 과학, 사회 등 각 과목에서 언어로 표현된 모든 지식은 이처럼 꼼꼼히 뜯어보면 그 의미를 더 깊게 이해할 수 있다. 간혹 수학에서 서술형 답안을 요구한 다고 해서 논술 학원을 등록해야 하냐는 부모님들이 있다. 하지만 문 장으로 표현된 수학 문제 자체가 이미 독해의 소재라는 것을 잊지 말 아야 한다.

우리 뇌는 책을 읽을 때 책 안의 모든 정보를 입력하여 해석하지 않 는다. 사람의 뇌는 쏟아져 들어오는 모든 정보를 한 번에 처리할 수 없 다. 그러므로 두뇌의 뉴런이 처리할 대상을 결정해야 하는데, 이것을 '주의注意'라고 한다. 일반적인 말로 관점이라고 해도 무방할 듯하다. 무 엇을 볼 것인지를 결정하는 과정이다. 물론 일일이 무엇을 봐야 한다 고 의식하지 않는다. 익숙한 것은 대부분 자동화 처리한다.

그래서 똑같은 책을 읽어도 사람마다 기억하는 부분이 다르며, 느끼 는 감정이 다르고, 생각이 다르다. 서로 다른 것에 '주의'하고 다르게 정보를 처리했기 때문이다. 흔히 '보고 싶은 것만 보는' 일종의 '주의 실명失明'을 모든 사람은 가지고 있다. 또 통독, 속독, 정독할 때 각기 보 는 내용이나 관점이 다를 수밖에 없다. 통독이나 속독은 전체를 빨리 파악하되 세부를 상당 부분 그냥 지나치는 반면, 정독은 '주의'를 기울여야 하는 대상을 놓치지 않는다. 독해 훈련은 의도적 관점으로 읽으려고 의식적인 노력을 하지 않더라도 뇌가 무엇을 봐야 하는지 알고 그것을 빠르게 처리하도록 만든다.

인과관계에서 설명한 한 줄짜리 문장을 다시 살펴보자.

'간밤에 폭풍우가 몰아쳐서 묶어놓지 않은 배들은 모두 파손돼버렸다.'

앞서 말했듯이 이 문장을 읽으면 대개는 '아 폭풍우가 심해서 배가 부서졌다는 말이구나' 정도로 이해하고 넘어간다. 바람이 불면 배가 부서질 수 있다는 일반적 관념이 이 글에서 진짜 '주의'를 기울여야 할 부분을 놓치게 한 것이다. '묶어놓지 않은 배는 모두 파손됐다'가 주의를 기울여야 하는 부분이다. 폭풍우가 몰아쳤더라도 묶어놓았다면 파손되지 않았으리라는 것을 이 구절에서 추론할 수 있다.

이것은 일상적이거나 친숙한 관점으로만 글을 읽기 때문에 '보아야 할 것'을 놓쳐버리는 일종의 '주의 실명' 사례이다. 원인을 잘못 진단한 오독誤讀은 글의 의도를 제대로 이해하지 못하게 하며, 결과적으로 문해력이 낮아지는 이유가 된다. 만약 원인과 결과라는 관점으로 보지 않았다면 이 '주의' 부분을 그냥 지나쳤을 것이다. 관점을 설정했기 때문에 지나친 부분을 보게 되는 것이다. 이것이 연습이고 훈련이다.

독해 훈련은 두 가지 효용이 있다. 첫째, 글을 읽을 때 사용할 프레임을 항상 대기 상태로 준비시킨다. 글을 읽으면서 주제가 무엇인지 학생 스스로 정리하고, 중심어나 핵심어를 주제와 결부시켜 필터링할 수 있다. 이 문장의 의미가 무엇이냐고 선생님이나 부모님께 묻지 않아도 문장의 의미를 추론한다. 모르는 단어가 나와도 문장 안에서 그 의미를 자동적으로 찾는다. 누군가에게 물어보지 않더라도, 스스로 프레임을 적용해 읽어나가는 것이다.

둘째, 글의 내용과 무관하게 적용된다. 국어, 역사, 과학, 수학, 시사, 정치 등 그 내용에 상관없이 적용하는 패턴이 같다. 비문학 지문이 시험에서 많이 출제된다고 해서 비문학 지문을 많이 읽어야 좋은 점수를 얻는 것은 아니다. 왜냐하면 문제의 의도는 비문학 지문에 나온 지식을 해석하는 것이 아니라, 언어를 해석하는 것이기 때문이다. 이러한 독해 훈련은 긴 시간이 필요하지 않다. 2년 정도면 자기가 스스로 적용해볼 정도로 익숙해진다. 다음 단계는 개인에 따라 더 심화하는 정도라고 할 수 있다. 또한 독해력은 사고력과 다르게 중학교, 고등학교에서도 상당 부분 바꿀 수 있다. 그러나 그렇게 보는 관점을 미리 갖춰야 한다. 관점은 생각의 틀이고 습관이기 때문이다.

무작정 읽기 = 가성비 제로!

'의도적 읽기'를 습관화하라

기차를 타고 가다 보면 창밖으로 스쳐가는 풍경이 다채롭다. 그러나 보려고 하는 의지가 없다면 무엇이 지나갔는지를 알아채는 경우는 거의 없다. 나무가 있었고 들판이 있었고 집과 건물들이 있었고 멀리 하늘과 몇 점의 구름이 있었다는 전체적인 풍경은 인지하지만, 세부적인 것은 모른다. 보려고 해야 그 세세함을 인지할 수 있다.

글로 된 지식 또한 그냥 읽으면 '스쳐가는 풍경'에 불과하다. 대충 무슨 내용인지는 알겠으나 세세함을 알지 못한다. 특별한 목적이나 의도를 가지고 보면 스치는 풍경도 세세히 보이듯이, 프레임은 글을 클

로즈업하는 도구이다.

"책 자체를 읽기 싫어하는데, '프레임'이나 '의도적 읽기'가 무슨 소용이에요? 읽어보기라도 했으면 좋겠어요." 부모님들의 하소연이다. 독서 학원을 보내면 억지로라도 책을 읽지 않을까 하는 기대로 학원에 보낸다는 말도 많이 듣는다. 책을 정해놓고 숙제처럼 읽는 것이라도 안 읽는 것보다 낫지 않느냐는 생각을 의외로 많이 한다. 그렇지만 사람은 하기 싫은 것을 억지로 하면 뇌의 스트레스 수치가 높아지고, 스트레스 수치가 높아지면 정보 처리하는 작업 능력이 떨어진다. 그래도 한 글자라도 읽는 것이 낫지 않을까 하고 말할 수 있을까? 아이가 책을 멀리한다면 이유 없이 그냥 책을 읽기 싫을 수도 있고, 책 읽은 후의 독후 활동이 싫기 때문일 수 있다. 사람의 수만큼이나 핑계도 많다. 어쨌든 이런 핑계를 해소하지 않고는 읽어도 별 의미가 없다. 뇌가 읽은 내용을 의미 있는 정보로 처리하지 않으면 말이다.

아이들과 수업하다 보면, 글을 읽어도 무슨 말인지 잘 모르는 경우를 본다. 책을 자주 읽지 않아 모르는 것인지, 모르기 때문에 읽지 않는 것인지 알 수 없다. 하지만 한 가지 확실한 것은 읽은 내용이 이해되지 않는다면 호기심이나 관심이 생기지 않는다. 그러면 자발성이 나오지 않는다. 호기심이 없는 책, 관심이 없는 내용을 읽는 것은 힘든 노동이다. 실제로 이해가 되지 않아 책 읽기를 싫어하는 아이도 매우 많다.

'무조건 책'이나 '무조건 긴 글'이 읽기 습관을 만들어주지는 않는다.

호기심과 다양한 관심이 있어야 한다. 그러려면 이해가 되어야 한다. 우연히 접한 기사이든 짧은 에세이든, 심지어 광고 문구이든 간에 뭔가를 읽으면 이해가 되어야 호기심이 생길 수 있다. 상담을 하다 보면 자녀가 글을 얼마나 잘 읽는지 모르는 부모들이 의외로 많다. 읽고 있으니 이해한다고 믿는 것이다. 이해는 되지 않는데 읽어야 할 숙제는 쌓이고, 이해되지 않는 내용으로 이해된 것처럼 뭔가 말을 해야 하는 부담감, 이런 고충을 안고 있는 아이들이 생각보다 많다.

제대로 이해하는 것이 독해이고, 독해는 의도를 가지고 보려고 하면 보인다. 그것을 '의도적 읽기'라고 했다. 그리고 앞 장에서 강조한 '프레임으로 읽기'는 '의도적 읽기'를 유도하고 습관화하는 훈련 방식으로 체계화한 것이다. 지금 이 책에서는 '프레임'이나 '의도적 읽기' 등과 같은 새로운 용어에 대해서 설명하고 있다. 만약 그 의미를 정리하고 가지 않으면 나머지 내용이 이해가 되지 않는다. 마찬가지로 어떤 글이나 책을 읽다가 만나는 새로운 용어가 나오면 그것에 초점을 맞춰야 한다. 그 글에서 어떻게 정의하는지를 생각해야 한다. 이것이 어휘찾기 프레임이고, 그것이 습관화되면 새로운 단어나 용어가 나오더라도 앞뒤 문맥을 보며 그 의미를 찾게 된다.

이처럼 하나하나 이해하며 읽어야 내용에 대한 호기심이든 관심이든 일어날 수가 있다. 의식적으로 무엇을 더 찾아봐야지 하는 노력을 하지 않더라도 책이나 글을 읽으면서 자연스럽게 어휘, 주제, 표현, 의미 등 여러 프레임을 적용하는 것이 습관화된다면 이해도가 한층 높아진다. 즉 읽어내지 못했던 것이 읽히고, 보이지 않던 의미가 보이기 시작한다. 그때에야 비로소 책을 읽는 재미가 무엇인지 알게 된다.

책은 아이가 스스로 선택하게 하라

글이나 책을 읽어 이해가 되더라도 그것은 호기심이나 관심을 끌어내는 선행조건이지, 그것만으로 모든 내용에 호기심이 일어나는 것은 아니다. 개인의 성향, 가치관이 다르기 때문이다. 그래서 의도를 가지고 읽으려고 해도 잘 읽히는 책이 있고, 그렇지 않은 책이 있다. 그래서 자기의 관심사를 찾는 것은 중요하다. 관심이 이끌리는 책으로 의도적인 읽기를 하다 보면 관심사의 범주가 자꾸 넓어지게 돼있다. 그래서 우선 책을 선택하는 것이 중요하다. 관심이 이끌리는지 알아보는 세 가지 관점을 소개한다.

첫째는 제목이다. 책이나 글의 제목에는 작가의 의도가 드러나고 그것이 내가 이 글을 읽고 싶은지 아닌지를 결정한다. 제목이 이끌리면 다음 단계로 넘어간다. 두 번째는 목차이다. 그 목차에서 제목에 드러난 큰 주제를 어떤 식으로 풀어나갔는지를 엿볼 수 있다. 제목에서 느꼈던 관심을 더 강화해줄 것인지가 대강 보인다. 세 번째는 서문이다. 작가가 책을 쓴 이유가 드러난다. 제목에서 호기심을 느끼고, 목차에서 궁금증을 찾고, 서문에서 작가의 생각을 엿본다. 그 세 가지를 보면 지금 당장 읽고 싶은 책이 있고, 읽으면 도움이 될 것 같은데 아직 준비가 되지 않아 좀 어려울 것 같으니 나중에 읽을 책의 목록에 올려놓을 만한 책이 있고, 아니면 굳이 읽을 필요가 없는 책이 있다.

그렇게 결정한 책은 아이가 생각하며 읽는다. 그 본문 내용을 볼 때는 습관적으로 곰곰이 뜯어 읽는다. 의도를 가지고 꼼꼼히 보면 이해도가 높아진다. 책을 읽다가 궁금증이 완전히 해소되지 않는 경우도 있고, 새로운 호기심이 일어나는 경우도 있다. 그래서 그것을 해결해줄 다른 책이나 자료를 찾는다. 그런 과정이 반복해서 쌓이면서 지식이 폭과 깊이가 더해지기 시작한다. 만약 어떤 분야의 책을 백 권을 읽었다면 그 분야의 고수는 아니라도 그 흐름을 이해할 수 있는 깊이를 갖출 수가 있다. 그리고 시작은 특정 관심사 하나였어도, 지식의 폭이나 깊이가 더해지면 다른 분야로 관심사가 자연스럽게 넘어가기도 한다. 이처럼 관심이나 호기심을 따라 읽는 내용의 범주가 자연스럽게 확대된다. 이것이 독서에서 재미를 얻는 방식이다. "억지로라도 읽히는 것이 좋지 않을까요?"에 대한 해답이다.

'의도적 읽기'에 기반한 독서를 한다면, 독서가 독해의 확장으로도 이어진다. 이미 독해 프레임으로 의도적 읽기를 수행하고 있기 때문이다. 이것은 "독서가 독해에 도움이 되는 것 아닌가요?"에 대한 대답이다.

그러니 먼저 서점이나 도서관에 아이와 함께 가라. 적어도 아이가 관심 있는 분야가 있다면 그 분야의 책을 먼저 고를 가능성이 크다. 분량이 많다 적다를 가릴 필요는 없다. 관심 분야는 글이 짧아도 눈에 띄기 때문이다. 한 가지라도 호기심을 가진다면 그다음 단계의 책으로 넘어갈 수 있다. 짧은 책이라도 거기서부터 시작한다. 그때 그 책을 보고 나니 어떤 것이 궁금한지, 더 알아보고 싶은 것은 없는지 함께 대화할 필요가 있다. 앞에서 '프레임'을 설명할 때, 요약할 때는 문장이 아닌 단어에 밑줄 그으라고 했다. 그것이 습관화돼 있으면 책을 읽을 때 더 알아보고 싶은 내용을 단어나 구문 형태로 기억한다. 그것이 다음 단계의 호기심으로 이끌어주는 지시등 역할을 한다.

이것이 '프레임 읽기'를 이용하여 의도를 가지고 책을 읽어나가는 방법이다. 한번 두번 이런 과정이 쌓이면, 다음에는 궁금한 것, 알아보고 싶은 것을 담고 있는 책이 뭐가 있을지 아이와 함께 찾을 수 있다. 그것이 습관으로 굳어지면 책을 고르는 자기만의 눈이 생긴다. 선택한 책이라야 읽고 싶은 생각이 들고, 읽고 싶은 책이라야 의도적 읽기가 가능하다. 그리고 이 책을 고르는 과정은 아이의 속마음을 이해하는 데 단초를 제공한다.

앞서 독해는 4학년 이후 꼭 필요하다고 했다. 이때는 혼자서 문자화된 책을 뜯어볼 수 있는 시기이다. 그때부터 본격적인 독해의 프레임이 빛을 발한다. 별 흥미 없는 책 백 권을 보는 것보다 호기심을 가지는 책 한 권을 읽는 것이 더 의미 있다. 보려는 것이 많아지면 생각도, 알아가는 것도 많아진다. 초등과정을 거치며 의도적 읽기가 제대로 준비된다면, 즉 글을 뜯어볼 수 있는 프레임을 장착하는 것까지 끝낸다면, 상급 학교에서 꼭 필요한 학습을 위한 독해는 준비됐다고 보아도 무방하다.

저학년 독해 훈련은 어떻게 할까?

저학년의 경우는 아직 문자에 완전히 익숙해지지 않은 상태이고, 개인마다 그 차이도 크다. 똑같은 책을 읽어도 어떤 아이는 그 의미까지도 비교적 정확하게 이해하는 반면, 어떤 아이는 문자를 읽는데도 애를 먹는 경우가 있다. 사실 언어 감각은 문자와는 상관없다. 말하기와 듣기를 통해 언어화 과정은 이미 진행되고 있다. 저학년 시기는 말하고 듣기로 형성된 언어를 문자와 일치시키는 과정이다.

국어를 예로 들면 한글을 익히지 못했더라도 우리말의 어휘나 의미 등을 익히고 언어 감각을 배운다. 문자가 아니라 실제 상황으로 그것들을 익힌다. 아이들이 만나는 대부분의 상황은 시각적이다. 눈으로 본 것을 말로 표현하고 그것의 의미를 익히고, 그것을 배워 다시 자기 말로 표현하는 일련의 과정을 거치게 된다.

앞 장에서 언급했던 시각 영역, 언어 이해 영역, 언어 표현 영역이 이미 회로로 연결돼있다. 그러므로 아직 시각적인 대상이 없는 추상적인 언어는 사용하지 못하더라도 구체적 상황을 통해 대부분의 언어 감각은 학교에 들어가기 전에 이미 상당히 진행된 상태이다. 물론 문자화 과정에서 동일한 학년이라도 읽기 차이가 발생하는 것은 자연스러운 일이다.

그런데 말하고 듣기와 달리, 읽기와 쓰기는 후천적 교육이 반드시 필요하다. 저학년은 이 둘을 적절히 병행할 필요가 있다. 단순히 의사

소통을 위한 언어는 학교 입학과 상관없이 이미 만들어진다. 하지만 학교는 학습을 전제로 하고 있으므로, 이 책에서는 말하기와 듣기도 학습을 전제로 한다.

아이들은 초등학교 입학 이전에 말하고 들으며 언어를 익혔다. 언어의 용도는 생각의 도구이기도 하고 소통의 도구이기도 하다. 입학 후는 학습을 위한 생각과 소통의 방식이 있다는 것을 아이들에게 심어주는 단계이다. 자유로운 생각의 이면에는 합리성과 구체성 등이 뒷받침되어야 한다고 알려주는 것이 좋다. 남이 알아듣지 못하는 비체계적인 말, 언어 경험에서 벗어나는 말을 배제하고 논증과 설득이 중요하단 걸 알게 해야 한다. 초등 저학년들은 문자로 나타낸 글은 어려워해도 말에는 익숙하기 때문에 '생각을 말로 표현하고 남의 말을 듣기'를 익혀야 한다. 그것이 저학년 독해의 시작이다.

다음 문제를 눈으로 읽지 말고 소리 내어 읽는다. 앞장에서 낭독의 효과를 언급했다. 만약 이 문제에서 모르는 단어가 있다면 질문으로 해소하면 된다. 이제 '동물 친구 하나를 찾으려면 어떻게 해야 하지?'라고 생각하게 될 것이다. 첫째, 같은 가족이라면 집은 같을 것이다. 둘째, 모두 집으로 향하고 있다고 했으므로 같은 동물은 같은 방향으로 가야 한다. 이것이 합리적인 생각이며, 시각 정보를 언어 정보로 전환하는 과정이다.

<u>Q11</u> 여러 동물들이 해가 떨어져 집으로 돌아가고 있습니다. 같은 종류의 동물은 모두 한 가족입니다. 그림을 보고 엉뚱한 곳으로 가고 있는 동물 친구를 하나 찾아보세요. 그리고 이유를 설명해보세요.

이것은 지식의 유무와 상관없이 경험으로 유추할 수 있다. 이 경험을 통해 위와 같은 생각을 떠올릴 수 있다. 그럼 '엉뚱한 방향으로 간다'라는 말의 의미는 무엇인가? 같은 종류의 동물 중에서 혼자만 다른 방향을 향하고 있다는 말이다. 이것이 세 번째 생각이다. 이런 생각에 근거해 하나의 동물을 찾는 것이다. 물론 이 생각은 모두 머릿속에서 언어로 이루어진다.

이제 이유를 설명하라고 했으므로, 머릿속에서 일어나는 이 생각을 말로 나타내야 한다. 생각은 했더라도 말로 표현하는 것이 쉽지 않을 수 있다. 더구나 소통의 측면에서 다른 사람이 '오, 그렇구나!'라고 동조하려면 남이 알아듣도록 말해야 한다. 이때 저학년들은 아직 문자가 익숙하지 않으므로 글로 쓰기보다 말하라는 것이다. 말이 틀을 잡고, 구어와 문어가 일치하는 단계를 지나면, 생각이 자연스럽게 글로 나타날 수 있다. 그 전 단계에서는 무리하게 글로 쓰게 할 필요는 없다.

여기서 말하기는 자유로운 생각을 말하는 것이 아니라 남이 인정할 수 있는 합리성이나 타당성을 포함하도록 말하는 것이다. 듣기도 그런 합리성이 있는지를 생각하면서 듣는 것이다. 초등학교 1학년 아이가 위의 세 가지를 일목요연하게 생각하기란 쉽지 않다. 그것을 함께 찾아나가는 것이 토론이다. 역시 말로 된 정보의 교환이다. 함께 생각하는 과정이면서 언어화하는 과정이다. 생각을 나누면서 학습에서 필요한 언어화 과정을 익힌다.

이처럼 체계적으로 말하고 듣는 것을 연습하면서, 2학년 이후부터는 그 생각을 단문으로라도 쓰는 연습을 병행해간다. 이것이 병행 연습 방법이다. 문해력은 책을 많이 읽어야만 커지는 것이 아니다. 책이나 글도 생각을 정리한 것이다. 글로 된 생각은 시각중추라는 영역을 한 번 더 거쳐 해석된다고 보면 된다. 그래서 저학년에게 책을 읽는 것은 중요하지만, 낭독을 중심으로 시각, 언어 이해, 언어 표현 등으로 이어지는 일련의 언어 회로를 연결한다고 생각하라. 그리고 앞서 언급한 독해의 도구, 프레임을 적용한 의도적인 읽기는 이 시기에 적용하지 않아도 된다.

초등 저학년은 읽기 유창성을 키워가면서 학습의 언어로 생각하고 말로 드러내는 것을 훈련하면 된다. 그리고 이런 방식으로 독해 훈련을 할 상황은 생활 곳곳에 널려있다. 굳이 사교육이라는 형태를 빌리지 않더라도 '왜?'라는 질문만 해주어라. 사고뿐만 아니라 언어 역량에도 큰 영향을 준다.

단지 그러한 질문을 해주는 사람이 없기에, 상황마다 떠오르는 생각을 언어로 표현하지 못할 뿐이다. 국어 문제를 풀든, 수학 문제를 풀든, 과학이나 독서를 하든 '왜'라는 질문을 해주고, 그것을 진지하게 들어주는 과정으로도 언어 역량을 상당 부분 향상시킬 수 있다. 특히 문제를 정의하는 과정이 바로 단어의 뜻을 정확히 해석하는 과정이다. 보통 답보다 과정을 중시하라고 하는 이유는 과정을 말로 표현해보면 사고의 확장뿐 아니라 언어의 확장도 이루어지기 때문이다.

저학년의 독해 연습은 두 가지로 마무리한다. 첫째, 유창한 읽기이다. 낭독을 많이 하여 언어 관련 회로를 준비한다. 둘째, 생각을 말로 표현하는 연습이다. 초등 3학년까지 이 둘만 준비되어도, 4학년 이후 학습을 위한 의도적 독해가 가능해질 것이다. 그리고 이 두 가지 모두 특별한 교육 프로그램이 필요한 것은 아니다. 그럴 의도만 가지고 있다면 집에서도 얼마든지 연습할 수 있다.

3부

응용력

수학 잘하는 아이로
키우려면

수학적 사고, 암기에서 사고로

수학 학습을 어떻게 할 것인가를 다루는 책은 많다. 그리고 수학 지식을 연습할 수 있는 책도 많다. 그럼에도 굳이 이 책에서 수학적 사고를 언급하는 이유가 있다. 수학이 우리 아이들에게 의미를 가지려면 수학에서 무엇을 보아야 하는지, 무엇을 생각해야 하는지가 중요하기 때문이다.

나도 중고등학교 때 삼각함수나 미적분 등을 배웠지만, 지금까지 그 지식을 다시 쓸 일이 없었다. 왜 그렇게 힘들게 배웠는지, 어떻게 그것을 참고 견뎠는지도 모르겠다. 심지어 모든 사람이 배워야 할 만큼 중요한지도 모르겠다. 많은 사람들도 비슷하게 생각할 것이다. 미적분 자체는 의무교육에서 제하고 미적분의 개념이 필요한 이유를 가르치는 것이 낫지 않느냐는 의견도 있는 것으로 알고 있다. 말하자면 현재 교육 과정에서 배우는 '수학의 쓸모'에 많은 사람들이 회의적이라는 말이다.

하지만 우리는 매일 수학으로 살고 있다고 해도 과언이 아니다. 수가 없으면 아무것도 셀 수 없다. 돈, 거리, 무게, 시간 모두 숫자 천지다. 당연히 숫자가 없다면 지금 이 시대를 끌고 가는 인터넷도 스마트폰도 없었을 것이다. 또한 우리는 매일매일 수학으로 생각한다. '어느 길로 가는 것이 빠를까? 약속 시간까지 얼마나 남았지? 이 책은 400쪽이니 하루에 40쪽씩 읽으면 열흘이면 끝낼 수 있겠네. 서울에서 부산에 길 때 승용차로 가는 것과 기차로 가는 것 중에서 어느 것이 더 나을까?' 등등. 사실 실생활에서 매일 수학을 쓰고 수학적인 사고를 하고 있다. 그럼에도 불구하고 수학적 사고를 하고 있다는 생각은 하지 않는다. 우리가 익힌 수학의 모습은 기호였지, 언어나 상황이 아니기 때문이다. 그래서 '수학은 쓸모 있다'라는 것을 설파하는 책이 나와야 할 만큼, 수학은 학교 시험용이었다.

수학은 기본적으로 추상이다. 실생활이나 현상을 단순하게 나타낸 것이다. 즉, 문제를 풀어내는 과목이 아니라, 삶에 필요한 보편적인 언어와 같다. 언어가 특정 공동체의 약속이라면, 수학은 누구라도 알 수 있는 보편적인 약속이다. 그러므로 언어로 생각하고 언어로 소통하듯이, 수학으로 생각하고 수학으로 소통할 수 있다. "학교 늦었어, 서둘러야 해"라는 말은 수학으로 생각하고, 언어로 소통한 것이다. 그래서 생각하지 않으면 수학은 이해될 수도 없고 재미가 있을 수도 없다. 이해도 되지 않고 재미도 없으며, 심지어 쓸모도 잘 모른다면 그 공부에 흥미를 붙일 수 있을까? 아이들이 수학을 배우는 첫 단계부터 '수학은 사고다'라는 사실을 확실하게 인지하게 해야 한다. 이것이 내가 생각하는 수학 학습법의 핵심이다.

학습의 줄기를 세우는 것이 학습목표이다. 그리고 그 학습의 목표를 행동으로 옮기는 것이 학습법이다. 수학도 마찬가지이다. 수학의 학습목표를 세우는 것이 중요하다. 그것을 나는 세 가지로 제시한다.

첫째, 모든 수학에는 실생활과 연결되는 부분이 있다. 둘째, 그것을 반영하는 방식은 약속에 근거한다. 예를 들어 2에 3을 더하니 5가 된다는 말을 2 + 3 = 5로 약속한 것이다. 이 약속된 식을 보면 누구나 이렇게 의미를 해석한다. 수학 말고도 약속은 대단히 많다. 인간관계의 약속이 규범이고 규칙인 것처럼 말이다. 그리고 그 약속을 수학에서는 개념이라고 한다. 셋째, 수학은 중요한 언어이며 소통의 도구이다. "성적이 10점 올랐어요"라는 말에서 실력이 얼마나 늘었는지를 추정할 수 있다. "30%만이 그 의견에 동의한다"라는 말은 대부분은 동의하지 않는다는 것을 뜻한다. 이 세 가지 수학의 목표를 행동으로 옮기는 방법은 간단하다. 공부할 때 항상 습관적으로 그것을 생각하려는 의도적인 노력을 하면 된다. 그것이 바람직한 수학 학습법이다.

앞에서 언어는 사고의 도구이자 소통의 도구라는 점을 강조했다. 마찬가지로 수학도 사고의 도구이자 소통의 도구이다. 사고력, 언어력에

이어 수학을 다루는 이유이다.

수학을 대하는 관점을 말하기 전에 먼저 수학에 대한 오해를 짚고 갈 필요가 있다. 학생들의 학습 습관, 학부모 상담, 또는 학원 담당자와의 소통을 통해 발견한 네 가지 오해가 있다.

첫째, 초등 수학은 연산이 전부이다.

둘째, 남들에게 통하는 공부 방식이 나에게도 통할 것이다.

셋째, 수학 공부에는 학습의 비법이 있다

넷째, 수학에서는 틀리지 않는 것이 중요하다.

이런 오해를 풀어야 수학의 학습목표를 제대로 세울 수 있다고 본다.

초등 수학, 연산이 전부는 아니다

시험의 관점에서든 기초 학습력의 관점에서든 수학은 중요하다. 그래서 사교육의 대부분은 수학과 영어가 차지한다. 그럼에도 불구하고 고등학교에 가면 학생의 70%가 수포자라고 한다. 그 많은 시간과 비용을 투입해서 얻은 결과가 '수학을 포기했다'라면 당연히 심각하게 검토해야 할 문제이다. 무엇이 문제일까? 초등 수학은 연산이 전부라는 생각을 가진 사람들이 의외로 많다. 그런 초기 경험이 이런 수포자 양성의 한 요인이라고 생각한다.

수학적 사고에는 다양한 사고 영역이 연결돼있다. 이 말은 수학 문제를 풀기 위해서는 수를 다루는 수리 영역만이 아니라, 언어, 논리, 공간, 관찰, 창의 등 다양한 사고 영역을 사용해야 한다는 말이다. 논리와 직관, 분석과 해석, 패턴과 일반화, 개별성의 고찰 등이 모두 수학 문제를 풀어내는 데 필요한 사고이다. 이를 수학적 사고라고 한다. 수학 문제를 잘 푸는 것과 수학적 사고력이 큰 것은 별개의 문제이다. 수학 문제는 연습으로 익숙해질 수 있다. 그렇지만 연습하지 않은 문제, 또는 질문의 관점이 바뀌는 새로운 유형의 문제는 잘 풀지 못할 수 있다. 그런데 새로운 형태의 문제라도 그것을 해결하는 힘은 연습이 아니라 수학적 사고에서 나온다. 그러므로 문제를 푸는 연습과 수학적 사고 훈련은 항상 병행되어야 한다. 수학적 사고를 강화하는 것은 수리 영역만이 아니라 다른 사고 영역의 도움이 적시에 일어나도록 준비하는 것이다.

아래 문제를 보자.

> **Q12** 가족 일곱 명이 놀이공원에 가서 입장권을 사는데 모두 6만 원이 들었다. 중학생도 어른용 입장권이 필요하여 입장권의 수는 어른용이 더 많았다. 입장권의 가격은 어린이용이 어른용의 절반이었다. 그럼 어른용 입장권의 가격은 얼마인가?

형태로는 문장제 수학 문제이고, 수학 지식으로는 계산이 필요한 문제이다. 4학년이면 수학 지식 때문에 이 문제가 어려울 일은 없다. 그런데 CPS교육연구소의 데이터에 의하면, 4학년 이상의 아이들 중에서 이 문제를 풀어낸 아이는 10%도 되지 않았다. 무엇 때문일까?

이 문제에 접근하는 아이들의 반응은 다양하다. 첫 번째는 모르겠다고 그냥 주저앉는 경우이다. 무슨 말인지 모르겠다, 어떻게 푸는지 모르겠다, 배운 적이 없다 등이 반응이다.

두 번째는 좀 드문 경우인데, 일단 시도해보는 아이들이다. 어른이 한 명이고 어린이가 여섯 명이라고 가정하고 어른용을 1만 원이라고 가정한다. 그래서 계산해보니 10000 + 5000 × 6 = 40000이다. 6만 원이 되지 않으니 이제는 어른용을 더 늘려본다. 여기서도 그냥 무작정 한 명씩 늘리는 아이도 있고, 어린이용 두 명분을 어른용으로 바꾸면 된다고 나름대로 논리를 세워 설명하는 아이도 있다. 그래서 계산해보라고 하면 생각과 다르게 6만 원이 아니라 5만 원만 나온다는 것을 확인하고는 이 단계에서 포기하는 아이가 있다.

세 번째는 대수나 방정식을 써보려는 아이들이다. X 대신 네모를 쓴 방정식은 1학년도 배운다. 그런 미지수를 X와 같은 기호로 바꾸는 법을 배웠을 수도 있다. 어른용 입장권의 가격을 X라고 하면, 어린이용은 $\frac{1}{2}$X이다. 어른의 수가 A라면 어린이의 수는 7 − A이다.

식을 세우면 A × X + (7 − A) × $\frac{1}{2}$X = 60000이다. 그러고 나서 풀어보려고 했더니 풀리지 않는다. 미지수가 두 개인데 식이 하나이면 소용이 없다는 것은 중학교에 가서나 알게 되기 때문이다. 어른용을 1만

원이라고 가정하고 어른의 수를 조정해보아도 잘 풀리지 않는 이유는 어른의 수와 어른용 입장권의 가격 두 가지를 모두 조정해야 하기 때문이다. 아이는 대수식을 세워도 A와 X의 두 가지 미지수를 여러 번 조정해야 하기에 식을 세운 의미가 없다는 것을 깨닫는다. 그렇지만 이것을 꾸준히 해서 결국 답을 찾아내는 아이도 있다.

네 번째는 2% 미만의 아이들이 생각하는 방법이다. 어른용의 가격이 1이면 어린이용의 가격은 0.5이다. 만약 모두 어린이용이라면 3.5이다. 모두 어른이라면 7이다. 60,000원을 3.5나 7로 나누면 나누어지지 않는다. 그러면 4, 4.5, 5.5, 5, 6, 6.5 이 여섯 가지가 가능한 조합이다. 여기에서 60,000원을 나눌 수 있는 수는 4, 5, 6이다. 4인 경우는 어른용이 1, 어린이용이 6인 경우이다. 60,000원을 4로 나누면 15,000원이므로 어른용의 가격은 15,000원, 어린이용은 7,500원이다. 이제 맞는지 확인해보면 $15000 + 7500 \times 6 = 15000 + 45000 = 60000$이다. 금액만 보면 조건에 부합한다. 5인 경우는 어른용이 3, 어린이용이 4이다. 이때 어른용의 가격은 12,000원, 어린이용은 6,000원이다. 검증해보면 $3 \times 12000 + 4 \times 6000 = 36000 + 24000 = 60000$이다. 역시 금액으로 보면 조건에 부합한다. 6인 경우는 어떠한가? 6은 어른용이 5, 어린이용이 2인 경우이다. 이때 어른용의 가격은 10,000원이다. 검증하면 $5 \times 10000 + 2 \times 5000 = 50000 + 10000 = 60000$이다. 이것도 금액으로 보면 조건에 부합한다. 그런데 문제 조건에서 어른용이 더 많다고 했으므로, 어른용 다섯 장, 어린이용 두 장이어야 한다. 그래서 어른용 입장권의 가격은 10,000원이다. 60,000원이 입장권의 수로 나누어떨어져야 한다는 가장 기본적인 나눗셈의 개념을 적용한 것이다.

이 문제에 대한 반응을 요약하면 다음과 같다. 첫 번째 아이들은 생각을 아예 하지 않는다. 아마도 연산 문제를 주면 대부분 풀었을 아이들이지만, 생활에서 있을 법한 상황에 적용하는 생각까지는 하기 싫은 아이들이다.

두 번째 아이들은 흔히 말하는 시행착오 방법으로 일단 대입해보는 타입이다. 어쨌든 답을 찾는 것을 중요하게 생각하는 아이들이다. 수학적인 사고가 전혀 없다고는 할 수 없다. 시행착오도 전략이 될 수 있기 때문이다. 그러나 이 경우는 운 좋게 몇 번만에 풀 수도 있지만, 운 나쁘면 수없이 많은 시도를 해봐야 한다. 설령 그렇게 해서 솔루션이 나오더라도 그 답이 유일한지 아닌지도 판단하기 어렵다. 문제 해결에 필수적인 검증을 하기가 쉽지 않다.

세 번째는 문제 유형을 익히거나 선행을 한 아이들에게서 주로 나오는 반응이다. 방정식을 배운 아이들이다. 그런데 미지수가 두 개이면 식도 두 개를 세울 수 있어야 하는데, 그것이 눈에 보이지 않으면 막힌다.

네 번째 아이들은 상황을 수학으로 해석했다. 위에서 설명한 것처럼 검토할 수 있는 세 가지 조합으로 좁혀진다는 것을 알아낸 것이다. 이 접근은 수학적으로 해결되며, 또한 검증이 가능하다.

네 번째 아이들이 해결한 것을 보면, 가설을 세우고 패턴을 찾는 창의적 사고 등 다른 사고 영역의 도움으로 문제를 단순하게 했다는 것을 알 수 있다. 이 문제를 놓고 이러한 수학적 사고를 제대로 하는 아이들은 2%도 되지 않았다. 기계적으로 풀이 방법을 익혀서 푸는 경우가 훨씬 많았고, 나름대로 자신의 수학적 지식을 적용해보려는 시도도 있었다. 하지만 이 문제는 아주 단순하게 바라보는 사고의 전환이 필요하다. 즉, 티켓의 개수와 금액의 비교, 티켓의 개수는 사람의 수라는 아주 단순한 조건을 이용하는 창의적 발상이 그것이다. 방정식을 적용해도 잘 풀리지 않도록 변형된 문제 유형이다.

수업 상황에서 이 문제를 다룬다면, 설령 대입해보는 시행착오로 답을 찾았다 하더라도 더 단순하고 가능한 방식까지 파고 들어가도록 이끌어주어야 한다. 진도를 빼는 것은 중요하지 않다. 수학에서 다른 영역의 도움을 받는 경험이 뇌에서 연결을 만들고 새로운 문제를 해결하는 능력을 높인다.

이 문제는 창의적 발상 영역의 도움을 받지 않으면 수학적 사고가 제대로 작동하지 않을 수 있다는 것을 보여준다. 김용운 교수는 수학 문제를 공식으로 푸는 것을 인스턴트 수학이라고 했다. 공식으로는 수학 공부에서 자립할 수 없다.

'초등 수학은 연산이 전부다'라는 말은 수학을 오해하게 만든다. 연산이 중요하지만, 수학에 대한 시각을 계산으로 한정시켜버릴 위험이 있다. 다른 공부와 마찬가지로 수학 공부를 바라보는 관점도 초등 시기에 거의 형성된다. 이 6년 동안의 경험이 앞으로 하게 될 수학 공부의 방향을 고정해버릴 수 있다. 최소한 수학적 사고라는 본질적 훈련을 체계적으로 하지는 못하더라도, 돈과 시간을 들여가면서 오해하게 만들지는 않아야 한다. '초등 수학은 연산이 전부다'라는 생각만 버려도 방법이 보일 것이다.

수학은 사고의 도구이고 약속이며 소통의 도구이다. 수학적 사고를 과외 같은 것으로 단숨에 끌어올릴 수 있다고 믿는다면 큰 잘못이다. 수학도 언어처럼 생활 속에 스며들어야 한다. '수학에는 특별한 비법이 있다'라는 장담은 억지이다. 오히려 한 문제를 오랫동안 생각하는 경험이 수학을 잘하는 비법이다. 그런 경험은 아이의 뇌를 밀도 있게 만들어주고 사고를 풍요롭게 해준다.

누구나 하는 수학 공부로는 수학을 잘할 수 없다

누군가 공부에서 큰 성과를 냈다면 그 방법이 궁금한 것은 당연하다. 그러나 그 방법이 우리 아이에게도 통할 것이라는 기대는 하지 않아야 한다. 그러한 기대가 판단의 오류를 낳기 때문이다. 앞에서 충분히 개인차를 설명한 것처럼, 공부 방식도 일률적이어서는 안 된다.

대개 수학에서 성과를 낸다는 말은 수학 점수를 잘 받는 것을 의미한다. 그래서 학원에 가보면 중간고사 만점 몇 명, 90점 이상 몇 명이라고 써진 문구들이 간판처럼 걸려있다. 한편으로 영재교육원 입학, 경시대회 입상, 혹은 좋은 고등학교 입학 등으로 성과를 평가하기도 한다. 그런 실적은 상위 10%에 해당하는 말이다. 거기에 들어갈 수 있다는 희망을 주는 셈이다. 이는 학부모들이 열심히 사교육을 찾아다니도록 하는 동기가 된다.

앞에 예시한 문제를 어떻게 풀었든 그 답이 맞았다고 하자. 그동안은 답을 어떻게 도출했는지 시험에서 평가하지 않았다. 하지만 이제는 과정을 평가하기 위해 서술형이 도입됐다. 전문가들이 서술형 문제의 평가 기준을 만들어 학교에 배포하고 있지만 실제 현장에 적용되는 채점 방법은 다를 수밖에 없다. 그러다 보니 사교육 현장에서는 주변 학교의 시험 문제를 수집하여 출제 경향을 연습시킨다. 아이들에게 지식을 잘 전달했고, 공부법을 조언했고, 심지어 주변 학교의 정보까지 입수해서 연습시켰으니 학원으로서는 최대한 노력한 것이다. 그것을 받아먹을지 말지는 학생의 몫이다. 말하자면 부모도 학원도 서로 최대의 노력을 기울인 셈이니, 책임은 자연스럽게 학생에게 돌아간다.

이처럼 성적이나 시험 결과가 언제나 학생의 책임으로 귀결된다면 교육은 왜 하는 것일까? 어떤 일에 책임을 지려면 선택이 자발적이어야 한다. 우리 아이들이 과목을 선택할 수는 없어도 공부 방법을 선택할 자유는 있는가? 사실 전혀 없다. 그런 기회가 없었기에 그런 선택을 하는 것이 무엇인지도 모른다. 그렇다면 공부 방법을 선택하는 것은 차치하고라도, 왜 이것을 공부해야 하는지 목표는 알게 했는가? 아이 스스로 공부를 책임지게 하려면 아이의 기준에 맞추는 선택을 해야 하고, 그 선택의 과정에 아이가 반드시 들어가야 한다.

남들이 잘하는 방식이 내가 잘하는 방식은 아니다. 수학을 잘하려면 누구나 하는 방식은 일단 버려야 한다. 개인마다 학습 속도, 이해하는 방식 등이 다르다. 그러므로 자기에게 적절한 방식을 찾기 위해서는 세 가지는 반드시 염두에 두어야 한다. 첫째, 남의 진도나 속도를 보지 않는다. 둘째, 남들이 하는 공부 방식에 끌려가지 않는다. 셋째, 아이가 어떤 부분을 놓치고 있는지를 확인하는 방법을 찾아야 한다.

우선 다른 집 아이의 진도나 속도는 우리 집 아이에게는 아무런 의미도 없다. 비교하기 시작하는 순간, 아이를 놓치게 된다. 교과서라는 표준 진도가 있음에도 뭐가 바쁜지 그저 앞으로만 나아가려고 한다. 한 발만 앞서자는 생각이 진정 아이를 위한 것인지 부모를 위한 것인지 생각해야 한다.

"딱 6개월 정도만 앞서 나가는데 선행이라고 할 수 없죠?"라고 확인하듯 묻는 부모들이 있다. 그게 왜 선행이 아니라고 생각하는지 이해할 수 없다. 초등 1학년에서 초등 3학년까지 3년간 수학 교과서에서 다루는 개념이나 지식을 보면, 아이들에게 그 지식을 곱씹고 생각하고 자기 것으로 만들 만한 충분한 시간의 여유가 있다. 즉, 지식의 범위가 좁다. 왜 교과과정을 이렇게 느슨하게 잡았을지 생각해보면 된다. 초등 저학년의 수학 개념은 초등 고학년의 확장된 개념의 기초가 되고 그것은 다시 중학교의 확장된 수학 개념의 기초가 된다. 개념이 서로 연결되어 있는 것이 수학의 특징이기도 하다. 그러므로 충분한 생각의 시간을 갖도록 하는 교과서 체제를 염두에 두어야 한다. 그리고 교과서를 수학적으로 사고하면서 이해해가는 것이 가장 이상적이다. 진도를 추월하고 싶은 생각은 비교에서 나온 욕망일 뿐이다. 앞선 세대의 경험으로 보면 그것이 아이의 공부를 결정하지 않는다.

둘째, 남들이 하는 공부 방식을 따라가지 말아야 한다. 아이들마다 분명히 사고 성향이 다르다. 그러므로 수학을 하더라도 그것을 받아들이는 방식이 다르다. 교구로 수학을 해야 한다는 둥, 사고력 수학을 병행해야 한다는 둥, 이야기 수학이 중요하다는 둥. 의견이 분분하다. 현재 상태의 아이가 그것을 받아들일 수도 있고 그렇지 못할 수도 있다. 말하기 싫은 아이에게 토론 수학을, 생각하기 싫은 아이에게는 소위 말하는 '사고력 수학'을, 계산이 늦은 아이에게 연산 연습을 시키면 효과가 있을 것 같지만 사실 기대에 불과하다. 흔히 "하지 않는 것보다는 낫지 않겠느냐"라는 말을 하는데, 그럴 리가 없다. 사실 그 모든 것이 수학에 포함돼있다. 그러니 토론 수학, 사고력 수학, 연산 집중 등 프로그램을 별도로 수강할 필요가 없다.

수학에는 스스로 해보면서 깨달아야 하는 것이 많다. 수학은 생각하는 시간이 필요한 과목이다. 그런데 요즘엔 수학이야말로 숙제하느라 바쁜 과목이 됐다. 현명한 부모라면 경중을 가리고, 불요불급한 것을 끊어주어야 한다. 불안해하지 않아도 된다. 아이가 가진 역량을 발휘하도록 해주면 아이는 우리가 생각하지 못한 것까지 배울 수 있다는 말을 믿어야 한다. 예를 들면, 교과서의 개념서와 익힘책으로만 공부해야 할 아이가 있다. 좀 더 깊은 생각을 요구하는 참고서를 주어야 하는 아이도 있다. 심화를 주어야만 도전하는 아이도 있다. 나의 속도를 가지도록 초등 1~3학년의 습관을 잘 잡아주어야 한다. 이 시기의 지식은 부모가 충분히 관리할 수 있는 수준이기 때문이다.

셋째, 아이가 제대로 알고 있는지 나름대로 확인하는 방법을 가져야 한다. 특히 초등 저학년은 다른 학습과 마찬가지로 수학에서도 학습 습관을 만드는 첫 시기이다. 기본 개념은 학교에서 배우므로, 교과서의 익힘책을 이용하여 개념을 적용하는 문제를 풀게 한다. 교과서가 공부에서 중요하다는 인식을 주면서 배운 지식을 확인하는 효과가 있다. 이때 몇 개를 맞추었는지를 보지 말고, 정성적으로 판단하려고 노력해야 한다.

정성적 판단은 아이에게 문제를 설명하게 하고, 풀었던 과정을 설명하게 하면 가능하다. 설명이 원활하지 않으면 무엇에서 막히는지 구체적으로 묻는다. 문제를 알고 있는지, 알고서 풀었는지, 또는 무엇을 모르는지 알 수 있다. 그리고 풀지 못한 문제가 있더라도 야단치지 말고, 제대로 알고 있지 못한 부분의 개념을 다시 보게 한다. 가르치는 것이 아니라 다시 읽고 스스로 생각하도록 한다. 하지만 익숙하지 않은 언어 때문에 문제의 의미를 이해하지 못할 때는 설명해주어야 한다. 몇 개월만 이런 식으로 하면 부모가 관심을 갖는 것이 무엇인지 아이가 느낄 수 있다. 부모가 자녀에게 보이는 관심에 일관성이 있으면 아이는 변한다.

질문 방법은 앞의 사고력에서도 다루었던 문제 해결 프로세스를 따라 하면 되고, 부록에서도 별도로 설명한다. 그 과정에서 수학은 누구에게나 쉽지 않은 과목이라는 것을 알려주어야 한다. 재미있고 쉬운 과목이라고 현혹해서는 안 된다. 수학이 어려운 이유는 문제를 많이 풀어야 해서가 아니라 깊이 생각해야 하기 때문이라고 알려주어야 한다. 이렇게 아이의 상태를 봐가면서 문제의 양을 조절해주어야 한다.

고작 문제 몇 개 틀리는 것으로 매번 평가받고 비교당한다면, 아이는 회피한다. 풀 수 있는 것만 풀거나 어려운 것에는 도전하지 않거나 잘 설명해주는 누군가를 찾게 돼있다. 이런 현상은 연구에서 많이 검증되었다. 틀려도 무엇을 모르겠다고 자신 있게 말하는 아이와 틀리지 않기 위해 피하는 방법만 찾는 아이 중에 내 자녀가 어떤 모습이길 바라는가?

한 학생의 어머니가 교재를 신청하면서, 아이가 지난번 교재의 틀린 문제를 선생님한테 설명하기 위해 1시간째 씨름하고 있다고 말해주었다. 그렇다. 아이들은 부모나 선생님이 관심을 주는 것에 더 많은 노력을 기울인다. 그렇게 된다면 아이는 스스로 어느 부분에 공부의 초점을 맞추어야 하는지, 무엇을 정확히 모르고 있는지를 깨닫고, 그것을 어떻게 해결할지를 생각한다. 그것이 자신이 공부 방식을 세워가는 과정이다.

수학은 '설명을 듣는 것'이 아니라 '생각하는 것'이다

곱셈을 배우면서 '이것이 덧셈하고 연결되는구나' 하고 깨닫는 아이가 있다면 이 아이는 대단한 통찰력을 가진 것이다. 교과과정은 덧셈, 뺄셈, 곱셈, 나눗셈의 순서를 따른다. 그래서 '곱셈은 덧셈의 반복이다'라는 말을 해주기 전까지는 대부분 덧셈과 곱셈의 관련성을 지나쳐버린다. 교과서에서 가르친에도 불구하고 '덧셈의 반복'이 있으면 '곱셈의 반복'도 있지 않을까 하는 호기심을 가지는 아이는 거의 없다. 3학년 때 분수를 배우고 그 후에 소수를 배우면서도 같은 개념의 다른 표현이라는 것을 깨닫지 못하는 경우가 대부분이다. 백분율이 분수를 다른 용도로 확장한 개념이라는 것을 깨닫지 못한다.

여러 모양의 도형이 있고, 평면 도형의 위를 쌓아올리면 다양한 입체가 되고, 형태를 가지고 있으니 비교가 되고, 비교를 하려니 길이나 넓이에 대한 호기심이 생기는 것은 자연스러운 사고의 흐름이 아닐까? 이런 사고의 흐름을 따르는 아이가 거의 없다. 1학년 때 덧셈 연산에서 미지수를 표현하기 위해 네모를 쓰는데, 이것 대신 다른 표시로 바꿀 수도 있지 않을까? 중학교에서는 이것을 대수라는 형태로 쓴다. 이때 '아 네모가 다시 나타났구나'라고 친근하게 연상하는 아이와 새로운 것이 나와 머리 아프다고 생각하는 아이의 차이는 매우 크다. 초등학교에서 규칙과 패턴을 일반화하는 과정이 함수 관계로 발전한다는 사실을 알아차리면 함수가 친근하게 다가온다.

어떻게 아이들이 이것을 깨닫게 할 수 있을까? 아이가 선생님한테 곱셈은 덧셈의 반복이라는 사실을 듣고 기억한다면 응용력에는 별 의미가 없다. 덧셈의 논리와 곱셈의 논리를 보며 자기의 언어로 이해하고 있어야 실제 문제에서 응용할 수 있다. 수학은 '들어서 아는 것'이 아니라 '생각하면서 깨닫는 것'이다. 문제 풀이를 할 때도 풀이법을 익히는 데 초점을 두지 말고 그 의미를 읽도록 해야 한다. 그러면 풀이 방법이 단 하나가 아니라는 사실도 알게 되고, 다른 접근법이 가능하다는 해방감을 느끼게 된다. '해방감'이란 말은 초등학교 2학년 아이에게서 들은 말이다. 틀려도 괜찮다. 과정은 다양할 수 있다는 것을 체험히면서 그 아이가 했던 말이다. "수학 문제에서 해방되는 느낌이에요."

4학년 아이가 수업 중에 자기가 풀어온 문제를 자신 있게 설명했다. 당연히 많은 생각 끝에 풀었기에 선생님의 칭찬을 듣고 싶었을 것이다. 그 아이는 대입하는 방식으로 문제를 풀어냈다. 대입할 수 있는 단계까지 생각을 이어온 것만으로도 대견하다. 그래서 한껏 칭찬해주었다. 그리고 "대입하지 않고 그렇게 될 수밖에 없는 논리가 있을 것 같은데, 여기서 이렇게 생각을 틀어보면 어떻게 되니?" 하고 물었다. 아이는 눈이 동그래져서 한동안 말을 하지 않았다. 그런데 수업이 끝나자마자 아이의 어머니한테서 문자가 왔다. 아이가 "논리가 무엇을 말하는지 이제 알 것 같다"라고 매우 상기돼서 말했다는 것이었다. 답을 찾는 길은 한 가지가 아니라는 것, 좀 더 단순하고 명료한 길이 있다는 것은 아이에게 풀이법이라는 틀로부터 벗어나는 해방감을 준다. 그리고 그 깨달음은 아이에게 계속 남을 것이다. 2학년 아이만이 아니라 4학년 아이도 그런 해방감을 갖지 않았을까? 자유롭게 사고해야 생각에 날개가 돋는다.

앞에서 본 놀이공원 입장권 문제를 마주했을 때, 많은 아이들은 이런 유형의 문제를 풀었던 적이 있었나 하고 기억의 창고를 더듬는다. 서행한 아이는 이럴 때는 구하려는 것은 X로 치환하면 된다며 자신 있게 도전한다. 배운 방식으로 해보다가 풀리지 않으면 그다음에는 멈춰 선다. 이미 배운 내용인지 기억을 더듬는 게 아니라, 주어진 정보로 무엇을 할 수 있는지 적극적으로 생각해야 한다. X를 쓰든 말든 주어진 정보로 찾을 수 있는 단서를 최대한 찾아보라고 하면 기존의 틀을 벗어나 생각하게 된다. X를 쓴 아주 우아한 풀이법이 있더라도 아이들이 좌충우돌하는 과정을 먼저 인정해주면 서서히 틀을 벗어나게 된다. 틀을 벗어나 생각할 때라야 수학이 해볼 만한 과목이 된다. 우아한 풀이는 더 높은 학년에서 해도 된다. 초등에서는 좌충우돌하며 문제를 더 단순화하는 방법도 찾아보고, 단순화가 곧 일반화라는 것을 스스로 깨달아가는 과정이 필요하다. 스스로 해볼 때라야 지금 막히는 부분의 해결책이 어디에 있는지를 알고, 그것이 이미 지나온 학년의 과정이라면 거기로 돌아가서 필요한 개념과 지식을 다시 정립할 수 있다. 이것이 공부에서 자립한 학생의 학습 방법이다. '듣는 수학'에서 탈피하려면 최소한 다음 네 가지 단계를 습관으로 만들어볼 것을 권한다.

첫째, 강의나 설명을 듣기 앞서 혼자서 개념을 공부한다. 바로 예습이다. 이해되지 않는 부분이 어디인지 알고 수업을 들으면, 들으려고 하는 관점이 분명하게 있어 선생님의 말이 들리기 시작한다. 그리고 질문을 할 수 있게 된다. 그럼 수업을 듣는 것만으로도 그날의 수학 개념은 명료하게 이해된다. 수업 전에 혼자서 개념을 예습하는 것이 선생님의 설명을 듣는 것보다 더 중요하다. 혼자 학습하는 습관이 붙고 자신이 아는 것과 모르는 것, 이해되지 않는 것을 명료하게 구분할 수 있기 때문이다.

둘째, 수업에서 이해한 개념을 다시 한번 자기 언어로 정리하는 시간을 가진다. 정보가 뇌에 들어오면 사라지는 시간이 있다. 익히 알려진 에빙하우스의 망각 곡선이 뇌의 그런 특성을 반영한 것이다. 그래서 다시 한번 개념을 정리하면 장기 기억으로 넘어갈 가능성이 높아진다. 이때 자기 언어로 말하면서 이미 알고 있는 관련 지식과 연결해야 한다. 기억은 나중에 인출하기 쉽도록 다양한 스위치를 연결하는 것이 중요한데, 자기언어화는 그 스위치를 연결하는 과정이다. 배운 대로 반복하는 것이 아니라 자기 언어로 반복한다는 것이 중요하다. 앞에서 아이가 알고 있는지 모르는지 평가하는 방법으로 아이가 스스로 문제를 설명하게 하는 것과 상통한다.

셋째, 배운 개념이 이전에 배운 다른 개념과 어떤 관련성이 있는지 생각해본다. 이것은 매일 할 필요는 없지만 하나의 단원이 끝나면 해봄 직하다.

마지막으로 그 개념과 관련된 문제를 풀어본다. 얼마나 많이 풀지는 스스로 정하는 것이지만, 적어도 기본에서 최상위 난이도까지 도전해 본다는 목표를 가져야 한다. 당연히 풀리지 않는 문제가 생길 것이다. 그 문제가 바로 자기 실력을 만들어주는 선물임에도 이것을 팽개치고 선생님이나 부모님의 설명에 의존하는 아이들이 많다. 이것이 수학 실력이 좋은 아이와 그렇지 않은 아이를 가르는 가장 중요한 지점이다.

교육 현장에서 이런 말을 많이 듣는다. "아이가 풀지 못하면 선생님이 풀어줘야지, 다시 숙제로 내주면 어떡하나? 그러니 진도가 느린 것이 아닌가"라는 불만이다. 그래서 학습목표를 세워야 한다. 진도를 나가는 것이 목표인지, 진정으로 아는 것이 목표인지 분명히 정해야 한다. 후자라면 당연히 문제의 양보다는 지식의 질로 공부 방향이 옮겨간다.

처음에는 힘들지만 이것을 꾸준히 실천하면 습관이 된다. 그러면 시간의 여유가 많이 생기고, 학습에 대한 스트레스가 줄어든다. 선행을 하지 않고도 다음 단계로 이어지는 수학 개념을 예측할 수 있다. 그리고 현재의 진도를 확고하게 정리하고 갈 수가 있다. 부모님들과 상담하면 이런 말씀을 많이 한다. "그렇게 실천할 수 있다면 얼마나 좋겠어요. 그렇게 되지 않으니 걱정이죠." 맞는 말이다. 중요한 것은 그럼에도 불구하고 그렇게 하도록 노력해야 한다.

그리고 그렇게 하도록 하는 기초 준비가 사고력과 태도이다. 세상에 원칙만큼 지키기 어려운 것은 없지만 공부를 편법으로 잘할 수는 없다. 학원에서든 단체수업이든 일대일 수업이든 부모님처럼 관리해주지는 못한다. 학원에 가도 아이마다 효과가 차이가 나는 이유는 수학은 '듣는 과목'이 아니라 '생각하는 과목'이기 때문이다.

당장의 점수보다 중요한 것

대개 초등학교의 수학 수업은 수 개념, 계산, 그리고 풀이 방법에 초점을 맞추는 경향이 있다. 그러다가 중학교에 입학하면 학생들은 갑자기 증명을 요구받는다. 특히 도형 같은 경우는 증명에서 시작해서 증명으로 끝나는 것이 많다. 상담하다 보면 중학교에 가더니 도형을 어려워한다는 말을 많이 듣는다. 그래서 도형 프로그램을 별도로 만들수 없느냐는 요청을 종종 듣곤 한다. 자기가 찾은 답이 옳은지 증명하는 경험을 해본 적이 없는 아이들은 충분히 어렵다고 느낄 만하다.

우리 아이들은 채점에 길들어있다. 아이는 문제를 풀고, 부모나 선생님이 채점해준다. 이런 습관은 학습 결과에 스스로 책임지는 것을 막을 뿐 아니라, 메타인지에도 도움이 되지 않는다. 그리고 정서적으로도 항상 평가받는 수동적인 위치에 놓이게 한다. 말로는 자기주도학습을 강조하지만, 실제 교육 현장에서는 큰 문제의식 없이 자기주도학습을 틀어막고 있다.

수학 교과서뿐만 아니라, 학교 수업에서도 검산을 분명히 가르친다. 수학은 약속과 규칙에 기반하기 때문에 찾은 솔루션이 옳은지 그렇지 않은지 스스로 검증할 수 있다. 검증하기 어려운 고차원 문제는 초등 수학에서 나올 리가 없다. 그러므로 초등 수학은 스스로 검증이 가능하다고 해도 무방하다. 검증을 가르치기 전에 스스로 채점하게 하는 작은 습관부터 잡아주는 것이 좋다. 이것이 증명의 시작이다.

증명은 어떤 문제에 대한 귀납적 탐구로, 답이 그렇게 나올 수밖에 없다는 사실을 검증하는 일이다. 일반적으로 증명의 단계를 네 단계로 정리한다. 첫째는 패턴이나 규칙성을 찾아 일반화할 수 있는 가설을 세운다. 둘째는 가설이 가지는 의미를 설명한다. 셋째는 그러한 설명이 타당한지, 또는 반박될 수 있는지 검토한다. 넷째는 형식적인 사고를 탈피하여 다양한 접근법을 사용한다. 우리가 배워서 알고 있는 공식을 무조건 사용하는 것보다는 좀 더 차별화된 방법을 적용하는 것, 그리고 더 나은 이해를 얻기 위해 특정한 사례나 예시를 사용하는 것을 말한다. 사실은 앞의 사고력 편에서 다루었던 문제 해결 프로세스와 일치하는 과정이다. 단지 그 대상이 수학으로 좁혀졌을 뿐이다.

학생이 수학적 증명에 주도적으로 참여하려면 수학적 개념이나 지식을 정확히 이해해야 한다. 그렇기 때문에 검증 또는 증명을 하다 보면 메타인지가 생긴다. 무엇을 정확히 알고 무엇을 모르는지 스스로 확인하기 때문이다. 스스로 채점하고 검증하는 과정이 체화되면, 중고등에서 좀 더 복잡한 문제를 만나거나 학교 시험에서 증명을 요구받아도 두려움이 완화될 것이다. 또 수학 외의 과목에서도 합리성이나 적절성을 검토하는 데 도움이 된다. 그리고 새로운 방법이나 결과를 도출하는 것, 자기의 주장을 다른 사람과 소통하는 것, 정보의 체계화 등을 다양하게 익힐 수 있는 장점이 있다.

초등 학생에게 증명을 요구하는 경우는 거의 없지만 검증이나 증명 또한 수학의 과정에서 빠뜨리지 않고 경험하도록 해야 한다. 수학 과목에서 얻는 점수를 넘어 수학 문제에서 답을 도출하기까지의 다양한 사고 요소가 다른 과목의 공부에도 필요하기 때문이다.

사고력 훈련을 하면서 한 아이에게 2＋3이 5인 것을 어떻게 확인할 수 있느냐고 물은 적이 있다. "2＋3은 5이니까 5라고 한 것인데, 그것을 어떻게 확인하고 설명해요?"라고 답한다. "듣고 보니까 그런 것도 같은데? 근데 2＋3은 5인지를 모르는 아이에게 네가 설명해야 한다면 어떻게 설명해줄 거야?"라고 질문을 바꾸어 물었다. "글쎄요. 그런 것은 생각해본 적 없는데요"라는 대답이 돌아왔다. 검산하는 방법은 학교에서 배운다. 5－3＝2 이런 식으로 말이다. 5－3이 2인 것은 어떻게 확인하지? 다시 제자리로 돌아오고 만다. 너무 기계적이라는 말이다.

검증은 정확한 개념과 원리에서 출발한다. 여기서 아이에게 장황하게 설명할 필요는 없다. 그 질문으로 생각할 거리를 준 것이다. 눈길조차 주지 않은 관점에 눈길을 돌리도록 유도한 것이다. 확인하는 방법은 개념 속에서 찾아낼 것이다. 그것을 찾든 찾지 못하든 계속해서 이런 종류의 질문이 반복된다면 아이에게 생각하는 습관이 생긴다. 누군가 관심을 갖는 것에 아이도 반응하게 돼있기 때문이다. 이런 습관이 수학을 보는 관점을 만들고, 수학은 답만 찾는 과목이 아니라는 것을 깨닫게 해준다. 수학을 잘하려면 솔루션에 대한 검증까지 가보는 습관이 필요하다.

수학 문제를 마주할 때 사용할 의도적 관점 네 가지

수학 문제 풀이는 수학 개념과 지식을 단련하는 중요한 과정이다. 하지만 기계적으로 답을 찾는다면 수학을 심화하는 데 도움이 되지 않을 수 있다. 수학을 기초 학습력으로 만들어 다른 학습에 도움을 주는 효과를 얻지 못할 뿐 아니라, 수학 실력도 높일 수 없다.

핀란드 수학을 수학 학습법의 모범처럼 많이 언급한다. 핀란드 수학 교육의 줄기는 1994년에 탄생했다고 알려져있다. 크게 네 가지 관점이 있다. 첫째, 정서적인 측면을 중요하게 다룬다. 수학 개념을 이해하고 지식을 숙지하는 인지적 측면도 중요하지만, 수학 학습의 관점과 태도를 더 강조한다. 여기서 관점과 태도는 기계적인 풀이보다 탐구에 방점을 둔다. 앞서 말한 '듣는 수학'에서 '생각하는 수학'으로 옮겨가고 있다는 말이다. 이는 세계적인 추세이다.

둘째, 수학적 개념의 이해를 돕는 구체적인 학습 자료와 교육학적 수학 모형을 사용한다. 수 체계의 피상적 이해를 넘어 그 진정한 의미를 아이들이 이해할 수 있도록 구체적인 자료를 사용한다. 조 볼러 등 여러 현대 수학 교육자들이 수학의 시각화를 강조하는 것도 이와 같은 맥락이다. 또한 디지털 기술이 발달하면서 추상적인 세계를 구체화해 주는 도구를 많이 사용하는 추세이다 문제 이면에 있는 수학적 원리를 더 쉽게 받아들일 수 있다는 기대감 때문이다.

셋째, 문제 해결 및 합리적 추론 과정을 강조한다. 지금까지 수학에서는 의사소통과 협력 학습을 등한시했다. 하지만 이제는 문제 해결 능력이 강조되고, 협력적인 배움과 과제 해결이 문제 해결 능력을 향상시킨다는 많은 연구에 힘입어 수학에서도 협력과 의사소통을 강조하는 추세이다. 하지만 우리 교육에서는 아직 낯선 측면이기도 하다.

넷째, 수학에 어려움을 느끼는 학생들을 어떻게 이해하고 지원할 것인가를 고민한다. 핀란드만이 아니라 모든 나라가 함께 고민하는 문제이기도 하다. 앞서 강조한 개별화 문제와 맞물리는 부분이다. 미국에서 태동한 플립러닝은 이러한 고민의 결과로 나온 수업 방식이라 할 수 있다.

이런 흐름은 대체 다른 나라도 비슷하며, 우리나라도 그런 추세로 가고 있는 듯하다. 탐구, 구체화, 시각화, 문제 해결, 합리적 추론과 의사소통, 협력 학습 등 중요한 키워드가 등장하고 있다. 이러한 것은 앞서 언급한 사고력에서는 매우 강조했던 말들이다. 하지만 수학 학습에서는 크게 강조되지 않았기에 수학 학습을 바라보는 시각이 달라지고 있음을 알 수 있다.

수학 문제를 대할 때 '답을 찾아야 한다'에서 '무엇을 생각해야 하는 문제인가'로 보는 틀을 바꾸길 바란다. 수학을 다른 시각으로 바라보면 수학 학습의 목표를 좀 더 넓게 설정할 수 있다. 또 문제 풀이와 점수, 입시로 이어지는 수학 학습의 지루함을 벗어날 수도 있을 것이다. 하지만 앞서 언어를 설명할 때 의도적인 프레임을 가지고 보면 더 많은 것이 보인다고 한 것처럼, 수학도 새롭게 보려는 관점으로 전환하려면 의도적인 노력이 들어가야 한다.

다음 네 가지의 관점은 수학 문제들을 새롭게 보는 의도적인 프레임이다. 이렇게 생각하는 것이 습관이 되면 수학적 사고를 키우는 데도 도움이 되지만, 수학 문제 풀이에도 도움이 된다.

관점 1. 수학 문제와 현실을 별개로 생각하지 말라

'오렌지 한 개와 사과 한 개를 더하면 몇 개일까?' 이 질문을 받으면 '두 개'라고 답하는 아이들이 많다. 너무 쉬운 것을 묻는다고 의아하게 바라보는 아이도 있다. 눈치가 빠른 아이들은 뭔가 다른 트릭이 있는 게 아닌가 하고 다시 생각한다. 이 문제는 질문이 잘못되었다. 아이들뿐만 아니라 어른들도 덧셈이 가능하려면 더하는 대상의 단위나 기준, 범주가 같아야 한다는 것을 생각해본 적이 거의 없다. '오렌지 한 개와 사과 한 개를 더하면 과일은 모두 몇 개인가?'가 정확한 질문이다. 오렌지와 사과를 더하려면 과일이라는 범주로 묶어야 한다. 덧셈은 단순히 수를 합치는 작업이 아니라 세상의 현실을 수라는 형태로 반영하고 있다는 것을 생각해야 한다.

아래 문제는 수학 문제집에 자주 등장하는 유형이다.

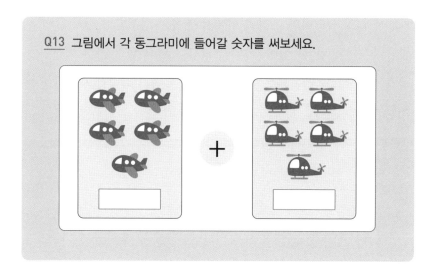

여객기 다섯 대, 헬리콥터 다섯 대이다. '이제 이 둘을 더하면 얼마일까?' 여기에 대답을 못 하는 아이는 없다. 대부분 '열 대'라고 답할 것이다. 그냥 계산만 한 것이다. 수학에서 계산을 배우는 이유는 실생활에서 수를 사용하기 위함인데도 말이다.

이 그림을 보면 "이것을 어떻게 더해요?"라는 질문이 나와야 한다. 이 그림은 5＋5를 나타내고 있는 것이 아니라 '여객기 다섯 대＋헬리콥터 다섯 대'를 나타내는 그림이다. 답은 여객기 열 대라고 할 수도 없고, 헬리콥터 열 대라고 할 수도 없다. 그래서 질문이 나와야 하는 것이다. 이것이 사고로 수학을 대하는 방식이다.

오렌지와 사과 문제처럼, 여객기와 헬리콥터를 한꺼번에 포함하는 상위의 개념이 필요하다. 여객기나 헬리콥터 모두 비행기에 속한다. 이제는 이렇게 답할 수 있다. 비행기 열 대라고. 수학에서 왜 분류와 범주화를 배우고, 사고력의 논리 영역에서 분류와 범주를 하나의 훈련 주제로 다루는지 알 수 있다. 아무런 의심도 없이 열 대라고 답한다면, "여객기 열 대니? 헬리콥터 열 대니?"라고 물어서 아이가 생각하게 만든다. 그리고 스스로 둘 다 아님을 깨달을 때 그것을 하나로 표현하는 방법을 찾는다. 범주화를 설명하지 않더라도 아이 나이의 상식적인 사고로 비행기 열 대가 맞다고 결정한다.

초등학교 3학년 학생의 수업 사례이다. "$\frac{1}{2}$과 $\frac{1}{4}$ 중 어느 것이 클까?" 하고 선생님이 당연히 수를 전제하고 질문했다. 다들 "$\frac{1}{2}$이요"라고 대답하는데, 한 아이는 "알 수 없어요"라고 대답했다. "단팥빵 $\frac{1}{2}$과 라지 피자 $\frac{1}{4}$이라면 피자가 더 클 수 있잖아요"라고 설명까지 덧붙였다. 수업 후에 선생님이 우리 연구소에게 전화해서 CPS의 폐해가 아닌가 걱정된다고 말했다. 물론 분수를 다루는 수업이므로 $\frac{1}{2}$이라고 하는 것이 상황에 맞기는 하지만, 그것을 폐해라고 할 수 있을까? 오히려 제대로 배운 것이다. 시험 문제에서 자연수, 정수, 유리수 등의 수의 범주를 명확히 제시하는 이유는 그 조건이 없다면 솔루션이 달라질 수 있기 때문이다.

저학년 아이에게 "2＋3에서 무엇이 2이고, 무엇이 3이라는 말일까?"라고 질문해보자. 의아한 표정으로 볼 것이다. 자연수 2는 1의 개수를 나타낸다. 자연수를 '세는 수'라고 하는 이유이다. 그러므로 이것을 풀어서 쓰면 2＋3 ＝ 1＋1＋1＋1＋1이라는 것을 인지하고 있어야 한다.

오렌지 두 개는 구체적이지만, 수 2는 추상이다. 덧셈을 가르칠 때 질문해보면 그런 생각을 자연스럽게 끌어낼 수 있다. 그런데 이런 질문을 받아본 아이들이 몇이나 될까? 대부분 저학년의 수학 학습 환경은 "2＋3은 얼마지? 5예요. 잘했구나" 이런 수준의 대화가 아닐까? 수학을 지식으로서, 또는 과목으로서 처음 만나는 초등 저학년의 경우는 2＋3의 답을 찾는 것이 수학이라고 생각할 가능성이 크다.

초등 저학년 시기는 '수학은 답 찾기'라는 고정관념이 굳어질 가능성이 큰 때이다. 초등학교 저학년 교과서에 그림이 많이 들어가 있는 이유는 생각하기의 관점을 처음부터 만들어주려는 의미도 있다고 본다. 그런데 그림 자료가 많이 있음에도 불구하고, 이러한 질문을 스스로 만들어내는 아이들은 극소수에 불과하다.

그럼 질문을 해주는 사람이 필요한데, 현실적으로 선생님이나 부모밖에 없다. 만약 학교나 학원에서 아이에게 이런 질문을 하지 않는다면 부모라도 해야 한다. 아무도 하지 않는다면 그것을 놓치고 넘어가게 될 것이다. 하지만 시험 점수에 얽매인 성과 시스템은 그것을 허락하지 않는다. 그렇기에 이러한 아이들은 질문을 한 번도 받아보지 못한 채 중등으로 올라가는 경우가 대부분이다.

　질문을 받지 못하는 것이 무슨 대수냐, 그런 거 없이도 문제를 잘 푼다고 주장할 수 있다. 앞에서 살펴본 것처럼 수학은 앞의 개념이 정확해야 다음에 배우는 개념이 제대로 이해된다. 당장은 아무런 차이가 없어 보일 수 있다. 그렇지만 중고등으로 가면 문제에서 제시하는 자연수이니, 정수이니, 소수이니 하는 용어가 문제의 조건임을 아는 아이와 무심히 넘어가고 수만 보는 아이의 차이를 낳는다.

　문제의 조건은 수학 용어가 아닌 현실의 용어로 대체되기도 한다. 예를 들어 '아파트 한 층의 높이는 2m이다. 6층은 높이가 얼마나 될까?'라는 문장 문제를 준다면, $2 \times 6 = 12m$라고 답할 것이다. 그렇지만 '아파트'라는 말은 수학 용어처럼 조건이 아닌 건물이다. 6층은 10미터일 수도 있고, 12m일 수도 있다. 즉 문제의 정의가 부정확하다는 것을 알아차려야 한다. '$2 + 3$에서 무엇이 두 개이고, 무엇이 세 개라는 말일까?'라는 질문은 생각하는 범주와 정확도의 차이를 만든다. 그것이 쌓이면 수학 실력의 차이가 된다.

　모든 부모가 교육전문가도 아닌데 어떻게 일일이 이렇게 할 수 있다는 말인가? 그에 대해 함께 생각해보기로 하자. 앞 장에서 수학은 '생각하는 것'이라고 말했다. 그리고 4단계 연습법을 말했다. 다음과 같다.

- 첫째, 강의나 설명을 듣기에 앞서 혼자서 개념을 공부한다.
- 둘째, 수업에서 이해한 개념을 다시 한번 자기 언어로 정리하는 시간을 가진다.
- 셋째, 배운 개념을 앞에서 배웠던 다른 개념하고 어떤 관련성이 있는지 생각해본다.
- 넷째, 마지막으로 그 개념과 관련된 문제를 풀어본다.

학교에서 배우는 것을 제대로 이해했더라도 그것을 활용하는 연습을 해야 한다. 이때가 '생각하는 습관'을 만드는 분기점이다. 많은 문제를 주지 말고 생각해볼 만한 문제를 주어야 한다. 답을 맞히는 것에만 관심 갖지 말고 과정도 물어야 한다. 덧셈에서 범주화가 필요하다고 했는데, 범주화가 되지 않는 덧셈도 있지 않을까? 오렌지가 열 개 있고, 강아지가 다섯 마리 있다면 어떻게 될까? 이 둘은 단위가 달라 더할 수가 없다. 세는 단위가 다르다는 것은 다른 범주라는 말이다. 이렇게 말하는 순간 언어 영역으로 사고 과정이 넘어오는 것을 느낄 것이다.

수학에는 수만 있는 것이 아니다. 수의 덧셈에서 10＋5는 15라고 할 수 있지만, 오렌지 열 개와 강아지 다섯 마리를 더할 수는 없다. 이것이 실생활에서 나타나는 수학이다. 그런데 10＋5는 왜 이런 범주화를 따지지 않고 더하는 걸까? 10이나 5는 수이기 때문이다. 그럼 수는 무엇을 나타내는 것일까? 앞에서 말했듯이 자연수 10이라면 1이 열 개라는 말이다. 즉 자연수라는 범주를 주었기 때문에 가능한 덧셈이다. 모든 자연수는 1, 즉 하나를 나타내는 기호라는 같은 범주에 있다. 그러니 그냥 더하면 된다. 이런 생각이 기반이 되어야 가르기, 모으기 등이 이해되며 매우 큰 수든 작은 수든 그 수들을 다양한 방식으로 쪼갤 수 있다는 것을 이해하게 된다.

이 정도는 초등 1학년 아이와 부모가 주변의 사물을 가지고 집에서도 놀이하듯이 할 수 있다. 그러면서 사물을 세는 단위가 의미하는 바를 알아간다. 부모들도 그런 식으로 수학을 바라보지 않았기 때문에 질문을 해줄 수가 없었을 뿐이다.

덧셈이나 뺄셈을 묻는 문장제 문제 같은 경우는 더하거나 뺄 수 있는 층위의 대상을 구분해내는 것부터 시작해야 한다. 그런데 그런 구분 자체를 해보지 않았다면 문장제 문제를 풀 때 여러 가지 걸림돌을 만날 수밖에 없다. 첫째는 언어 이해가 부족하여 범주화 이전에 문제 파악이 안 되는 경우이다. 둘째는 개념이 잡히지 않아 범주화를 하지 못하는 경우이다. 문장제 문제를 풀지 못한다면 이렇게 질문해보면 된다. 언어 때문일까, 개념 때문일까? 무턱대고 식 세우기를 들이밀면, 왜 그래야 하는지가 해소되지 않은 채 눈치껏 식을 세우게 된다. 구멍이 생기기 시작하는 것이다.

덧셈 반복을 단순화한 방법이 곱셈이다. 그 의미를 정확히 이해하고 있다면 수를 가지고 놀 수 있다. 예를 들어보자. 3학년이면 두 자리 곱셈은 배운다. '15×12를 계산하면 얼마인지 구하세요'라는 문제를 받았다. 어떻게 계산할까? 세로식을 세워서 계산하고 있다면, 이 아이는 수를 가지고 놀아보지 않았다고 단정해도 된다. 곱셈을 빨리하는 방법을 알려주는 학원도 많지만, 그 방법은 또 하나의 외울 거리에 지나지 않는다. 곱셈의 개념은 덧셈의 반복이라는 것을 알고 있다면, 이 식이 나타내는 의미는 '15를 열두 번 더한다, 또는 12를 열다섯 번 더한다'라고 이해해야 한다. 초등 1, 2학년에서 10으로 가르고 모으고 하는 연습을 하는 이유는 그것을 활용하라는 말이다.

15를 열두 번 더한다는 말은 15를 열 번 더하고, 다시 두 번 더 더한다는 뜻이다. 10을 기준으로 하는 계산은 가장 기초적인 것이다. 15×10=150은 금세 나온다. 15×2만 하면 된다. 이것도 30이라고 바로 나오는 아이가 있고 그렇지 않은 아이가 있다. 그렇지 않은 아이라면 식을 바꾼다. 15+15와 같다. 이것은 20+10으로 바꿔쓸 수 있고 10을 기준으로 하는 연산은 쉬울 것이다. 30은 금세 나온다. 이제 150+30을 하면 된다. 180이다. 이 과정을 일일이 종이에 쓰지 않더라도 머릿속에서 모두 계산할 수 있다. 문제는 15×12라는 식이 15×10+15×2라는 식으로 바뀌고, 15×10+15+15로 바뀌고 15×10+20+10으로 바뀌는 등 자유롭게 변형이 된다는 것을 이해했는가 하는 점이다. 수는 1의 개수를 나타내는 것이어서 필요한 대로 분리하고 결합하는 것이 가능하다는 생각이 정립돼있어야 이처럼 수를 가지고 놀고, 식을 자유자재로 바꾸어 쓸 수 있다. 문제를 바꿔 쓸 수 없다는 생각에 매몰된 아이와 자유롭게 변형할 수 있다고 생각하는 아이의 차이, 이것이 수학 학습에 대한 인상을 바꾸고, 성과를 가른다.

　백 개의 연산 문제를 푸는 것보다 한두 개의 문제를 가지고 이렇게 다양하게 바꿔보는 연습이 수학적 사고 함양에 더 효과적이다. 아이가 스스로 문제를 통제할 수 있는 여지가 매우 많다는 것을 깨달을 수 있기 때문이다. 조 볼러 교수가 수학은 우선 수를 가지고 놀 줄 알아야 한다고 말한 것이 이 맥락이다. 자녀가 저학년이라면 대부분의 부모들이 어렵지 않게 해줄 수 있는 방식이다. 문제를 많이 풀기보다 하나의 문제를 여러 가지로 변형해보는 놀이를 하는 것이다. 시간에 쫓기지 않는 저학년은 수학을 재미있다고 생각할 수 있는 적기이다.

　그러나 수학의 개념을 부모가 잡아주고 있을 수는 없다. 부모도 바쁘기 때문이다. 그래서 만약 학원을 선택해야 한다면 이 점을 고려 기준에 넣어두면 된다. 그다음 대안은 수리 퍼즐을 주는 방법이다. 대부분의 수리 퍼즐은 기본적으로 수를 가지고 놀도록 설계돼있다. 수학은 생각만 하면 여러 모양을 하고 나타난다는 것, 그것을 자기가 찾을 수 있다는 사실을 저학년 때 알게만 해주어도 수학은 정말 싫은 과목이라는 느낌을 줄일 수 있다. 현실의 여러 가지를 수와 연결해서 생각하도록 의도적으로 노력해야 한다. 그것이 수학을 스스로 배우고 확장하며, 궁극적으로 공부에서 자립하는 자양분이 된다.

관점 2. 문제 뒤에 숨은 생각을 읽어라

'20만 수학 문제를 집대성해 놓았다. 대부분의 유형을 모두 커버하고 있다. 그래서 개인에 맞출 수 있다.' 이런 광고 문구로 수학 프로그램을 마케팅하는 곳이 많다. 그럴싸한 유혹이 틀림없다. 유제나 유형 문제라는 명분은 좋지만, 큰 숲을 보지 못한 채 비슷한 나무만 찾다가 방향성을 잃기 쉽다. 학습은 목표의 방향성이 중요하다. 학생 입장에서 문제 유형보다 중요한 것은 그 문제에서 무엇이 핵심이고 무엇을 모르고 아는지를 파악하는 것이다. 자신의 강약을 스스로 생각해볼 시간이나 그것을 조정할 시간이 필요하다. 한 문제를 풀어도 백 문제를 푼 효과가 나도록 해야 한다. 그 방법은 문제 뒤에 숨어있는 생각들을 파헤쳐보는 것이다.

그러기 위해서는 학생들에게 질문하는 것과 추론하는 것, 이 두 가지는 반드시 몸에 배도록 할 것을 권한다. 첫째, 부모나 선생님에게 질문하기에 앞서 먼저 자기 자신에게 질문하는 것이다. 질문은 구체적으로 하려고 해야 한다. 이것을 습관으로 만드는 것이 초등 때 해야 할 가장 중요한 일이다. 자기에게 하는 질문은 자기를 확인하는 과정이다. 무엇을 알고, 무엇을 모르고, 의문이나 호기심은 무엇인지 등을 스스로 생각하는 과정이다. 우선 문제를 대하는 자신에게 집중하게 만드는 방법이 바로 자기에게 질문하는 것이다.

질문은 학생이 할 수 있는 가장 효과적인 공부 방식의 하나이다. 그런데 대부분의 아이들은 자기 자신에게 질문하지도 않을뿐더러 학교에서도 질문을 하지 않는다. 연구에 따르면 교실에서 질문하는 학생이 놀라울 정도로 드문 것으로 나타났다. 실제로 그러한 연구는 학생들이 학교를 다닐 때 침묵하는 법을 배운다는 것을 암시한다. 이 연구가 외국의 사례인 것을 보면 외국이나 한국이나 수학 시간에 질문을 하지 않는 것은 동일한 현상인 듯하다. 이해하지 못하는 것을 구체적으로 질문하는 행위는 수학 성취도를 높이고 학생들의 태도를 개선한다. 또 질문을 많이 하는 학생이 일반적으로 높은 성취도를 보인다.

질문을 구체적으로 하기는 쉽지 않다. 구체적으로 질문을 하려면 깊게 보아야 하기 때문이다. 단순히 "이 문제를 모르겠어요. 이거 답이 뭐예요? 어떻게 풀어요?"라는 질문은 질문이 아니다. "모르겠다"라는 말은 "풀 생각이 없다"라는 말과 같다. 앞에서 살펴보았듯이 사고력 훈련은 구체적으로 질문하는 연습도 포함한다.

중1 학생의 사례이다. 초등 고학년 때 2년 정도 사고력 훈련을 했기 때문에 구체적으로 질문할 줄 아는 학생이다. 그런데 중학교 수학의 도형이 잘 이해되지 않는다고 했다. 우리 연구소는 수학을 가르치지 않지만, 무엇을 모르는지 질문하라고 했다. 가르쳐주지는 못해도 함께 고민해줄 수는 있다고 하면서. 그런데 어느 날 그 아이가 "질문하기 위해 수학을 풀다 보니, 질문할 거리를 찾는 과정에서 다 알게 됐어요"라고 말했다. "어떻게 해서 알게 됐는데?"라고 물으니, 초등학교 때 배웠는데 잘 모르는 개념을 다시 찾아봤다는 것이다. 이것이 질문의 힘이다. 질문을 안 한다고 학생을 탓하기 전에 질문하는 법을 익혀줘야 한다. 선생님은 물론 부모님도 질문하는 법을 집에서 교육할 수 있다.

질문을 하지 않는 이유는 대개 평가받고 있다는 불안감 때문이다. 초등학교 6학년 학생 사례다. 곧 중학교에 들어갈 시기인데, 두 자릿수 이상의 연산이 쉽지 않았던 것이다. 부모도 그러한 사실은 모르고 있었다. 처음에는 야단맞기 싫어서 숨겼지만, 시간이 지나니 물어볼 수 있는 시기를 놓친 것이었다. 6학년인데 두 자릿수 연산을 잘 못한다는 말을 할 수 없는 지경까지 온 것이다. 아이가 질문을 하게 하려면 환경을 만들어주어야 한다. 들을 수 있는 준비가 돼있다는 것을 아이가 느끼게 해주어야 한다. 틀렸다고 말하기 전에 "왜 그랬을까?" 궁금해하면 된다. 환경은 만들지 않고 질문해보라고 하면 그것은 "굳이 질문하지 말라"라는 압박이 된다.

두 번째는 수학적인 추론을 습관화하는 것이다. 추론이란 보이는 정보에서 보이지 않는 정보를 끄집어내는 것이다. 겉으로 보이는 문제와 그 뒤에 숨어있는 의미까지 파악하는 것은 차원이 다르다. 중고등으로 올라갈수록 수학은 점점 추상화된다. 그런데 추상화란 대부분 아래 단계에서 배운 수학에 근거하는 추론을 기반으로 한다. 그러므로 아이들이 수학적 상황을 추론하고 정답을 스스로 평가하는 방법을 익히도록 해야 한다. 아이들이 항상 자기 대답이 의미가 있다고 생각하는 이유를 말하고, 듣는 사람에게 그것을 설득할 수 있도록 해야 한다.

그렇지만 아이들에게 "단순히 문제 풀이만을 하지 말아라, 생각을 해라"라고 말하는 것으로는 부족하다. 앞에서도 언급했지만 생각할 수 있는 환경을 만들어주어야 한다. 질문과 추론이 습관이 되면 그렇지 않은 환경에서도 생각을 하게 된다. 선생님의 역할은 가르치고 평가하고 채점하는 것이 아니라 이런 두 가지가 몸에 익혀지도록 리드하는 것이다. 가능하다면 부모도 그 역할을 하면 좋겠지만, 그렇지 않다면 그런 환경을 제공하는 학원을 찾아도 된다. 학원의 역할, 사교육의 역할은 학교를 대신해서 가르치는 것이 아니라 기둥을 잡지 못하는 아이들이 기둥을 세우도록 돕는 것이다. 그런데 개인의 특성을 고려하지 않으면서 학교에서 배운 것을 또 가르치고, 문제 풀이에만 치중한다면 학원을 다니는 의미가 사라진다. 학원에 다니는 이유는 학교가 개별적인 처방을 내릴 환경이 되지 않으므로 개인에 맞게 도움받기 위해서다.

부모가 그런 학원을 찾는 것도 쉽지 않다. 그래서 질문이나 추론을 아이가 실행하도록 직접 교육하고 싶다면 다음 세 가지를 중심에 두고 아이를 끌어주기 바란다. 첫째는 이 문제는 무엇을 측정하려고 하는 것일까? 둘째는 배운 원리를 쓸 수 있는가? 셋째는 어떻게 하면 수학에 대해 궁금해할까? 세 가지만 질문으로 자극해주어도 문제의 이면을 뜯어보는 힘이 생긴다.

1) 왜 이 문제인가?

문제를 보면 '이것을 통해 확인하고 싶은 것이 무엇일까?'를 생각해보라는 것이다. 운동 선수들이 반복 훈련을 통해 근육을 자동 반사의 단계로 끌어올리는 것처럼 문제에 대한 반사 능력을 키우는 목적 때문에 많은 문제를 풀게 한다는 주장에 반대할 생각은 없다. 그런데 그것 때문에 생각하는 과정이 희생되어서는 안 된다. 아무리 단순한 문제라도 문제의 의미를 정의해보라고 하는 이유는 습관을 만들기 위함이다. 별로 생각할 거리가 없는 문제라도 먼저 그 의미를 뜯어본 후에 풀이로 들어가는 것이 자동화되도록 초등 단계에서는 반복적으로 '이것을 통해 확인하고 싶은 것이 무엇일까?'라는 질문을 했으면 좋겠다.

아주 단순한 예를 보자.

$$3 + 5 =$$
$$5 + 3 =$$

초등 1학년이 푸는 덧셈 문제이다. 둘의 답은 모두 8이다. "왜?"라는 질문을 하지 않으면 그냥 더하여 답만 구한다. '3과 5를 더하면 어차피 똑같은데 왜 순서만 바꾼 문제를 함께 주었을까?'라는 질문을 하는 아이가 있다고 하자. 이것은 구체적 질문이고, 자기 자신에게 하는 질문이다. '왜 수를 바꾸어 놓았을까?' 질문을 해본 아이는 '수가 바뀌어도 더해진 결과에는 영향을 주지 않는다'라는 것을 알아차린다. 그렇지 않은 아이에게 두 문제는 아무런 관련성이 없이 그저 각각의 문제에 불과하다.

앞의 아이는 교환법칙을 스스로 깨친 것이다. 1학년이라도 스스로 깨칠 수 있는 개념이다. 뒤에 교환법칙을 배울 때 이 깨침이 그것과 다시 연결되어 더 큰 지식의 뭉치가 만들어질 것이다. 수학적인 개념과 스스로 깨친 것을 연결하는 작업이다. 그러나 그런 질문 없이 문제만 풀었던 아이에게 교환법칙은 외워야 할 새로운 개념으로 다가올 수 있다. 이런 차이가 여러 개념에서 발생한다고 생각해보자. 고학년으로 올라가는 동안 계속 이 차이는 누적된다. "초등학교 때는 공부를 잘했는데, 중학교 가니 많이 떨어져요, 무엇이 문제일까요?"라는 부모들의 질문에 대한 답은 여기에 있다고 보면 된다.

위의 문제를 보고 '세 개와 다섯 개를 더하면 어차피 똑같은데 왜 순서만 바꾼 문제를 함께 주었을까?'라는 질문을 스스로 생각해내는 아이는 5%도 되지 않는다. 나머지 아이에게는 그렇게 보도록 질문해주는 것이 중요하다. 다행히 부모가 그 의미를 알거나 그런 질문을 해주는 좋은 선생님을 만나면 좋겠지만, 그런 부모도 극소수이며 그런 선생님도 극소수이다. 하지만 학원에 보내기 애매한 저학년 때만이라도 의도적으로 이런 질문을 해주려고 노력해야 한다. 채점할 시간이면 충분히 가능하다. 모든 문제에 질문해줄 필요도 없이 틀린 문제에 대해서만 물어봐주면 된다. 답을 찾지 못하면 생각해보라고 하면 된다. 같은 질문이 자꾸 반복되면 아이도 그렇게 생각해보게 된다. 틀린 문제를 설명해주어야 한다는 부담 때문에 귀찮아지는 것이다. 그냥 학원에 보내면 다 해줄 것이라고 기대하지 말아야 한다. 결과가 다르기를 원한다면 관점을 바꾸어야 한다. 그래야 구체적인 행동 목표도 바뀐다. 그리고 행동이 쌓일 때 습관이 된다.

2) 원리를 생각한다

앞의 문제를 다시 보자. $2+3=5$, $3+2=5$. 이 문제는 수를 바꾸어도 결괏값이 같다는 것을 확인하는 문제이다. '왜 같을까?' 이것이 원리를 생각하는 질문이다. 일반적인 아이들은 "같으니까 같다는 것인데, 왜 같은지를 어떻게 설명해요?"라고 대답한다. 이어세기나 모아세기와 같은 덧셈의 원리는 이미 배웠다. 그 원리를 활용할 수 있는가를 물어보는 질문이다.

'$\frac{1}{3} \times \frac{1}{4}$을 계산하면 얼마인가?' 4학년이면 풀 수 있는 문제이다. 분수를 곱할 때는 분모는 분모끼리, 분자는 분자끼리 곱하면 된다. 그래서 $\frac{1}{12}$이다. 이 답을 찾지 못하는 아이는 별로 없다. 왜 그렇게 되는지도 가르쳐 주었겠지만, 그것을 제대로 기억하거나 활용하는 아이는 많지 않다. $\frac{1}{3} \times \frac{1}{4}$을 피자 그림으로 살펴보자. 분수는 등분이 중요하다. 피자 한 판을 세 등분하여 그중 한 조각을 다음 그림처럼 $\frac{1}{3}$이라고 쓴다. 이것이 생활을 반영하는 $\frac{1}{3}$의 의미이다. 분수란 1보다 작은 수를 나타내는 방법이다. 1을 몇 등분한 것인지를 나타낸다. 이것을 수학의 식으로 나타내보면 $1 \times \frac{1}{3}$이 된다. 여기에서 1 대신에 $\frac{1}{3}$조각을 하나로 본다면 그것을 다시 4개로 나눈 것 중의 하나를 나타내는 것이 $\frac{1}{3} \times \frac{1}{4}$의 의미이다. 한 조각을 처음에 세 조각으로 나누었고, 다시 그 조각을 네 조각으로 나누었으므로, 그 한 조각은 원래의 한 판을 $3 \times 4 = 12$개로 나눈 것의 하나, 즉 $\frac{1}{12}$이다. 분모가 나타내는 것의 의미, 그리고 분수끼리의 곱셈이 나타내는 의미를 원리로 생각해보면 분모는 분모끼리 곱한다는 공식을 외우지 않아도 된다.

$$\frac{1}{3}$$

이것을 가르치지 않는 학교는 없다. 그런데 아이들이 그것을 자기 언어로 정리하여 체화하시 못한 경우가 많다. '꼭 그렇게 알고 있어야 하는가? 그냥 공식을 알고 있으면 문제 푸는 데 지장이 없는데...'라고 생각할 수도 있다. 몰라도 수식으로 표현된 문제를 푸는 데는 지장 없을 수도 있다. 하지만 문장으로 표현하거나 대수라는 형태로 표현될 때 원리가 정리되지 않은 아이는 혼란스러울 수 있다.

다음이 문장으로 표현된 문제이다.

<u>Q14</u> 학생 120명을 대상으로 조사했다. 이 중 1/3의 학생은 외국 여행을 했다. 그중 미국을 다녀온 아이가 1/4이었다. 몇 명이 미국을 다녀왔는가?

위에서 본 $\frac{1}{3} \times \frac{1}{4}$의 형태가 나온다. 그런데 이 식을 세우지 못하는

아이가 매우 많다. 문장제 문제는 언어도 중요하지만, 수학적 원리가 명료하지 않으면 식을 세우지 못할 수 있다. 이때 $\frac{1}{3} \times \frac{1}{4}$ 을 계산할 수 있는 능력은 아무 의미가 없다. 분수의 개념은 하나, 1이라는 전제에서 출발한다는 가장 기본적인 약속을 떠올리지 못하면 당연히 계산하지 못한다. 문장제 문제에 약하다고 논술이나 독서를 하는 것이 무의미하다는 사실을 이 작은 예에서 확인할 수 있다.

여행을 한 학생의 수를 구할 때도 $\frac{1}{3}$ 이 외국을 다녀왔는데, 이 중 $\frac{1}{4}$ 이 미국이 다녀왔다면 $\frac{1}{3} \times \frac{1}{4}$ 이고 이것은 $\frac{1}{12}$ 이다. 원래 전체 인원 120을 1로 보았으므로, $120 \times \frac{1}{12}$ 은 10, 즉 10명이 미국에 다녀왔다는 것을 알 수 있다. 이 식을 세우는 과정을 설명할 수 있다면 분수의 개념, 그리고 그 곱의 개념을 정확히 안다고 할 수 있다.

기계적으로 분모는 분모끼리 곱해서 나온 답이 아닌 그 원리와 과정을 탐색할 수 있도록 해야 한다. 선생님의 설명이 아니라 아이 스스로 그 과정을 탐색하도록 하는 것이 핵심이다. 기계적인 계산 문제 백 개보다 원리를 스스로 탐색하는 문제 하나가 아이에게 더 많은 수학적 깨우침을 줄 수 있다. 선생님이나 부모가 하는 일은 그런 원리를 생각하도록 리드하는 것이다. 평가하고 설명해주는 역할을 벗어나려고 노력해야 한다.

3) 호기심을 자극하라

수학은 호기심을 자극하는 것이 매우 중요하다. 수학은 약속이라고 했는데, 당연히 왜 그렇게 약속했을까 하는 호기심이 많이 일어날 수 있는 과목이다.

'다음 그림을 보고, 괄호 안에 들어갈 수를 넣어보세요'라는 문제가 있다. 이 세로식 덧셈은 많이 봤을 것이다.

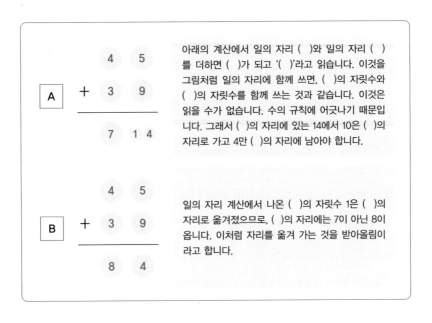

아래의 계산에서 일의 자리 ( )와 일의 자리 ( )를 더하면 ( )가 되고 '( )'라고 읽습니다. 이것을 그림처럼 일의 자리에 함께 쓰면, ( )의 자릿수와 ( )의 자릿수를 함께 쓰는 것과 같습니다. 이것은 읽을 수가 없습니다. 수의 규칙에 어긋나기 때문입니다. 그래서 ( )의 자리에 있는 14에서 10은 ( )의 자리로 가고 4만 ( )의 자리에 남아야 합니다.

일의 자리 계산에서 나온 ( )의 자릿수 1은 ( )의 자리로 옮겨졌으므로, ( )의 자리에는 7이 아닌 8이 옵니다. 이처럼 자리를 옮겨 가는 것을 받아올림이라고 합니다.

그런데 '왜 받아올림을 하지?'라는 호기심을 가지는 아이가 얼마나 될까? 두 수를 더해서 10이 넘으면 자릿수를 올린다는 것을 그냥 외우고 있는 것은 아닐까? 풀 수 있기에 안다고 착각하는 것은 아닐까? 그래서 '왜 올려야 하는 거지?'라는 호기심이 생기지 않는 것이 오히려 당연할 수도 있다. 그러다 보니 두 수를 더해서 84라는 합이 나온 것으로 '끝, 참 잘했어요' 이런 식으로 문제 풀이가 진행되면, 식에서 자릿수를 나타내는 방법, 자릿수의 의미, 자릿수에 대한 형식적 규칙이 왜 그런지 생각하지 않는다. 더해서 10이 넘으니 당연히 받아올림을 한다고 배운 것이다.

아래 문제에서 5와 9를 더하면 14이다. 그런데 14를 그 아래 일의 자리에 쓸 수 없다 왜냐하면 하나의 자릿수에는 하나의 수만 처용되기 때문이다. 그러므로 1이나 4중 하나밖에 쓸 수 없는데, 어떤 것을 써야 할까? 자릿수에 대한 이해를 가지고, 14에서 1은 10을 나타내므로 1이 십의 자리에 가야 한다는 것을 추론한다. 그래서 받아올림이 추론인 것이다. 이것은 수의 패턴과 연결된다. 수의 자리가 늘어날 때 그 위치에 따라 자릿수의 값은 정해져있다. 일, 십, 백, 천, 만… 이런 식으로. 자리가 의미하는 패턴이 보인다. 그렇기에 누가 보아도 똑같이 해석한다. 14는 십의 자리 1과 일의 자리 4이므로 10+4라는 두 수의 덧셈으로 분해해볼 수 있다. 그러므로 1은 10을 의미하며 십의 자리로 가야 한다.

만약 한 자리에 두 수가 들어갈 수 있다면 어찌 될까? 패턴이 무너진다. 그러면 약속이 무너지는 것이어서 수를 읽을 수가 없다. 이것이 단순히 답만 찾는 것이 아니라 그 이면에 있는 규칙과 의미를 보는 연습이다. '왜 받아올림을 하지?' 이것이 호기심이다. 아이가 이런 호기심을 일으키지 않으면 그것을 자극하는 질문을 해야 한다. 그것이 가르침이다.

관점 3. 패턴을 읽어내는 의도적 관점을 가져라

수학은 패턴을 읽는 것이며, 그것을 일반화하여 예측하는 것이다. 무슨 의미일까? 알아듣기도 힘든 말이 초등학생이 수학 문제를 푸는 데 중요한가? 1, 3, 5, 7, 9… 이렇게 이어지는 수가 있다면, 9 다음에 올 수는 무엇일까? 뒤의 수가 바로 앞 수에 2를 더해서 나타나는 패턴이 보인다. 그래서 9의 다음 수는 11이라는 것을 예측할 수 있다. 자세히 관찰해보니, 첫 번째 항의 수는 $1 \times 2 - 1 = 1$의 형태이다. 두 번째 항의 수를 보니 $2 \times 2 - 1 = 3$이다. 이렇게 해보니 모두 이와 같은 형태를 띠고 있다.

그럼 n번째 항의 수는 얼마일까? $n \times 2 - 1$이 될 것이다. 이것이 일반화이다. 이것은 한 차원 높은 수학적 사고가 필요하다. 이것을 우리는 공식이라고 한다. 위의 수 나열을 보니 모두 홀수이다. 일반화한 공식이 홀수를 나타낸다고 추론할 수 있다. 이처럼 개별 규칙의 반복이 모든 것에 적용되도록 일반화하는 것이 수학의 추론이고, 이를 통해 다음 수를 예측할 수 있다. 즉 오십 번째 수는 $50 \times 2 - 1 = 99$, 즉 99가 될 것이다.

이 예제는 규칙이 비교적 눈에 쉽게 들어온다. 이것이 자릿수 패턴이다. 일의 자리, 십의 자리, 백의 자리 등으로 옮겨갈 때, 그에 따라 누구나 예측할 수 있는 값이 있다면 그것은 패턴인 것이다. 수를 패턴으로 인지하고 생각할 수 있을 때 수를 자유자재로 분리하고 모으는 과정이 자연스러워진다. 그러면 연산하는 방법이 매우 많다는 사실을 스스로 터득하게 되고, 실제로 연산하는 데 쓸 수 있게 된다.

더하는 방법을 가르치기 전에 수가 어떤 패턴을 가지고 있는지 관찰하게 하면 수학 시간에 열심히 암기했던 것을 스스로 파악할 수 있다. 누구나 패턴을 인지할 수 있는 논리적인 힘을 가지고 있기 때문이다. 그래서 논리를 이해하는 수준의 국어 실력이면 수학의 독학이 가능하다는 수학자의 말이 이해된다. 패턴은 이해하면 가로시이든 세로식이든 자유자재로 응용할 수 있다.

수학에는 여러 분야가 있지만, 계산, 대수, 도형, 측정, 확률, 통계도 이처럼 패턴이 있다. 쉽게 말해 모든 공식은 개별 패턴을 어떤 경우에든 적용할 수 있는 일반화라고 볼 수 있다. 또 실생활에 적용하면, 이러한 수학적 사고로 일반화하여 결과를 예측할 수 있다. 그러므로 패턴을 의도적으로 보려고 하면 그냥 문제를 푸는 것보다 훨씬 많은 것을 알게 되며, 수학은 지루한 과목이 아니라 탐구하는 재미가 있는 과목이 될 것이다.

이것이 아이들에게 수학을 보는 관점을 만들어준다. 관점은 보이지 않는 것을 보게 하는 힘을 가지고 있다. 다시 말하지만 초등의 공부는 관점을 잡아주는 것이 중요하다. 공부의 자립에서는 본질을 보려는 의도적인 노력을 하도록 시각을 만들어주는 것이 중요하다. 초등학교 때는 지식의 범주가 넓지 않으니 이런 방식으로 수학을 대하는 관점을 만들어주자. 그러면 중고등에서 새로 등장하는 수학 개념도 그러한 잣대를 가지고 살펴볼 것이다. 그래야 독학하는 힘이 만들어진다. 아무리 좋은 선생님이나 교재를 만나도 결국 공부는 혼자 하는 힘이 뒷받침되어야 한다.

앞에서 예시한 3＋5, 5＋3. 이 둘의 모양이 어떠한가? 관찰하고 둘의 차이를 말해보라. 둘의 차이는 3과 5의 위치가 바뀌었다는 것뿐이다. 그건 가르치지 않아도 눈에 보인다. 하지만 인간의 뇌는 보겠다고 '주의'하지 않는 한 못 본다. 무엇이 다르냐고 묻지 않으면, 두 수가 바뀐 것을 못 볼 수 있다. 비록 소수이기는 하지만 관찰력과 변별력이 있는 아이들은 이것을 볼 수 있다. 그리고 그 아이들이 바로 '왜 이것을 물어보는 거지?'라고 질문할 수 있다. 이러한 관찰이 정교해지면 일정한 규칙성도 찾아낼 수 있다. 앞에서도 한 말이지만 수학에는 수만 있는 것이 아니고, 수학적 사고는 수로 하는 사고만으로 이루어지는 것이 아니다. 아직 증명하지 못해도 된다. 그 규칙을 스스로 인지하는 것이 대단한 수학적 사고의 발전이라 할 수 있다.

그런데 이런 질문은 누구도 하지 않을뿐더러, 그런 질문을 하면 쓸데없는 질문이라거나 심지어 공부하기 싫어 시간 끄는 행위로 취급되는 경우가 허다하다. 결국 이런 질문이나 의문을 품는 행위 자체가 그다지 칭찬받는 일이 아니라면, 굳이 그렇게 하겠는가? 아이는 어른들이 중요하게 보는 것을 바라본다. 그래서 어른의 눈은 아이의 눈을 크게 여는 역할도 하지만, 보는 눈을 잃어가게 하는 원인이 될 수도 있다.

사실 수학은 패턴으로 도배돼있다고 해도 과언이 아니다. 그래서 문제만 주고 답을 찾으라고 할 것이 아니라 식과 답을 주고 그 패턴을 읽어보라고 할 필요가 있다. 답을 주고 왜 그렇게 나오는지 역으로 추론하는 과정에서 스스로 패턴을 읽어낼 수도 있기 때문이다.

예를 들어 문제집을 풀었는데 오답이 나왔다면, 그것을 설명해주기보다 답을 주고 그 과정을 추론하라고 하는 것이 효과적이다. 마치 게임처럼 패턴 찾기를 할 소재는 수학에 널려있다. 수학은 패턴의 학문이기 때문이다. 그 패턴을 읽는 것이 수학의 개념이다. 개념은 항상 선생님이 설명해주어야 하는 것 아니냐는 그런 고리타분한 관점에서 벗어나라. 수학이 외워야 할 무엇에서 게임으로 바뀔 수 있다. 그 패턴을 읽는 능력의 바탕은 사고 역량이다. 그리고 사고력 훈련에서는 논리를, 관찰 훈련에서는 패턴을 자주 훈련하는 이유이기도 하다.

부모가 할 일은 패턴을 가르치는 것이 아니라 질문하는 것이다. "어떤 이유로 그렇게 나왔니? 왜 그렇게 생각했니?", "다른 방법은 없었을까?" 등. 어찌 보면 전혀 수학적이지 않은 질문이며 누구나 할 수 있는 질문이다. 아이의 수학적 활동을 진짜 궁금해하고, 그것을 진지하게 들어주는 것이 부모의 역할이다. **빨리 계산하는 방법, 틀리지 않는 계산 비법에 너무 중독되지 말아야 한다.**

관점 4. 언어화와 자기체계화를 습관화하라

수학은 정신 문화의 한 표현이다. 질서의 수립이든, 미학적 열망이든 수학은 인간 정신의 산물이다.[*] 그 정신은 또한 언어로 표현되는 세계이다. 그러므로 수학을 의도적으로 언어화해 보라고 나는 강조한다. 이것은 수학 문제 풀이, 문제 정의나 조건 분석 등에서 매우 유용하게 작용할 것이다.

수학에서 언어로 읽을 수 없는 것이 있을까? 수학은 약속이고 정의이다. 이것 자체가 논리고 또 논리를 따라 확장돼가는 것이다. 기본적으로 약속과 정의는 언어적 행위이고, 수학은 논리적 언어 행위이다. 그래야 소통이 되기 때문이다. 결국 모든 수학은 언어로 읽어낼 수 있어야 한다. 이것이 수학의 정의가 가지는 내포적 의미이다.

2부 독해력에서 구조, 의미, 추론 등 여러 가지 프레임이 있음을 보았다. 수학에서 개념의 정의는 수학 어휘를 아는 것과 같다. 분수의 개념을 안다는 것은 그 어휘의 의미를 아는 상태다. 나눗셈, 소수, 비율 등으로 모습을 바꿔가면서 분수는 같은 용어의 다양한 얼굴이 보인다. 언어에서 어떤 단어의 다양한 용법이나 미묘한 의미의 변화를 이해하는 것과 비슷하지 않은가? 이렇게 뜯어 보면 그냥 답만 찾는 것과는 다른 다양한 수학의 모습을 보게 된다. 그것이 수학적 사고의 기반임은

• 『What is Mathematics』, Herbert Robbins 외

말할 나위 없으며, 수학을 공부하는 재미이기도 하다.

언어에서는 비유나 수사처럼 맥락 속에서 어휘의 의미 전환이 일어난다. 그런데 수학은 정교한 논리의 과목이므로 누가 해석해도 똑같도록 기호화되어 있다. 다른 말로 하면 기호도 언어로 읽을 수 있어야 한다는 것이다. 수학 선생님들은 언어로 수학을 가르친다. 그런데 학생들은 말 한마디 없이 문제만 풀고 있다. 만약 제대로 수학을 풀고 있다면 입으로 말하지 않더라도 머릿속에서 언어로 해석하고 풀이기고 있어야 한다. 이것이 생각이다. 기계적으로 문제를 풀더라도 계속 생각을 이어가는 사람이 있고, 그렇지 않은 사람도 있다.

풀이 과정을 쓰라고 하면 수학의 기호와 수만 써도 되겠지만, 과정을 서술하라고 한다면 언어로 표현하라는 뜻이다. 언어와 수학 기호를 병행하여 사고 과정을 쓰라는 것이다. 그것이 서술형이다. 수학을 언어로 읽고 쓰는 것이 바로 수학의 서술형이다.

수학을 언어로 읽는 습관을 들이기에 적절한 시기는 초등 때이다. 틀려도 부끄럽지 않고 도전해보는 태도는 초등 때 경험하지 않으면 만들어지기 어렵다. 틀린다는 것이 자존감의 하락으로 이어지느냐 그렇지 않느냐는 초등 시기의 경험에 달렸다. 수학을 잘하는 요소 중 하나로 자신감을 꼽는 학자도 있다. 틀려도 다시 풀면 되고, 계속 부딪히면 풀린다는 자신감이 수학을 여러 가지로 생각해보게 하는 동력이 된다.

매끄럽고 깔끔한 풀이 과정은 그런 부딪힘 속에서 키워진다. 그런 거친 훈련을 자유롭게 해볼 수 있는 시기가 초등 시기이다. 아이가 수학의 개념을 아는지, 그것을 제대로 적용하는지를 알려면, 아이가 스스로 표현해야 한다. 수학 풀이 후 답만 보면 아이의 사고가 어떻게 흘러가는지 알 수 없다. 당장의 수학 점수에 연연하기보다 수학적으로 성장하는 아이의 사고를 만들어주는 데 초점을 맞추어야 한다. 그래서 언어로 읽어내고 언어로 설명하라고 권하는 것이다.

언어로 표현할 때라야 우리는 교정을 할 수가 있다. 흔히 아이가 어떤 문제를 틀리면 그 유형의 문제를 다시 내준다. 다시 틀리면 또다시 그 유형의 문제를 내어준다. 인간의 뇌는 패턴을 읽어내는 능력이 있으므로 같은 유형을 계속 풀다 보면 해결되는 날이 오기는 할 것이다. 그러나 결과만 바라보지 말고, 초등학교 시기에는 반드시 수학을 언어로 표현하는 경험을 시켜주기 바란다.

이것의 장점으로 세 가지를 들 수 있다. 첫째는 언어로 표현하는 과정에서 메타인지를 하게 된다. 둘째는 논리적 정교함, 즉 어떻게 구성하고, 어떻게 설득할지 스스로 익혀갈 수 있다. 셋째는 자신감을 올려줄 수 있다. 이 경우에는 아이가 표현하는 것을 판단하거나 재단하지 않고 함께 생각해주는 것이 중요하다. 자존감과 자신감에 대해서는 뒤의 부모의 역할 편에서 살펴본다. 이처럼 언어로 표현하기는 수학 외의 다른 과목에서도 중요하다. 그런데 초등 때가 아니면 그것을 경험하기도 어려울뿐더러, 내재화하는 것은 더더욱 쉽지 않다.

어떻게 연습시킬 것인가

수학 문제를 볼 때 앞서 설명한 네 가지 관점으로 뜯어보는 습관을 들어야 한다.

관점 1. 수학 문제에는 현실을 반영하는 사고가 들어있다

관점 2. 문제 뒤에 숨어있는 생각을 읽어라

관점 3. 패턴을 읽어내는 의도적 관점을 가져라

관점 4. 언어화와 자기체계화를 습관화한다

다소 이상적이라는 느낌이 들 것이다. 의도하지 않아도 무의식이 하는 것이 습관이다. 그렇다면 어떻게 뇌를 길들일까? 평가 기준과 가르치는 방식, 두 가지를 바꾸면 된다.

첫째, 앞에서 언급한 네 가지에 평가 기준을 둬라. 대부분은 점수로 아이의 수준을 평가한다. 점수와 실력은 일치할 수도 있고 그렇지 않을 수도 있다. 연구자들은 서술형이 아닌 선다형 시험으로는 아이의 실력을 정확히 가늠하지 못한다고 주장한다. 시험을 서술형으로 출제하지 않는 한 점수와 실력이 일치하지 않을 수 있다는 것이다. 앞에서 언급한 네 가지 관점은 수학 실력을 향상시키는 기초 작업이다. 그리고 그것을 체화할 수 있는 시기는 초등 때이다. 그러므로 초등 시기의 아이들의 경우, 정성적인 평가를 병행해야 한다. 점수가 낮다고 야단치

지 말고, 앞에서 말한 네 가지 관점 중에 무엇이 문제인지를 찾아야 한다. 부모나 선생님의 관심이 어디에 있는지가 아이의 행동을 결정하듯이, 무엇을 평가 기준으로 삼느냐가 아이의 행동을 바꾼다.

둘째, 가르치는 방식의 변화이다. 대개 오답이 나오면 그것을 설명해주는데, 설명하지 말고 네 가지 관점에서 질문해주면 된다. 틀렸다는 사실보다 왜 그렇게 생각했는지가 더 궁금하다고 아이에게 표현하라. 그것이 질문이다. 궁금해서 하는 질문은 아이의 자존감과 자신감을 꺾지 않는다. 틀리는 것이 잘못되었다는 신호를 계속 주면 틀리는 순간 스트레스 호르몬이 급증한다고 한다. 스트레스 호르몬이 상승하면 사고의 가장 중요한 영역인 전전두엽의 활동을 억제한다. 즉, 생각을 제대로 하지 못하도록 뇌가 위축된다. 그래서 질문으로 평가 항목을 계속 인지시키라는 말이다. 이것이 자연스럽게 평가 항목을 가르치는 행위이다.

오답이 나오면 질문해주라고 했는데, 그래도 올바른 해법을 찾지 못하면 얼마나 기다려야 하는가? 충분히 기다려라. 대신 반드시 확인은 해야 한다. 나는 심지어 한 문제를 두고 4주를 기다려준 적도 있다. 계속 진척 상황을 확인하고, 아이가 질문을 하면 구체적으로 받아주면서 기다리는 것이다. 사고력 편에서 한 문제를 20분 정도 고민했는데 방법이 떠오르지 않으면 그 문제는 덮고, 다른 문제로 넘어가라고 했다. 그런 뒤에 나중에 풀지 못했던 문제를 다시 보면 새롭게 보인다고 했다. 이렇게 하여 4주 만에 한 문제를 해결한 아이는 태도가 완전히 바

꿰었다. 자신이 스스로 해낸 경험 때문이라고 본다.

이 과정에서 아이가 논리적으로 문제에 접근했는지 확인하는 방법이 바로 말하기이다. 수학을 언어로 표현하는 연습을 자연스럽게 할 수 있다. '말이 되게 한다'라는 것이 논리이다. 언어와 수학, 논리가 이성적 사고 영역인 좌뇌에 속하는 이유는 언어와 수학이 논리라는 사고 기반을 공유하기 때문이다. '말이 되도록 체계를 세우는 것'이 습관화되며, 중고등에서는 굳이 말하지 않아도 내면이 자신과 무언으로 대화한다.

진짜 공부를 한다는 것은 자기 자신과의 싸움이며, 끝없는 자신과의 대화이기도 하다. 그것이 새로운 깨달음을 주고, 지루함을 덜어주고, 새로운 시각을 만들어주는 것임을 알아차렸다면, 공부 자립을 할 수 있다. 문제가 정말 풀리지 않을 때 돌아다니면서 머릿속으로 푸는 아이도 있다. 지하철을 타고 오는 길에 갑자기 풀게 됐다는 아이도 있다. 그들은 모두 내면에서 자기와 대화하며 수학을 풀고 있었던 것이다.

하지만 '말이 되게 말하는 것'은 쉽지 않다. 그래서 문제가 발생한다. "말하라고 해도 입을 꾹 다물고 있어요. 그렇게 교육하고 싶어도 말을 안 하니 어떻게 할 수가 없어요." 당연하다. 그런 경험이 한 번도 없는데, 그냥 설명하라고 하면 가능하겠는가? 아이들 스스로 무엇을 말해야 하는지를 모른다. 말을 해도 앞뒤가 맞지 않는 경우도 많다. 아이가 그럴싸하게 말하기를 기대하겠지만, 처음부터 그럴 일은 절대 없다. 그래서 질문을 대신해주는 것이다. 질문의 방향은 네 가지 관점이다. 그리고 원하는 답이 나오지 않더라도 그 자리에서 해결하려고 하지 말아야 한다. 생각해볼 과제로 넘기고, 2주든 3주든 기다려줘라.

네 가지 관점의 질문은 사고력에서 강조했던 문제 해결 프로세스의 질문과 같다. 무엇을 묻고 있는가? 어떤 조건들이 있는가? 아니면 무엇이 보이는가? 보이는 조건에서 알 수 있는 것은 무엇이 있을까? 찾고자 하는 것을 어떻게 찾을 수 있을까? 찾은 솔루션이 찾고자 하는 조건에 맞는가? 등이다. 질문의 패턴이 반복되면, 나중에는 자동으로 반응한다.

우리 연구소는 수업 중 아이가 답이나 생각을 말할 때 항상 왜 그렇게 생각하는지를 물어본다. 그런 수업이 몇 개월 반복되면 1, 2학년 아이들이라도 "왜 그렇게 생각하니?"라는 질문을 하기 전에 스스로 "왜냐하면"을 붙여 생각을 말한다. 들을 때는 판단하기보다는 무엇을 말하려고 하는지에 집중하여 들어주어야 한다. 그렇게 진지하게 듣고 있으면 아이는 설명하다가 무엇인가 말이 되지 않는지를 느끼기도 한다. 이런 과정의 반복이 쌓여 말하는 것이 자연스러워진다. 이처럼 자연스러워지는 상태가 바로 의식하지 않아도 행동으로 이어지는 습관이다. 이 기간은 평균적으로 1년 이상이다.

습관이 되면 부모나 선생님이 질문을 해주지 않더라도 항상 스스로 생각해보고, 자기에게 언어로 대답한다. 수학에 대한 틀을 '답 찾기'에서 '다양한 면을 보는 것'으로 바꿀 수 있다. 이 과정은 시간이 필요하고, 고통도 수반하지만 꼭 필요하다. 그러면 적어도 수학의 달인은 되지 못할지언정 수학포기자가 되지는 않는다. '행복은 그냥 이뤄지는 행운이나 우연이 아니다. 그만한 노력이 수반되어야 한다'라는 미하이 칙센트미하이Mihaly Csikszentmihalyi의 말은 수학에도 진실인 듯하다.

몰입할 정도의 노력이 수반되어야 변화가 일어나고 그래야 성취도 이루어진다. 마찬가지로 조 볼러 교수가 말한 '수학은 쉽지 않다는 것을 솔직하게 인정하고, 거기서 한 발씩 전진하는 도전은 지치지 않고 해야 한다'라는 것도 같은 맥락이다. 앞서 말한 관찰의 눈이 하루아침에 만들어지는 것도 아니고, 일반화를 끌어내는 패턴도 하루아침에 인지되지 않는다. 하루아침에 산 너머 풍경을 보려는 조급함을 버리고 기다려야 한다.

시간이 걸리더라도 수학을 이렇게 대하는 훈련은 필요하다. 옆집 아이가 심화 문제를 풀건, 기초 문제를 풀건 내 아이와는 상관없다. 내 아이의 속도를 따라가되, 방향성은 여기서 언급한 다양한 면을 보도록 하면 된다.

떠도는 소문들을 무시하라

수학에는 교과 수학이 있고, 사고력 수학이 따로 있다는 생각이 언제가부터 퍼져있다. 이런 인식은 부모들에게 시간과 비용을 추가 부담하게 할 뿐 아니라, 아이들에게는 학습 기회를 박탈한다. 공부를 못하는 아이들은 사고력 수학을 하지 못하고 할 필요도 없다는 인식 때문이다. 마치 사고력 수학은 깊은 사고가 필요하고, 교과 수학은 사고가 필요하지 않다는 듯한 착각마저 불러일으킨다. 심지어 학교 교사들마저도 사고력 수학이라는 말을 사용한다. 몰라서 그러리라고는 생각하지 않는다. 단지 광범위하게 쓰이니 의사소통에 편해서 쓰는 말일 것이다. 하지만 언어는 임의적으로 생성될 수 있지만, 개념은 임의적으로 만들어져서는 안 된다. 그러므로 초등 시기에 기초 학습력으로서 수학을 말할 때 사고력 수학이라는 말은 꼭 검토하고 넘어가야 한다. 알고 쓰는 것과 모르고 쓰는 것은 매우 다르다.

사고력 수학은 따로 배우는 과목이 아니다

이처럼 용어에 대한 정이가 잘못되면 생각도 잘못된 방향으로 간다. '사고력 수학'이라는 말은 왜곡된 용어이자, 마케팅 용어이다. 흔히 부모들 사이에서 수학과 사고력 수학은 다른 것처럼 회자된다. 그래서 사고력 수학은 교과 수학과 별도처럼 여겨진다. 사고력 수학에서는 수학의 범주가 무엇인지 알고나 쓰는 것인지 의심스럽다. "사고력 수학은 어떤 프로그램이 좋은가요? 사고력 수학은 언제 시작해서 언제 끝내는 것이 바람직한가요?" 수많은 사람들이 이런 질문을 가지고 카페나 유튜브에서 갑론을박하는 것을 본다.

그런데, 나는 '사고력 수학'이라는 용어의 정의를 본 적이 없다. 정의가 없는 용어이다 보니 답변도 제각각일 수밖에 없다. "사고력 수학은 시험에 나오지 않아요. 차라리 그 시간에 교과 수학과 교과 심화를 하세요"라는 의견도 있다.

결론부터 말하자면 사고력 수학이라는 범주는 없다. 굳이 말하자면 심화 수학이 사람들이 말하는 사고력 수학이다. 수학 문제를 해결하는 데 깊은 생각을 요구하는 문제가 사고력 수학이다. "사고력 수학을 하지 마세요. 차라리 교과 심화 수학을 하세요"라는 말은 그래서 자기모

순이다. 사고력 수학과 교과 수학은 다른 것인가? 어떻게 다를 수가 있을까? 사고력 수학은 별개의 과목이 아니다.

"교과 수학과 심화 수학은 어떻게 다른가요?" 이것도 대단히 억지스러운 구분이다. 심화 수학이란 교과서에서 배운 개념의 응용에서 출발한다. 배운 개념만 이해하고 그것을 응용하지 않는다면 그것 또한 우스운 일이다. 수학은 개념부터 응용까지 순차적으로 확장해가는 것이다. 어디서 어디까지 하고 말고의 문제가 아니다.

"우리 아이는 수학 머리가 없어서 심화 수학까지만 하고 있어요"라는 말도 한다. 수학은 마치 벽돌처럼 개념을 쌓아 집을 지어가는 것과 같다. 벽돌이 다른 벽돌과 연결되어 집이 만들어지듯이, 수학도 마찬가지다. 개념과 개념이 유기적으로 연결되어야 하지 않겠는가? 개념 하나의 이해도만 측정하는 것을 교과 수학이라고 하는지 모르겠지만, 그렇다면 그것만 가지고는 당연히 부족하지 않은가? 심화는 여러 개의 개념이 맞물린 좀 더 복잡한 문제라고 정의하는 것 같다. 그럼 당연히 심화해야 하지 않을까? 이것이 상식이다. 그렇다면 수학 머리가 있고 없고를 떠나 개념에서 응용까지 일괄적으로 해나가는 것이 수학 공부의 당연한 귀결이다.

"수능에는 사고력 문제가 나오지 않아요. 초등부터 최상위급 심화 수학 꾸준히 선행하세요." 이 말은 이렇게 풀어 쓸 수 있을 것 같다. 일단 '사고력 문제'는 사고력을 요구하는 문제라는 의미로 쓴 것 같다. 최상위급 심화 수학은 당연히 사고력을 요구한다. 사고력 문제는 하지 말고 사고력을 필요로 하는 심화 수학은 해야 한다는 것이다. 앞뒤 문장이 논리적 모순이다.

다시 말하자면, 사고력 수학은 따로 있지 않다. 사고가 필요 없는 과목은 없다. 그러므로 수학 자체가 이미 사고력이 필요한 과목이다. 수리적 사고 역량, 논리적 사고 역량, 언어적 사고 역량, 공간 인지 및 해석 역량, 창의적 역량 등이 포함되는 포괄적 사고 개념에 수리적, 논리적 사고가 더 많이 필요한 것이 수학이다. 이런 여러 역량들을 동원하여 수학적 문제를 다루는 것을 수학적 사고라고 한다.

2 + 3 = 5. 이것을 사고력 수학이라고 하는 부모는 없다. 연산이라고 한다. 2 + 3 = 5에는 사고가 필요하지 않는가? 당연히 필요하다. 이런 단순한 질문만 해보아도 사고력 수학이라는 허상을 좇지는 않을 것이다. 단도직입적으로 말하면 사고력 수학은 마케팅이 만들어낸 허상이다. 단순한 연산도 기계적 과정이 아니라 수학적 사고가 필요하다. 예를 들어 구구단을 잘 관찰해서 덧셈의 반복이 곱셈이라는 사실을 알아내는 것이 수학적 사고이다. 그런데 이 연산을 기계적으로 연습하여 빨리 답을 찾는 훈련을 한 아이는 이 식이 갖는 의미를 생각해보지 않았을 것이다. 생각하지 않아도 마치 자동판매기처럼 답이 튀어나오도록 훈련받은 덕분이다.

2 + 3 = 5, 3 + 2 = 5. 이 짧은 연산이 갖는 의미를 앞에서 설명했다. 그 의미를 생각하는 것은 응용력이 생기느냐 마느냐를 결정하는 요소

이다. 수학 공부를 잘하든 못하든 그것은 상관없다. 오히려 공부를 못하는 아이가 생각하는 훈련이 더 필요함에도 불구하고, 그들은 배제되는 이상한 현상이 생긴다. 이 순간 이후부터는 사고력 수학을 별도로 지불해야 하는 사교육 과목 목록에서 지우기 바란다. 그냥 수학을 하면 된다. 교과 수학에서 심화 수학까지 일관하여 다루지 않는다면 수학을 잘못하고 있는 것이다.

문장제 문제를 풀지 못하는 것은 언어 때문이다?

문장으로 됐든 식으로 됐든 수학은 기본적으로 패턴과 규칙에 기반한다. 식을 보고 말로 표현할 수 있다면 문장제 문제를 푸는 것은 물론 스스로 만들 수도 있다.

"2 + 3 = 5. 이 식이 나오도록 문장으로 문제를 만들어볼까?"라고 아이에게 요구해보자. '사과 두 개와 배 세 개를 샀습니다. 과일을 몇 개를 샀나요?' 앞의 것은 식으로 나타낸 연산 문제이고, 뒤의 것은 문장으로 만든 연산 문제이다. 흔히 문장제 문제라고 한다. 수학을 말로 표현할 줄 알면 얼마든지 문장으로 된 문제를 만들 수 있다. 문장으로 문제를 만들 수 있는 아이가 문장으로 된 문제를 풀 수 없을까? 당연히 풀 수 있다.

문장제 문제는 예제처럼 실생활과 연결돼있으니, 수학을 좀 더 쉽고 재미있게 접근할 수 있을 것 같다는 말도 많이 한다. 사실 매우 피상적이고 근거 없는 주장이다. 만약 그래서 더 재미있다면 왜 아이들은 문장제 문제를 어려워할까? 어른들이 생각하는 편견일 뿐이다. $2+3=5$ 에서도 재미를 느끼는 아이가 있고, 문장에서도 재미를 못 느끼는 아이가 있다. 그것은 아이의 사고 패턴의 문제이지, 문제 자체가 재미있고 없고를 결정하는 것이 아니다.

아이가 수리적 사고를 자주 쓴다면 앞의 연산식에서도 얼마든지 재미를 찾는다. 그 아이는 연산식의 형태에도 관심을 갖는다. 당연히 호기심이 발동하여 $5=2+3$으로 써도 될까 하고 자문할 수도 있다. 그래도 되는지 탐구해볼 것이고, 그것으로 내적 재미를 찾을 수 있다. 어떤 아이는 아직 문자로 표현된 말에 익숙하지 않아, 수학은 둘째치고 글자로 표현됐다는 점을 싫어할 수도 있다.

특히 초등 저학년은 문장으로 된 문제를 해결하는 능력으로 수학적 역량을 판단해서는 안 된다. 초등 저학년 중에는 아직 읽는 것도 유창하지 않은 아이들이 많다. 그러므로 문장으로 된 문제에 짜증을 낸다거나 모르겠다고 투정할 때 수학 머리가 없다든지 또는 독해력이 떨어진다든지 하는 식으로 아이를 재단해서는 안 된다. 세상에 제일 무지한 말이 "우리 아이는 나 닮아서 수학 머리가 없어요"와 같은 말이다. 사고력에서 살펴보았듯이 사고는 지능의 연결 활동이고, 외부에서 들어오는 자극에 대한 뇌의 내적인 반응이다. 수학적 자극을 많이 받으면 당연히 수학 지능은 높아진다.

문장제 수학 문제에 아이가 짜증 내는 것은 언어적 지원을 못 받은 것일 수 있고, 공간적 사고가 필요한 문제에서 공간지능적 지원을 못 받은 것일 수도 있다. 또 창의적 발상이 되지 않아 해결되지 않는 경우도 있다. 그런데 문장으로 된 것을 이해하지 못했으니 언어가 떨어진다고 단정하고, 독서를 해야 한다는 처방을 내리는 경우도 있다. 이런 결정을 하는 부모가 의외로 많다.

문장제 문제는 문장으로 수학적 사고를 자극하고 수학적 지식을 응용하게 한다. 문장이 아니더라도 수학적 사고는 얼마든지 자극할 수 있기 때문에, 문장제 문제가 사고력 수학과 관련이 있다는 말도 터무니없는 편견이다. 문장으로 문제를 주는 이유는 수학이 실제 생활의 반영이기 때문에, 실생활의 개별 상황을 수학적인 일반화로 바꿔 경험하게 해주기 위해서이다. 사고력을 높이기 위해, 또는 사고력 수학이기 때문에 문장제가 도입된 것이 아니다. 수학의 문제 상황을 다른 방식으로 주었을 뿐이다.

실생활을 반영하는 문장을 읽고 식으로 기호화하는 문제도 있지만 문장과 그림이 함께 제시되거나, 그림만 혹은 수만 보고 기호나 식으로 나타내는 문제도 있다. 예를 들어 그래프나 데이터 등 문장이 하나도 들어가지 않더라도 수학적 사고로 패턴을 읽어낼 수 있다. 그리고 일반화까지 가능하기 때문에 데이터만 보고 식을 세울 수 있다.

그림과 문장으로 된 문제의 예를 보자.

Q15 아래 그림에서 삼각형이 늘어나는 패턴을 관찰해보자. 이런 패턴으로 삼각형이 계속 늘어난다면 n번째 그림에서 삼각형의 개수는 몇 개일까?

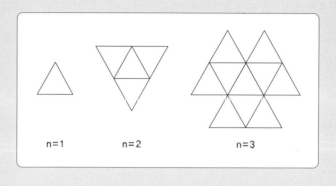

아주 간단한 문제는 아니지만, 초등 6학년에서 중학교 1학년 정도 학생이면 식을 만들 수 있다.

먼저 규칙성을 보면 삼각형의 변에 새로운 삼각형 하나를 붙이는 방식이다. 그래서 첫 번째는 한 개, 두 번째 그림에는 세 개가 늘어나 네 개의 삼각형이 있고, 세 번째 그림에는 여섯 개가 늘어나 열 개의 삼각형이 있다. 3(n-1)개씩 늘어나고 있다. 그럼 n번째 그림의 전체 삼각형의 개수는 어떻게 될까?

n번째 삼각형의 개수를 구하는 식은 $1+3\times1+3\times2+3\times3+3\times4 \cdots 3(n-1)$과 같이 나타낼 수 있다. 가우스가 1부터 100까지 더했던 공식을 응용하면, 다음과 같이 식을 세울 수 있다.

$1+3(1+2+3+4+\cdots(n-1))=\frac{3}{2}(n-1)n+1$개이다. 즉 n번째 삼각형의 개수는 $\frac{3}{2}(n-1)n+1$개이다. 관찰하고 패턴을 찾아 일반화하여 도출한 식이다. 검증해보자, n=2라면 $\frac{3}{2}\times2+1=4$ 즉 네 개이고, n=3이라면, $\frac{3}{2}\times2\times3+1=9+1=10$ 즉 열 개이다. 그림과 비교해보니 개수가 맞다. 우리가 알고 있는 식으로 된 수학 문제와 달라도, 분명히 수학의 식으로 표현된다.

위의 예에서 보이듯 문장이든 그림이든 수학적 기호나 식으로 나타내는 문제는 얼마든지 나올 수 있다. 문장이든 그림이든 수학적 사고가 필요한 상황이 있기 때문이다. 그것을 말로 설명할 수 있으면 문장으로 된 문제가 된다. 문장제 문제에서 언어를 모르면 안 되는 것은 당연하다. 문장은 언어이기 때문이다. 그러나 문장제 문제를 풀고 못 풀고는 꼭 언어 때문은 아닐 수 있다. 독해에서 의도적 프레임으로 읽듯이, 문장제 문제에서는 수학과 관련된 정보를 빠뜨리지 않고 보는 것이 중요하다.

사고력과 사고력 수학은 목적지가 다르다

'사고력 문제는 수학 시험에 출제되지 않는다. 그러니 사고력 공부시킬 시간에 국어를 시켜라. 국어가 완벽해야 수학 문제를 빠르게 이해하고 풀어나간다. 고등에 가면 초중등의 수학 점수 거품이 빠지고, 이때는 노력해도 올라가지 않는다.' 이런 말을 하는 학부모나 전문가도 있다. 고등에서 점수 잘 나오게 하기 위해 초중등 때 학원을 다녔을 텐데, 고교에서 점수 빠지는 것이 당연하다면 학원 다닐 필요가 없지 않은가? 그러면서 사고력 하지 말고 심화는 하라고 말한다.

사고력 편에서 다루었듯이, 사고력은 타고난 지능을 더 계발시키는 훈련의 관점에서 보아야 한다. 그런데 개별 지능의 발전도 중요하지만 그것이 서로 유기적으로 연결돼 협력하는 것이 중요하다. 관찰을 잘한다는 것이 학교 공부와 무슨 관련이 있느냐는 질문도 많이 받는다. 관찰과 변별은 과학에서 대단히 중요하지만, 앞에서 예시한 것처럼 수학에서도 패턴화하고 일반화하는 데 필요한 기초 데이터를 찾을 때 매우 중요한 역량이다. 수학을 잘하는 데는 언어가 중요하다는 것도, 논리가 중요하다는 것도 공감할 것이다. 공간 인지나 해석도 중요하다. 창의성과 직관력, 통찰도 중요하다. 그런데 이런 능력들은 다른 과목을 공부하는 데도 모두 기초 자양분이다. 왜냐하면 지금 언급한 것은 모두 지능이기 때문이다.

사고력과 사고력 수학은 엄연히 다르다. 분명한 것은 사고력 수학은 수학의 심화라는 사실이다. 사고력은 수학 공부만을 위한 것이 아니라고 분명하게 설명했다. 쉽게 말하면 사고력은 공부 머리를 만드는 것이 목표이고, 사고력 수학은 수학을 잘하는 것이 목표이다. 그러므로 목적이 다르다. 교과 수학을 더 깊이 탐구하면 소위 말하는 사고력 수학이다. 수학을 하면서 또 사고력 수학을 하는 옥상옥을 만들지 말라는 의미에서 사고력 수학에 시간과 돈을 낭비할 필요가 없다고 표현한 것이다.

    상담하다 보면 간혹 이런 말도 듣는다. 6년 동안 사고력 수학을 했는데, 왜 결과가 이렇냐는 것이다. 그 학생은 수학을 한 것이지, 사고력 훈련을 한 것이 아니다. 사고력 수학을 한 것과 사고력이 커지는 것은 일치하지 않는다. 서로 지향점이 다르기 때문이다. 독서를 독해 훈련과 동일시해서는 안 되는 것과 같다.

    공부를 열심히 시키는 가장 일반적인 이유는 공부를 잘해서 좋은 대학에 가고 더 큰 기회를 얻도록 하기 위함이다. 사고력 훈련의 이유는 뇌가 가장 활발하게 확장하고 변하기 쉬울 때 공부를 할 수 있는 머리를 만들자는 것이다. 그것이 비용과 시간을 아끼면서 공부 효율을 가장 높이는 방법이다. 하나를 가르치면 열을 알아내는 힘이 만들어지기 때문이다. 그렇다면 중고등 이후에는 머리가 변하지 않는지 질문하는 경우도 있다. 물론 변한다. 대단히 더딜 뿐이다. 그래서 초등에서의 기초 학습력을 강조한 것이다. 다시 말하지만 사고력 수학은 수학이다. 사고력은 공부 머리 만들기이다. 둘은 가는 길이 다르고, 목표도 다르다. 학습목표를 정할 때는 명확하게 달성하고자 하는 바를 알아야 한다. 대충 소문을 듣고 결정해서는 안 된다.

4학년이면 선행 학습에 들어가야 한다?

아이에게 개념을 설명해보게 하고 틀린 문제가 나왔을 때 무엇을 모르겠는지 구체적으로 질문할 수 있는가를 본다. 이 두 가지를 점검하여 제대로 통과한다면 선행 학습을 해도 된다. 그렇지 않다면 선행하는 것은 아이에게도 부담을 줄 뿐 아니라, 별로 효과도 없다. 문제 정답을 맞추었다는 것으로 선행 여부를 결정하지 않아야 한다

소위 '양치기'로 문제를 많이 풀면 되지 않을까? 아이의 준비 상태에 따라 다르겠지만, 대부분의 경우 공부 못하는 길로 들어가는 지름길이다. 수학의 핵심은 문제 풀이가 아니라 탐구이다. 흔히 부모들 사이에서 어떤 문제집 풀고 있다는 말이 자랑처럼 회자된다. 어떤 문제집을 풀었다고 위안을 삼는 것 또한 수학을 멀어지게 하는 길이다. 그러므로 4학년이면 선행에 들어가야 한다는 학원이 있다면 그 학원은 선택하지 말기를 바란다. 교과와 심화를 함께 하거나, 수학과 사고력 훈련을 병행하며, 선행은 아이에 따라 선택적으로 하는 곳으로 정하는 것이 좋다.

선행 학습은 자연스러운 것이 가장 좋다. 말하자면 '하다 보니 다음 학년 과정을 하게 되었어요'가 가장 좋다는 말이다. 그런 아이들이 있을까 싶지만, 실제로 꽤 많이 있다. 내 경험으로 가장 빠른 아이는 초 6학년 때 고1 수학을 하는 경우였다. 학원에 다니면서 한 것이 아니라, 혼자서 하다 보니 고1 수준까지 가게 되었다. 초1 때부터 사고력만 하던

아이인데, 상위 1% 수준으로 매우 우수했지만 공간지각에 대한 감각은 유난히 떨어졌다. 이것을 극복하는 데 3년 가까이 걸렸다. 수학은 고학년, 중학생으로 갈수록 공간에 대한 이해가 발목을 잡는 경우가 많은데, 그것을 풀어주자 수학을 혼자 탐구하며 공부했다. 말 그대로 하다 보니 고1 수준까지 간 것이다. 이것이 선행의 진짜 의미이다. 스케줄에 따라가는 것이 아니라 하나의 개념에서 이어지는 호기심, 그것을 찾아가는 탐구 과정이 바로 선행의 의미다.

공부는 부모 욕심으로 하는 것이 아니라, 아이가 하는 것이다. 아이마다 4년 이상의 편차가 있을 수도 있다. 늦다고 공부 머리 없다 타박하지 말아야 한다. 초등 또는 중등 초반까지는 상당히 변화할 수 있기 때문이다. 만약 열심히 공부하는 데도 불구하고 제자리에 있는 느낌이라면 계속 밀어붙일 것이 아니라 아이를 관찰해야 한다. 아이가 무엇인가를 놓치고 있기 때문이다. 5학년, 6학년인데 세 자릿수 덧셈이 원활하지 않은 아이들도 있다. 6학년이면 당연히 덧셈이야 하겠지라고 생각한다. 유감스럽게도 그렇지 않다. 심지어 그럼에도 불구하고 선행까지 하는 아이도 있다. 인지의 차이가 있기 때문에 5학년이라도 초등 2~3학년 정도의 사고 수준일 수 있다. 그래서 아이를 끊임없이 관찰해야 한다. 남의 얘기를 들을 시간에 아이의 소리를 들어야 한다.

선행은 고사하고 현행도 완전하지 않은 아이가 50% 이상이라고 본다. 앞서 언급한 두 가지의 조건(첫째, 개념을 설명할 수 있다. 둘째, 무엇을 모르겠는지 구체적으로 질문할 수 있다.)을 완전하게 충족시키는 아이는

20% 이하이다. 그렇지만 현행도 되지 않는다고 아이를 내버려둬서는 안 된다. 초등 시기는 교정이 가능한 때이기 때문이다. 선행에 자꾸 마음이 간다면, 먼저 아이를 파악해야 한다고 조언하고 싶다.

4부

시각화

새롭게 바라보는 힘

왜 시각화인가?

공부 자립을 위해 초등 시기에 꼭 다지고 가야 할 것 마지막은 시각화이다. 학부모들을 만나다 보면 시각화라는 말을 매우 생소해한다. 충분히 그럴 만하다. 학습을 위해 시각화가 필요하다고 말하는 경우는 별로 못 본 것 같다. 그럼에도 굳이 이 말을 강조하는 이유는 필요성 때문이다. 미래학자 다니엘 핑크Daniel H. Pink는 "미래는 매우 다른 마음을 가진 전혀 다른 종류의 사람들이 주류가 될 것이다. 창조자, 공감하는 사람, 패턴을 인식하는 사람, 의미 창출자가 그들이다. 앞으로는 예술가, 창작자, 발명가, 스토리텔러, 디자이너, 카운슬러, 시각적 사고를 하는 사람들이 사회로부터 큰 보상을 받을 것이며, 사회적으로 즐거움을 공유하는 사람들이 될 것이다"라고 말했다. 약 20년이 지난 지금, 그의 예언이 현실화되고 있다. 웹소설, 웹툰 시장이 커지고 유튜브 크리에이터가 초등생이 꼽는 인기 직업 상위에 오르는 것을 보면, 그 말이 맞는 것 같다.

예전에는 어떤 분야의 90~95% 정도는 알아야 전문가라 할 만했다. 2025년에는 170억 제타바이트*의 정보가 쏟아질 것이라고 한다. 이 수는 우리 머리로는 가늠할 수 없다. 2000년대 초반까지 인류가 생성한 정보가 20억 엑사바이트라고 하는데, 그 양의 거의 1만 배나 되는 정보가 겨우 1년 만에 만들어진다고 하니 엄청 많다는 정도밖에는 말할 수가 없다. 시금 우리는 한 인간이 처리할 수 있는 정보의 양을 넘어서는 지식 폭발의 시대에 들어와있다. 어떤 전문가가 자기 분야의 지식을 밤낮으로 읽는다 해도 50~60%를 넘기기 어려울 것이라는 말이 나오고 있다. 한 분야가 더 작게 쪼개지는 이유이다. 다른 말로는 30~40%의 지식으로도 90~95%의 지식을 아는 효과를 얻으려면 전체적이고 통합적인 시각으로 지식을 해석하는 역량이 필요하다는 의미이다.

시각화를 공부 자립의 중요한 요소로 보는 이유는, 이런 폭발적인 지식 혼재의 시대에는 통합적이고 전체적이며 직관적인 시각을 가져야 하기 때문이다. 이런 기능은 주로 시각·공간적 사고라 하여 우뇌의 역할이 크다. 시각화란 지식을 언어나 기호를 사용하여 절차적, 체계적

---

* 데이터의 양을 나타내는 단위. 1제타바이트는 1,024엑사바이트에 해당한다.

으로 받아들이는 것이 아니라, 이미지로 직관 또는 통찰하는 것이다. 시각적 사고, 공간지각 능력, 패턴 인지 등이 중요한 요소이다. 이런 사고가 발달한 사람은 먼저 직관적으로 알아내고, 나중에 체계나 이유를 붙인다. 다니엘 핑크가 예시한 일이 대개 시각화와 관련돼 있음을 알 수 있다. 시대가 그렇게 바뀌고 있다.

교육에서도 시각화와 관련한 연구가 나오는 추세이다. 스탠포드대학 수학교육과연구팀이 「속도가 수학 학습에 미치는 나쁜 영향」이라는 논문을 내놓으면서 세계적으로 관심을 받은 바 있는데, 이 논문에서 대안으로 내세운 것이 '개념으로 가르치는 수학'이다. 이때 개념이 바로 시각화와 직결되는 부분이다. 수학은 생활을 반영하고, 생활은 대개 시각적 인지 대상임을 생각하면 왜 수학의 기초 개념이 시각화와 직결되는지 짐작할 수 있다.

시각화는 수학에만 필요한 것이 아니라, 언어에서도 대단히 중요한 역할을 한다. 언어에서 대부분의 명사 또는 명사화된 구문은 개념을 나타내는 것이며, 그것을 선명하게 그려낼수록 이해도가 높아진다. 과학 역시 시각화와 밀접하다. 과학적 발견의 가장 중심에는 관찰이 있는데, 관찰은 시각적 영역이다. 아인슈타인이 상대성 원리를 연구할 때 먼저 시각화하고 이후에 계산을 통해 증명했다는 이야기가 있다. DNA의 나선형 구조 등도 시각적으로 이미징을 한 후에 체계화했다고 한다. 미술, 건축, 산업 디자인, 상품 개발 등 새로운 창조의 영역에서는 시각화가 매우 중요한 요소로 자리잡고 있다. 그래서 토머스 웨스트Thoams

G. West는 '창조성의 원천은 시각화라는 관점'이라고 주장한다.

이 책에서 공부 자립의 중요한 역량으로 언급하는 시각화 역량은 대상이나 개념, 지식, 상황 등을 이미지로 그려내는 능력이다. 시각화는 머릿속으로 이미지를 만들어내거나 떠올려 그것을 조작하고 해석하여 유사한 범주로 연관 짓는 행위라고 정의한다. 물체를 회전하거나 크기를 줄이거나 늘리고 변형하는 것도 당연히 시각화에 해당한다. 그러므로 시각화는 공간지능에서 검토했던 시각적 인지뿐 아니라 다른 사고 영역과 결합하여 해석하고 새로운 체계로 연관 짓는 것을 포함하는 좀 더 복합적인 것이다.

연구에 의하면 시각·공간적 사고를 하는 사람이 청각·논리적 사고를 하는 사람보다 더 많다. 전자를 관계적 통합적 사고라고 한다면, 후자는 논리적 분석적 사고라고 할 수 있다. 그런데 학습에서 시각화는 생소하다. 왜냐하면 학교 학습은 거의 논리적 사고를 중시하여 시각·공간적 사고를 하는 아이들에게는 불리하게 구성돼있기 때문이다.

시각화가 중요하다고 해도, 학습에서 연습할 수 있는 틀로 표준화되지 않는다. 우리 연구소가 경험한 바로는 학습 상황에서 세 가지 훈련이 필요하다. 개념의 시각화, 텍스트의 시각화, 공간 및 사물의 시각화이다.

초등 시기에 필요한 시각화 훈련 세 가지

1) 개념의 시각화

'개념'의 사전적 의미는 '여러 관념 중에서 공통적이고 일반적인 요소를 추출하고 종합하여 얻는 보편적인 관념'이다. 개별 관념이 가지는 공통의 속성을 언어로 표현한 것이 개념이라고 할 수 있다. '동물'에 우리가 가지는 시각적 이미지는 '움직이는' 것이다. '인간'에 우리가 가지는 시각적 이미지는 '서있는 동물'이다. 그래서 동물을 그릴 때 서있는 동물을 그리지 않고, 인간을 그릴 때 기어다니는 인간을 그리지 않는다. 그것을 깨뜨린다면 새로운 시각이고 창조이다. 개념은 대부분 '명사'라는 형태를 띤다. 예로 든 동물, 인간 등은 모두 개념을 표현하는 말이다. 수학에서도 수, 분수, 덧셈, 뺄셈 등은 모두 개념을 나타내는 '언어' 또는 '단어' 들이다.

'아이들은 소가 쟁기를 매고 밭을 가는 모습을 신기한 듯 쳐다보았다'라는 문장이 있다. 소, 쟁기, 밭 같은 시각 정보가 언어의 형태로 개념을 이루고 있어서 그리 어렵지 않게 문장들을 읽어낸다. 그래서 독해하면서 시각화하고 있다는 사실을 인지하지 못한다. 그러나 가령, '쟁기'라는 농기구를 머릿속으로 그려내지 못한다면 무엇을 말하는지 명확하게 알 수 없다. 쟁기를 사전에서 찾아 어휘의 뜻을 알더라도 말이다. 시각 정보의 중요성을 잘 말해주는 경우이다. 사실은 문자 정보보다 월등히 많은 시각 정보가 우리 머리에 저장돼있다.

그런데 추상적인 개념은 쉽게 그려지지 않는다. '행복'한 모습을 그려본다면, 아마도 '웃는 모습'이 떠오를 것이다. 하늘을 향해 팔을 뻗는 다든지, 신나게 춤을 춘다든지 하는 이미지들이 겹쳐 떠오를 수도 있다. 이런 시각적 이미지를 통해 사람들은 '행복'이나 '기쁨'을 읽어낸다. 그것을 읽어내지 못하는 사람은 시각적 해석 능력이 떨어지는 것이며, 이는 공감력의 부족으로 이어진다. 독서는 논리적 체계인 줄거리만이 아니라 직관적인 영역인 작가의 감정과 그 표현을 함께 읽어내는 것이다 작가가 일반인과 다른 점은 이런 보이지 않는 개념을 **보이도록** 형상화하는 능력이 아닐까?

구체적 개념이든, 추상적 개념이든 머리로 그릴 수 있는 역량은 학습에서는 중요하다. 그런데 이것이 중요하다고 인지하지 못하는 이유는 시험에 나오지 않는다고 여기기 때문이다. 그러나 수학에서 개념을 머릿속에 그리는 역량은 특히 중요하다. 분수는 '1보다 작은 수를 나타내는 수'와 같은 개념으로 설명하면 잘 정리되지 않는다. 분수를 가르칠 때 피자를 주로 사용하는 이유이다. 피자 한 판이 1이면, 그것을 똑같이 나누었을 때 그중 한 조각이 분수라고 흔히 설명한다. 우리 뇌는 도서관의 목록 분류처럼 체계화되지 않으면 기억을 잘 못한다. 피자 반판과 $\frac{1}{2}$의 개념을 연결하면, 피자 그림을 떠올려 $\frac{1}{2}$을 설명할 수 있다.

개념을 시각화한다는 것은 눈으로 볼 수 없는 개념을 그림으로 만든다는 말이다. '수학의 개념을 그림으로 나타낸다면 어떻게 할까'라는 생각을 한 번이라도 해본 아이와 그렇지 않은 아이는 지식을 활용하는 측면에서 큰 차이를 나타낼 것이다. 수학에서 탐구와 시각화가 한 쌍의 단어처럼 따라다닌다. 수학이 암기 과목이라는 주장도 있다. 암기해야 한다면 그림으로 암기하라. 수학 개념을 암기하기 전에 그것을 시각적으로 어떻게 나타낼까를 한 번만 생각해보아도 수학이 지루하지 않을 것이다.

개념을 시각화하기는 어렵다. 그렇지만 시각화해보는 연습은 학습 개념을 이해하는 데 큰 도움을 준다. 나아가 상상력을 키우는 데도 큰 역할을 한다.

2) 텍스트의 시각화

텍스트는 생각이나 이론 등을 담은 문장이나 글로, 정보나 지식을 제공한다. 정보가 늘어난다는 것은 머리로 처리해야 할 지식의 양이 늘어나고 있다는 말과 같다. 예를 들어, 미국 의회 도서관에는 1억 5,530만 개 이상의 정보 항목이 있다고 한다. 만약 우리가 하루에 열 개의 항목을 매일 읽는다고 해도, 약 5만 년가량 걸린다. 인간의 두뇌로 처리하기에는 불가능한 양이다. 텍스트 마이닝text mining이라는 새로운 연구 분야가 등장해야 할 만큼 지식이 폭증하고 있음을 보여준다. 텍스트 마이닝은 컴퓨터가 정보 분석을 통해 일정한 패턴을 찾는 것이다. 그렇지만 우리 인간은 컴퓨터가 아니다. 한 권의 책을 이해하기도 힘겨운 경우가 많다. 지금 독자 여러분이 읽는 시각화의 필요성, 의미, 방법론 등의 자료를 찾아보면 그것만 읽는 데에도 엄청난 시간이 소요될 만큼 방대하다. 즉, 자신이 필요한 특정 분야의 지식을 모두 머리에 저장할 수 있는 단계를 넘어섰다.

글로 된 어떤 정보를 읽고 한 장의 그림 요약본을 만든다고 생각하면 텍스트 시각화의 의미가 좀 더 쉽게 와닿을 것 같다. 텍스트를 시각화하는 것은 텍스트가 가진 논리적 선후 관계, 범주의 수평 관계 또는 수직 관계, 개념의 독립성이나 종속성, 사건의 인과성 등을 세세한 내용이 아니라 그림으로 한눈에 보여주어, 그 텍스트가 전달하는 전체 핵심을 한눈에 읽게 한다는 의미이다. 시각 정보는 오래 기억되며, 나중에 세세한 정보가 필요하면 문자로 된 텍스트를 찾아보면 된다. 텍스트 시각화는 논리적, 분석적으로 쪼개어내는 좌뇌적 사고에 통합적이고 종합적으로 직관하는 우뇌적 사고가 더해져야 가능하다. 말하자면 현재와 같은 좌뇌 중심의 학습으로는 부족하다. 방향성이나 관계성은 우뇌가 하는 역할이기 때문이다.

시각적, 공간적 사고가 전체를 파악하는 데 도움이 된다는 것을 하워드 가드너도 다음과 같이 추정한다. "모든 사람은 노년에 수학적 사고가 매우 취약해지는 반면 적어도 시각적·공간적 지식은 (특히 그것을 정기적으로 연마한 사람한테는) 평생 원기 왕성하게 남아있음이 밝혀졌다. 거기에는 전체에 대한 감각, 즉 게슈탈트Gestalt*에 대한 감수성이 살아있다. 이것은 공간지능의 핵심으로 나이를 먹어가는 데 대한 보상으로 보인다. 이것이 있음으로써 일부 구체적인 내용이나 자세한 부분은 놓칠지라도 전체를 이해하고 패턴을 구분하는 능력은 유지되거나 오히

● 부분의 집합체로서가 아닌, 그 전체가 하나의 통합된 유기체로 된 것을 말한다.

려 더 좋아질 수 있다. 아마도 지혜는 패턴과 형태, 전체에 대한 이 감수성에 의지하는 것 같다."

나는 텍스트 시각화는 세 가지 관점으로 나눌 수 있다고 생각한다. 관계의 시각화와 상황의 시각화, 설득의 시각화가 그것이다.

첫째, 관계의 시각화는 이해의 관점이다. 사물이나 개념, 사건, 인물 등의 관계를 그림으로 표현하는 것이다. 주로 지도나 차트, 그래프, 타임라인 등의 형태로 시각화한다.

둘째, 상황의 시각화는 공감의 관점이다. 상황 자체를 드라마나 영화처럼 시각화해보는 것이다. 그래야만 어떤 사건이나 상황의 이면을 추론하는 힘이 생겨난다. 소설이나 문학 작품을 읽을 때 그 상황을 경험하고 있는 듯이 그려보는 것이다.

셋째, 설득의 시각화는 소통의 관점이다. 다른 사람을 설득하기 위해 주장을 직관적인 이미지로 표현하는 것이다. 다양한 프리젠테이션 기법이나 영상, 이미지 등으로 말을 대신하는 방법이다.

시각화할 때 이해하기 위한 것인지, 공감하기 위한 것인지, 소통하기 위한 것인지를 생각해보면, 그것을 그림으로 표현하는 창의적인 방법을 찾아낼 수 있을 것이다. 필요하면 현재 사용되고 있는 다양한 방법들을 찾아보면 된다. 예를 들어 '관계의 시각화'라고 검색하면 다양한 시각화 방법을 찾을 수 있다. 나는 그러한 시도를 하려는 의도적인 노력이 중요하다고 강조하고 싶다.

시각화의 목표를 이해, 공감, 소통으로 나누어 정리해보면 한결 접근이 쉬워진다. 그러나 목표가 설정되더라도 텍스트를 바로 그림으로 나타낼 수 있는 것이 아니다. 의도적인 노력이 필요하다. 네 가지의 단계로 나누어 연습하는 것이 좋다. 그 네 가지는 탐색, 분석, 합성, 시각화이다. 탐색 단계에서는 텍스트를 전체적으로 읽는다. 글의 주제나 핵심어 등을 파악하면서 이해하고 공감하고, 소통해야 하는 뼈대를 잡는다. 분석 단계에서 의도적 시각으로 분석한다. 이때 의도적 시각으로 분석하는 것을 독해라고 한다. 이 과정에서 필요한 것과 불필요한 것이 분리된다. 내용의 앞뒤나 원인, 결과, 근거 등이 추출된다. 이것들을 주제에 맞게 요약하고, 재배치한다. 마지막으로 이것을 앞에서 말한 목적에 맞게 시각화한다. 보통 탐색, 분석, 합성까지는 연습하지만, 시각화는 하지 않는다.

이것이 기초 학습력과 무슨 관계이냐고 반문할 수 있다. 학습은 이해가 우선이다. 그렇다면 관계의 시각화가 필요하다. 노트 정리를 하면서 관계의 시각화를 해본 경험이 있을 것이다. 요약과 노트 정리는 배운 지식의 정리와 체계화에 대단히 중요하다. 지식이 체계화되고 이미지화되면 뇌는 더 잘 기억한다.

초등학교 공부는 수학, 영어만 열심히 하면 된다는 뒤떨어지는 관성을 버릴 때가 되었다. 비록 상급 학교 진학을 위한 평가가 아직은 거기에 머물러 있더라도, 어차피 그 방식의 공부로는 최대 10%만이 살아남는다. 90%는 생기 없는 공부에 매몰된다. 그런 것을 과감히 탈피하여 시각화를 시도해보게 하라. 이런 다양한 자극이 절차적이고 분석적 사고에 치중하는 현재의 공부에도 결국 도움이 될 것이다.

글을 읽고 요약하기를 아래 그림처럼 나타낸 학생이 있었다. 다이어그램으로 관계를 나타내어 텍스트를 시각화하는 한 예이다. 목적을 가지고 연습하면 가능하다.

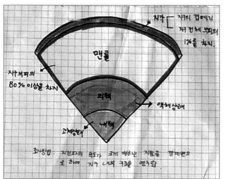
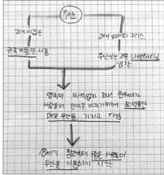
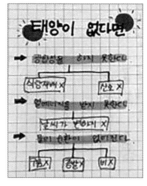
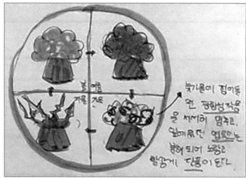

3) 공간 및 사물의 시각화

공간 및 사물의 시각화는 세 단계로 나누어볼 수 있다. 첫째는 시각적 인지이다. 시각적 인지와 연결되는 지능 영역은 관찰, 유사성과 차이점의 변별, 공간지각 등이다. 쉽게 말하면, 실재하는 공간이나 도형, 사물은 보는 위치에 따라 형태가 달라지지만, 그것이 동일한 물체임을 인지하는 것을 말한다. 또 거리에 따라 공간이나 사물의 모양이 달리 보이지만, 여전히 동일한 것임을 아는 것두 시각적 인지이다. 수학에서 도형뿐만 아니라 무게, 넓이, 길이 등을 측정하는 측정 영역도 시각적 인지가 깊게 작동한다. 뚱뚱한 사람과 날씬한 사람을 보여주고 누가 몸무게가 더 많이 나갈지는 배우지 않아도 안다. 경험으로 누적된 시각적 인지가 작동하기 때문이다. 인간이 받아들이는 정보의 80%가 시각 정보라고 한다. 즉, 정보의 첫 번째 만남이 바로 시각적 인지이다.

둘째는 시각적 이미징이다. 이미징은 머릿속에서 동일한 물체 뒷면을 그리거나, 회전하거나 뒤집었을 때 보이는 모양, 변형했을 때 예상되는 형태 등 구체적 사물이나 도형을 그려내는 것이다. 우리는 이미징을 하는 능력이 있기 때문에 부분을 보고서도 전체를 파악하고, 앞면을 보고서도 뒷면을 파악하며, 만들어보지 않아도 형태를 예상할 수 있다. 언어로 상상하는 경우는 흔치 않다. 대개는 이미징을 통해 상상한다.

셋째는 시각적 해석이다. 이 단계는 시각적 인지와 이미징을 거쳐 다른 영역, 즉 논리나 수리, 언어 등의 도움을 받아 의미를 만들어가는 단계이다. 앞에서 다니엘 핑크가 말한 의미창출자meaning-maker로서의 기능이다. 예를 들어 '앞에 높은 건물이 있으면 뒤에 있는 건물에 미치는 영향이 무엇일까?'라는 질문은 답이 정해지지 않은 해석의 문제이다. 좋은 영향도 있고 나쁜 영향도 있을 것이다. 시각적 해석은 본격적인 적용의 단계이다. 필요한 분야는 미술 등과 같은 예술뿐만 아니라, 건축, 자연과학 등 거의 모든 지식의 영역을 망라한다.

그렇다면, 초등 시기에 공간 및 사물의 시각화를 위해 어떤 연습을 해야 할까? 바로 시각적 인지와 이미징이다. 유아기에 블록 장난감을 사주고, 유치원이나 초1, 2학년 저학년 시기에는 교구를 손으로 만지고 조작하는 프로그램을 많이 시키는 게 좋다. 물론 교구를 조작하는 단계에서 손가락의 소근육을 발달시킨다는 교육학적 의미도 있다. 그런데 이런 종류의 프로그램들은 대개 초등 이전에는 보이는 대로 보는 것, 즉 시각적 인지 능력 향상에 초점을 맞추는 경우가 많다.

하지만 초등 단계에서는 머릿속에 그리는 이미징 연습을 병행하는 것이 필요한데, 그것을 다루지 않는 경우가 많다. 블록 맞추기를 예로 들면, 형태를 보여주고 블록으로 만들라고 했을 때, 관찰하고 변별하여 모양의 특징을 파악하고 블록을 조립하여 만든다. 초기에는 이러저러하게 쌓다가 형태가 만들어질 수 있다. 눈으로 보고 손으로 만드는 것이다. 만약 이때 이미징 과정을 거쳤었다면, 만든 것을 다시 만들라고 하면 만들 수 있다. 그러나 손으로만 맞추었다면 처음과 똑같이 어쩌다가 맞추게 되거나, 아예 못 맞추는 경우도 많다. 이것은 대부분의 아이들에게 나타나는 현상이며, 극히 일부 공간지각 능력이 뛰어난 아이들만이 이미징을 하면서 블록을 맞춘다.

아이들이 다 같은 블록을 같은 시간 동안 가지고 놀았다면, 똑같은 시각적 인지나 이미징 능력이 생길까? 그렇지 않다. 그래서 "탱그램이나 소마큐브를 3년 정도 배웠는데, 왜 하나도 맞추지 못할까요?" 하는 부모의 걱정이 생기는 것이다. 중학교에 올라갔을 때 아이들이 수학에서 가장 어려워하는 부분이 도형이다. 초등학교 내내 수학은 계산으로만 배웠고, 블록 프로그램은 머리가 아닌 손이 진행했으므로, 실제 머릿속으로 이미징해본 경험이 없다. 그런데 중학교에서는 실제 블록이나 도형이 아니라 머릿속 이미징으로 수업이 진행된다. 그래서 중학에 들어가면 도형이 어렵다고 하는 것이다. 또 대기업이나 공기업의 신입사원 채용 시 실행하는 적성검사에서 공간 및 사물의 시각화는 거의 예외 없이 언어 추론, 수리 추론 등과 함께 나오는데, 취업 준비생들이 가장 어려워하는 영역이라고 한다.

이미징은 훈련하면 익힐 수 있다. 어떤 아이는 인지를, 어떤 아이는 이미징을 더 강조해야 할 수도 있다. 초등 수학에서는 교구를 많이 사용하는데, 설명이나 이해용에 그치지 말고 시각화라는 관점에서 이미징의 도구로 활용하는 방법을 생각해야 한다. 교구가 없어서 이미징 연습을 못 하는 것이 아니라, 그렇게 보겠다는 관점이 없어서 못 하는 것이다. 굳이 학원을 찾지 않더라도 시각적 인지나 이미징을 훈련할 수 있는 도구들은 생활에 널려있다. 아이들에게 그렇게 보는 관점을 누구도 말해주지 않았기 때문에 그렇게 하지 못한다. 역량이 문제가 아니라 시도를 하지 않는다는 말이다. 점수에 매몰된 학습 때문이기도 하지만, 교구가 가지는 목적을 충분히 달성하려는 학습목표가 없기에 생기는 현상이기도 하다. 교구를 많이 가지고 놀았다고 시각화가 되는 것이 아니다. 목표를 가지고 의도적 연습이 필요하다.

백오십 가지의 블록을 가지고도 손으로 맞추기만 했다면, 단 한 가지 블록으로 이미징까지 해본 아이와는 시각적 사고에서 확연히 차이가 난다. 소마큐브 블록이 결합된 모양을 주고 어떻게 결합됐는지 그려보라고 하면 "그것을 어떻게 그리느냐?"라고 반문한다. 소마큐브 세 조각 정도의 결합은 연습하면 그려낸다. 심지어 일곱 조각까지 결합된 복잡한 모양도 그려내는 아이가 있다. '블록을 가지고 놀면 뭔가는 배우겠지'하는 마음으로는 아무것도 배우지 못한다. 학습의 목표가 없기 때문이다.

중학교 이후의 도형 문제 적응을 위해서뿐만 아니라 우리 아이가 창의적 인재가 되기 위해서도 공간 및 사물의 이미징 훈련은 반드시 필요하다. 이 짧은 글을 읽고 시각화의 필요성에 공감만 해도 이미징 훈련을 시작하는 동기가 될 것이다. 목표를 갖고 정보를 찾아보면, 방법은 많기 때문이다. 우선 소마큐브로 시각화를 연습하는 방법을 몇 가지 소개한다.

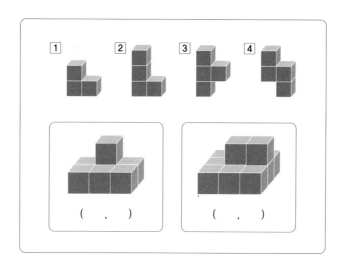

소마큐브 블록에서 두 조각을 선택하여 결합된 모양을 만들라는 것
이다. 그런데 손으로 맞추기 전에 머릿속으로 그리게 한다. 그리고 그
것을 문제 위에 연필로 표시하게 한다. 실제 블록은 그것이 맞는지를
확인하는 차원에서 맞추어본다.

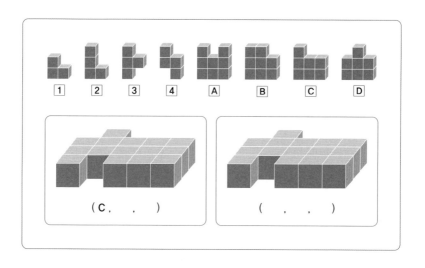

이제는 주어진 네 개의 조각 중에서 세 개를 선택하여 아래 모양을 만든다. 연습하는 방법은 두 개로 하는 것과 마찬가지이다. 머릿속에서 그려보고 연필로 표시하고, 블록으로 확인한다. 두세 개의 블록으로 맞추는 것은 조금만 연습하면 곧잘 그려낸다. 그것을 네 조각, 다섯 조각, 여섯 조각, 일곱 조각 등으로 늘려가면 당연히 어려워한다. 경험으로 보면 모든 아이가 동일한 속도로 향상되는 것은 아니다. 그래도 다섯 조각 정도는 근접하게 머리로 그려낸다. 물론 일곱 조각까지 그려내는 아이도 있다. 성향의 차이도 있고 연습량의 차이도 있겠지만, 머리로 그리는 것을 생각조차 하지 않았던 아이들이 그려낸다. 유치원 등에서는 손으로 조작하는 것이 중요하고, 학년이 올라갈수록 머리로 시각화하는 시도가 중요하다.

다음 그림은 탱그램조각으로 도형을 만드는 것이다. 소마큐브처럼 머리로 상상해 조각의 결합 모양을 연필로 그리는 것이다. 소마큐브와 달리 탱그램은 평면이므로 일곱 조각까지 모두 그려내는 아이들이 많다. 물론 처음에는 두 조각을 맞추기도 쉽지 않다. 손으로 맞출 수는 있어도 머리로 그리는 것은 크기의 비교 등을 할 수 있어야 하기 때문이다. 하지만 꾸준히 연습하면 일곱 조각이 결합하는 모양도 그릴 뿐 아니라, 그것을 회전해놓아도 그려낸다. 손으로 그리면서 비율, 회전, 위치 등의 평면에 대해 자연스럽게 이해하게 된다.

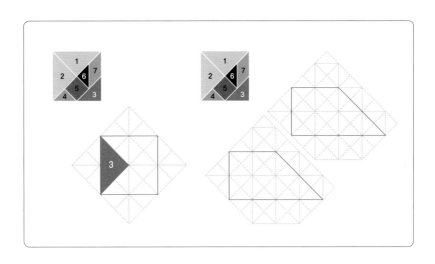

　언제나 학습목표가 무엇인지를 생각해야 한다. 교구를 활용하는 이유를 생각하고 그 목적에 가장 알맞은 학습 방법은 무엇인지를 찾아야 한다. 비싼 돈 들여 많은 교구를 사놓고도 활용하지 못하면 시간만 허비할 뿐이다. 손과 머리를 함께 자극하고, 공간 영역만이 아니라 수리 등의 다른 영역과 유기적으로 협력하는 경험을 교구를 통해서 할 수 있다. 학원에서 마음먹고 해야 하는 것이 아니라 집에서, 생활 속에서 얼마든지 할 수 있다.

　이런 교구나 퍼즐을 이용한 물체나 사물에 대한 시각화도 중요하지만, 공간 자체에 대한 시각화도 중요하다. 이는 훈련보다 많이 보는 경험이 필요하다. 어쩌면 방안에 2시간 동안 붙잡고 앉아 문제 풀이를 하는 것보다 자연이든, 미술관이든, 박물관이든 볼거리를 경험하는 것이 더 의미 있다. 초등 시기에 매일 몇 시간을 책상에 앉아 공부만 해야 할 만큼 배워야 할 지식이 많지 않다. 사고력에서 살폈듯이 다양한 자극을 주는 것이 이 시기에는 가장 필요하다.

시각화 훈련이 필요한 이유

시각화는 매일 연습해야 하는 것은 아니다. 시각화의 의도를 가지고 있도록 습관을 만들어주기만 하면 된다. 개념을 배웠으면 그것을 그림이나 도표 등으로 바꿀 수 없을까, 글을 읽으면 한눈에 들어오도록 요약하는 방법은 없을까 등을 항상 잊지 않도록 습관을 잡아주면 된다. 개념을 배웠다면 그것을 자기 말로 표현해보고 그것을 그림이나 도표로 만들 수 없을지 질문해주면 된다. 글을 읽었으면 줄거리를 물어보고 소감을 물어보기 전에 무슨 내용이 있었는지를 먼저 요약해보도록 질문하면 된다. 요약하기 위해서는 이미 머릿속에서 관계를 정리해야하기 때문에 시각화의 기본 틀이 연습되기 때문이다.

또는 글쓰기와 같은 스토리텔링을 할 때도 글보다 그림이 편한 아이는 그림으로 표현하도록 해도 된다. 앞에서 언급했듯이 시각적·공간적으로 배우는 것이 쉬운 아이들이 생각보다 훨씬 많다. 공간이나 사물의 시각화도 마찬가지이다. 외출하면 눈에 보이는 모든 것이 교육의 도구이다. 보이는 것에 대해 함께 이야기할 거리가 있지 않은가?
언제부터인가 교육은 돈을 들여 전문화된 프로그램으로 해야 한다는 강박이 일상화된 듯하다. 물론 전문적인 교육이 도움을 줄 수는 있겠지만, 극히 일부일 뿐이다. 시각화가 중요하다고 해서 시각화만 따로 가르치는 곳이 없나 찾아볼 필요는 없다. 학습의 많은 부분은 아이가 스스로 익히는 것이다. 그래서 아이에게 관점을 만들어주고, 의도적으로 보고, 의도적으로 찾고, 의도적으로 익히려는 습관을 잡아주는 것이 중요하다.

5부

공부 자립으로 이끄는 부모의 태도

부모가 바뀌지 않으면
내 아이의 공부 자립은 불가능하다

초등 시기는 미래 학습의 성과를 결정한다

학습은 태어나서 죽을 때까지 계속되는 과정이다. 그러나 부모들이
교육에 대해 가장 많이 고민하는 시기는 초, 중, 고등 과정이다. 이 시
기는 인생의 밑그림을 그리는 중요한 시기이기 때문이기도 하지만, 부
모님들이 아이들에 대한 통제권을 가지고 있다고 생각하기 때문이다.
그렇지만 사실상 부모의 영향력이 미치는 시기는 길게 잡아야 중학교
까지이다.

부모가 교육에서 절대적인 결정권을 가질수록 부모가 설정한 교육
목표가 아이에게 미치는 영향은 커진다. 그런데 통계를 보면 부모의

의사 결정이 계속 늘어나고 있다는 것을 보여준다. 2021년 통계청의 자료를 보면 가구 수입의 약 5~6%를 사교육비에 지출하고 있고, 사교육 참여율은 평균적으로 75%를 넘어서고 있다. 심지어 매년 사교육비는 늘어나고 있다. 사교육이 늘어나고 있다는 것은 학부모가 교육에 그만큼 크게 관여하고 있다는 의미이다. 학생이 스스로 학원을 찾는 경우는 거의 없기 때문이다.

부모들의 교육 관여기 적절했는지에 대한 평가는 나중에 할 수밖에 없다. 초등 시기의 평가는 중등 시기에, 중등 시기의 평가는 고등 시기에 드러나는 것이 보통이다. 그리고 우리 경험으로 보면 중등 1~2학년 때까지의 사고 역량도 그대로 고등으로 이어지는 것이 대부분이었다. 초등 시기 교육에 문제가 있었더라도 중등 시기에 되돌릴 수는 없다. 이렇게 항상 되돌릴 수 없을 때 문제가 드러나기 때문에 교육이 어려운 일이 아닐까?

대개 고등학교에 들어가면 현실을 직시하는 것 같다. 후회가 전혀 없는 선택을 할 수는 없다. 그러나 교육은 인생이 걸린 중요한 부분이다. 그 중요한 선택을 아무렇게나 하는 부모는 없다. 부모들도 그 시점에서 최선의 선택을 하지만, 결과가 기대를 따라오지 못하는 경우가 더 많다. 국가에서 교육은 백년지대계百年之大計라고 하는 것처럼, 개인에게 있어서도 교육은 인생지대계이다. 눈앞의 목표만 보면 비효율적인 선택을 하기가 쉽다. 부모의 가치관이 교육을 결정하고, 그 선택이 아이의 삶을 결정할 수도 있다. 그 영향이 가장 큰 시기는 초등 시기이다. 그래서 초등 시기야말로 부모가 교육에 대한 분명한 가치관을 가지고 있어야 한다. 그런데 이때만큼 잘못된 근거에 의해 판단할 가능성이 큰 시기도 없다. 두 가지가 부모의 눈을 가리는 것 같다.

첫째는 아이들의 인지 수준에 대한 판단 오류이다. 어른의 눈으로 보면 초등의 학습 범위나 수준은 낮아보인다. 뭔가 더 높은 수준을 하는 것이 중요해보이고, 그렇게 할 수 있을 것이라 판단하는 경우가 많다.

둘째는 자녀에 대한 기대가 큰 시기이다. 시작하는 단계에서 기대하지 않는 부모가 어디 있겠는가? 문제는 아이를 제대로 알려고 하지 않으면서 기대만 크다는 점이다. 이런 두 가지가 주변의 그럴싸한 성공 사례와 맞물려 돌아가면, 이성적인 판단이 아니라 감정적이고 즉흥적인 결정을 할 가능성이 크다. 그것을 보여주는 결정적인 증거가 초등 아이들이 중고등 아이들보다 바쁘다는 것이다. 하루에 영어 단어 몇십 개를 외우지 못하면 학원에서 보내주지 않는다는 아이의 하소연을 들으면서, 이것이 어른이 선택할 수 있는 최선인가 하는 안타까움이 생긴다.

초등 시기는 아이에게 학습에 대한 큰 그림을 만들어주는 것에 초점을 맞추어야 한다. 두 가지 측면에서 그렇다. 첫째는 학습이 무엇인지를 배우는 시기이고, 어떻게 해야 하는지를 배우는 시기이기 때문이다. 아이들에게 학습에 대한 관점(인식의 틀)이 이때 형성된다. 공부는 재미없고 지루하다는 관점이 한 번 형성되면 바꾸기 쉽지 않다. 뇌는 한 번 형성된 틀을 바꾸려고 하지 않으며, 바꾸려면 형성될 때보다 몇 배의

에너지를 투입해야 한다. 둘째는 두뇌가 매우 빠르게 확장되는 시기이며, 두뇌의 연결 회로가 사고의 방향성을 만드는 시기이기 때문이다. 사고의 방향성이란 필요한 회로는 강화하고 불필요한 회로는 잘라내어 가지치기한다는 말이다. 또한 공감, 소통, 인내, 자존감, 과제집착력 등 학습 이외의 정서적 측면에서도 중요한 틀을 만드는 시기이다.

그런데 아이가 학습이라는 상황을 제대로 이해하기도 전에, 아이들 상황과는 상관없이 부모들 관점에서 여러 정보를 교본 삼아 어떤 것을 해야 한다는 결정을 내린다. 마치 코스 요리처럼 학습의 코스를 설계하는 부모님들도 많다. 이것은 옳다 그르다의 문제가 아니다. 자녀들이 그것을 어떻게 받아들이는가가 중요하다. 특히 초등 저학년은 학습이 무엇인지도 모른다. 왜 해야 하는지도 잘 모르고, 어떻게 하는지도 잘 모른다. 다시 말해 자신이 처음 경험하는 학습이 그대로 학습에 대한 관점으로 이식된다. 연구에 따르면 아이들은 유치원에 가기 전에는 하루 최대 삼백여 개의 질문을 쏟아낼 정도로 호기심이 왕성하다. 그런데 초등에 가면 몇 개도 나오지 않을 만큼 질문의 수가 줄어든다. 그만큼 수동적으로 바뀐다는 말이다. 공장에서 제품을 생산하듯이 재료를 넣으면 훌륭한 완성품이 나올 것이라는 교육관이 이러한 수동적 태도를 만드는 주요인이다.

이런 경험이 있다. 초등 6학년 학생들을 대상으로 3주간 글쓰기를 한 적이 있다. 주제는 마음대로 정하지만, 그 형식은 단순한 일기가 아닌 주장의 틀을 따르도록 했다. 주제를 쓰고 그에 대한 생각을 쓰고, 그 생각의 근거나 이유를 쓰고 사례를 들고, 마지막으로 자신의 주장을 쓰는 것이었다. 길이는 모두 합쳐야 다섯 줄에서 열 줄 정도였다. 이때 나온 짧은 글 중에 이런 것이 있었다. '학생의 생각을 물어보지도 않고 마음대로 정하는 부모는 자격이 없다. 또 당연히 해야 할 일임에도 알려주지 않는 부모도 자격이 없다'라는 것이었다.

설마 6학년의 말일까라는 생각이 들겠지만, 사실이다. 그리고 그 아이에게는 진심이었다. 혹시 자신의 아이가 이런 생각을 하고 있을 것이라는 생각을 해본 적이 있는가? 그 아이는 시간 여유가 주어지면 무엇을 하겠느냐는 질문에 '쉬었으면 좋겠어요'라고 답했다. 이 아이에게 학습은 어떤 모습으로 경험되는 것일까? 그리고 이것이 이 아이만의 현실일까?

내가 처음 사고력 프로그램 개발하며 세운 교육관이 있다. '가르치지 않겠다. 지식보다는 관점을 만들겠다. 답보다는 표현할 줄 아는 아이가 되도록 한다'라는 세 가지였다. 이 세 가지는 공부와 학습을 대하는 자발적인 자세를 갖추도록 하는 데 목적이 있다. 긴 학습의 여정에서 새로운 이정표를 만들어가는 주체가 자신임을 일깨워주기 위함이다. 학습의 주체가 누구인지를 명료하게 인식하고 그것을 실천할 수 있는 힘과 내성을 만들어줄 때가 초등 시기라고 믿기 때문이다. 교육 대상을 초등에 한정한 이유이기도 하다.

초등 시기의 중요성에 대해 학부모들이 좀 더 민감해져야 한다. 부모가 교육에 대한 가치관이 정립돼있지 않으면 그 가치를 외부 프로그램에서 찾게 되고, 남의 성공 사례를 기웃거리게 된다. 가장 소중한 것은 내 아이이다. 교육의 가치관이 분명치 않으면, 우선 아이에게서 먼저 답을 찾으려고 해야 한다. 아이에게 공부하는 주체는 자기 자신이고, 공부는 자발적으로 해야 한다는 의식만 정확히 심어주어도 초등 시기 부모의 역할은 충분히 한 것이다. 지금 내가 아이를 위해 왜 이 교육을 시키고 있는지는 꼭 질문해보기 바란다.

공부 지도, 아이와 대화하라

초등 때 꼭 해야 할 것으로 사고력, 언어력, 수학적 사고력, 시각화 네 가지를 말했다. 이들 모두 아이 스스로의 자발적이고 주도적인 행동이 중요하다. 부모가 공부 관점을 바꾼다는 말의 의미는 간단하다. 부모 중심에서 아이 중심으로 바꾸는 것이다. 부모가 생각하는 효과적인 공부 방법과 아이들이 받아들이는 공부 사이에는 항상 간극이 있다. 그래서 부모도 만족하지 못하고 아이도 만족하지 못하는 경우가 많다. 아이 중심으로 바꾸려면 아이를 알아야 한다. 상대방을 안다는 것은 대화에서 시작한다. 그러나 실상 아이와 대화하는 것이 쉽지만은 않다. 그리고 한 학년 한 학년 올라갈수록 더 어려워진다고 느낄 것이다. 부모치고 자기 자녀와 대화하고 싶지 않은 사람은 없다. 그런데 대화를 시도해도 뭔가 자꾸 걸리고 단절되는 느낌을 가지게 된다. 부모가 그것을 느낀다면, 아이도 똑같이 느끼고 있다. 무엇이 문제일까?

"학교 갔다 왔니?", "밥 먹어야지?", "숙제는 다 했니?", "학원 늦지 않게 가라", "또 게임하니. 게임은 약속된 시간에만 하기로 했잖아" 등 대화라고 하기에 부족한 대화가 오가는 경우가 많다. 자녀와 이런 대화를 하고 있다면 뭔가 다른 방식이 있지 않을까 생각해보기 바란다. 특히 요즘은 부모님들도 일하는 경우가 많고 바쁘다. 그러다 보니 건성으로 말이 오가는 경우도 많다. 아이를 알기 위해 매일매일 의미 있는 대화를 해야 한다는 것이 아니다. 대화의 기본을 생각하면, 일주일에 한 번만 아이와 교감해도 많은 것을 알아낼 수가 있다.

대화는 스킬이 아니고, 마음의 교감이라는 사실을 잊지 않으면 더 쉽게 풀 수도 있다. 집은 항상 대화의 공간이다. 그러므로 가정에서 대화는 생활이다. 즉 가정은 마음이 교감하는 장소이자, 서로를 이해하는 장소이다. 몇 가지 대화를 위한 마음가짐만 실천하려고 하면 대화가 특별한 것이 아니라 그저 소통임을 알 수 있다. 부모뿐만이 아니라 학교, 학원의 선생님 등 모든 대화의 주체가 가져야 할 기본적인 마음가짐이다. 더욱 중요한 것은 그것이 아이에게도 자연스럽게 전달되어, 의사소통을 따로 배우지 않아도 몸에 배게 할 수 있다. 말은 쉽고 간단하지만 실천하기는 쉽지 않다.

1) 들어주어야 한다
대화는 마음의 교감이다. 따라서 신뢰가 기본이다. 신뢰하지 않는 사람과 마음을 나누고 싶은 사람은 없다. 말을 하는 것보다는, 들어주고 공감하는 것이 신뢰를 만드는 가장 빠른 방법이다. 무슨 말이든 상관없다. 들어주는 것은 아이의 말에 관심을 가지고 대응하고 있다는 표시이다. 어떤 말이든 해도 된다고 느끼게 하는 것이다. 아이가 말하는 것을 귀 기울여 듣고 있으면 궁금하지 않은가? 왜 저 얘기를 하는지, 아이가 무엇을 말하려고 하는지, 어떤 생각을 하는지 등이 자연스럽게 궁금하지 않은가? 궁금하면 물어본다. 이것이 바로 잘 들어주는 방법이다.

아이의 말에 귀를 기울이면 두 가지 효과를 볼 수 있다. 첫째, 아이의 내면을 알아갈 수 있다. 아이의 이야기에 편견 없이, 어른들의 가치판단 없이 들어주면, 아이는 말하는 상황에 점차 적응하고, 표현에 대한 거부감을 줄여갈 수 있다. 아이들은 자기의 속마음을 부모나 학교 선생님에게 말하지 않는 경우가 많다. 부모나 선생님들이 대개 아이의 말에 시시비비를 가리며 듣다 보니 아이들 입장에서는 굳이 긁어 부스럼을 만들 필요가 없다고 생각하는 것이다. 앞에서 언급한 것처럼 유치원, 학교 등의 체제를 경험하면서 질문이 줄어들어, 나중에는 질문 제로가 되는 현상을 이해할 수 있다.

아이들은 자신의 생각을 어른처럼 조리 있게 말하지 못한다. 대신 질문으로 대체하는 경우가 많다. "만화 봐도 돼?"라고 묻는 것은 만화를 보겠다는 의사를 표현한 것이다. "조금 쉬었다가 숙제하면 안 돼?", "학원 안 가면 안 돼?" 등도 모두 질문의 형태를 띠지만 사실은 '쉬고 싶다', '학원 가기 싫다'라고 의사를 표현하는 것이다.

이럴 땐 아이가 왜 그런 말을 하는지 궁금해하면 된다. "숙제해놓고 쉬어야지"라고 대응하는 것이 아니라, "그래, 피곤하니?"라고 가볍게 물어보면 된다. 그리고 해결해야 할 문제라면 함께 해결책을 찾아야 한다. 부모가 결정하는 것이 아니라 함께 결정했다는 것을 알게 해야 한다. "아무런 이유도 없이 막무가내로 하지 않겠다는데, 어떻게 하나요?"라고 질문하는 학부모도 있었다. 아무런 이유 없는 아이는 없다.

일방적인 반대를 경험하거나 해야 한다는 강요를 받으면, 의사 표현을 포기하게 된다. 이것이 쌓이면 질문의 형태든, 요구의 형태든 내심을 드러내지 않게 된다. 구구절절 말하지 않는 것이 더 낫다고 마음을 닫는다. 그런 상태라면 상당히 위태롭다. 자녀에게 책임을 넘기기 전에 부모가 자신을 돌아봐야 한다.

부모와 자녀 간의 대화는 기본적으로 불평등한 구조이다. 부모는 항상 자식의 행동에 판단과 통제의 잣대를 들이대기 때문이다. 부모는 자녀와 대화한다고 생각하겠지만 자녀에게는 훈계로 들리기 쉽다. 이런 구조를 부모가 이해해야 한다. 그래서 평소에 아이의 말을 진지하게 듣고 있다는 신호를 주어야 한다. 이런 신뢰 관계가 만들어지지 않으면 들어야 할 아이의 진짜 마음을 듣지 못할 가능성이 크다.

두 번째 효과는 아이가 대화의 상황 자체를 배운다는 것이다. '들을 줄 아는' 아이가 된다는 말이다. 목적을 가지고 의미를 이해하며 듣는 것이다. 여기에는 몸짓이나 표정 등을 읽어내는 것도 포함한다. 다시 말해 상대방에 집중해주는 자세라고 할 수 있다. 이것이 아이에게도 그대로 전이되는 것이다. "잘 들어"라는 말로 행동이 바뀌는 것은 아니다.

그런 상황에 자꾸 노출될 때 자연스럽게 행동이 몸에 배게 되는 것이다.

흔히 4차 산업혁명 시대는 협력과 공유의 시대라고 한다. 협력과 공유를 잘하려면 소통이 중요하다. 소통의 시작은 듣는 것이다. 소통의 시대이므로 토론과 발표가 중요하다며 자신의 의견을 내세우는 방법에 대한 학습은 많이 한다. 그러다 보니 남의 말을 듣지 않는 경우가 많다. 수업 상황에서 다른 아이들이 발표할 때 그것을 잘 듣지 않는 아이들도 많다. 부모와의 대화에서 진지하게 듣고 함께 해결책을 생각해보는 습관을 익히면, 친구와 함께하는 상황에서 그것을 활용한다. 소통을 위해 독서하고 토론하고 발표하는 연습을 따로 하지 않아도 자연스럽게 몸에 밴 소통이 가능해진다. 교육의 본질은 말로 가르치는 것이 아니라 행동의 변화를 이끌어내고, 그 행동을 스스로 통제하도록 이끌어주는 것임을 잊지 않아야 한다.

2) 평등해야 한다

평등하다는 말이 무슨 말일까? "만화 보면 안 돼요?"라고 아이가 의사표시를 하는데 부모는 "안 돼"라고 대답한다. 이 상황은 평등하지 않다. 한 인간은 만화를 보고 싶은데, 다른 인간은 그것을 못 하게 억제한다. 이 둘의 의사는 갈등을 유발한다. 이 경우에 부모의 의사가 관철되는 경우가 대부분이다. 아이의 의사는 무시된다. 이것이 기울어진 대화의 전형이다.

"만화 보면 안 돼요? 돼요?"라는 의사 표시에 "무슨 만화인데?"라고 물어보자. 예를 들어 친구지간이라면 "영화 보고 싶어"라는 말에 당연히 "무슨 영화?"라고 물어볼 것이다. 그 당연한 대화의 흐름을 부모들은 잊어버린다. 만화를 보면 무슨 큰일이 날 것처럼 반응한다. 무슨 만화인지, 왜 보려는 것인지, 시간은 얼마나 걸리는지, 아이가 해야 할 일에 방해가 되지 않는지 등은 중요하지 않다. 만화를 보는 것은 공부에 지장을 주는 좋지 않은 행위라고 판단하기에 나오는 반응이다. 만화가 자기 일에 방해가 되지 않는 선을 아이 스스로 찾아 결정하도록 도와주어야 한다.

"그런 한가한 소리를.... 애들이 만화를 보면 그거 하나로 끝나겠어요? 자꾸 빠져들지요." 충분히 일리 있다. 그러나 아직 그 상황은 발생하지 않았다. 위에서 말한 것처럼 계속 질문을 하다 보면, 아이는 부모가 자신이 만화 보는 것을 걱정하고 있음을 안다. 그럼에도 부모가 막지 않고 스스로에게 결정을 내리게 하면 그것은 자신과의 약속이 된다. 만약 그래도 걱정이 된다면 같이 보자고 하라.

만화를 보는 것이 좋다 나쁘다를 말하려는 것이 아니라, 평등하고 대등한 관계라면 대화의 흐름이 달라진다고 말하는 것이다. 학습만화는 읽어도 된다고? 왜 그렇게 생각하는가? 학습만화에는 지식이 들어 있어서인가? 지식을 만화로 익히는 것이 더 해롭다는 생각은 해보지 않는가? 학습만화를 읽을 때 게임을 할 때와 같은 뇌 부위가 반응한다는 연구 결과도 있는데 말이다. 학습만화라면 좀 낫지 않을까 하는 매우 안이한 생각으로 만화를 보고 싶다는 아이들을 막아선다. 만화가 아이들에게 해악을 끼치는 정도는 많지 않다. 그냥 재미일 뿐이다.

만화는 학습이 아니라는 분명한 인식을 서로 대화하면서 교감하면 된다. 시간을 나누어 학습과 취미를 배분하는 의사 결정을 할 수도 있다. 만화는 나쁜 것이라는 어른들의 막연한 생각을 아이에게 강요하는 것, 이것은 평등한 대화가 아니다.

대화가 평등하지 않다는 것은 아이도 금세 알아차린다. 그래서 부모가 좋아하지 않을 것 같은 행위나 생각은 아예 숨긴다. 대화하는 이유는 서로의 생각을 드러내어 이해하려는 것이지 부모만 좋아하는 그럴싸한 얘기를 듣자는 것이 아니다. 아이를 알고 싶다면 그 아이의 눈높이에 서야 한다. 그러면 충분히 대화할 수 있다.

한 5학년 학생은 메타버스에서 공간을 꾸미는 것을 좋아한다. 그래서 친구들을 초대하고 선생님도 초대한다. 자기가 이번에는 한 시간 걸려서 메타버스맵을 꾸몄는데, 친구들을 초대해달라고 선생님에게 부탁했다. "친구들도 자기 시간이나 할 일이 따로 있으니 아무 때나 부르는 것은 예의가 아닌 것 같다. 선생님도 맵이 궁금한데, 나중에 모두 모이면 시간을 함께 정해서 맵에서 놀자"라고 한다. 아이는 약간을 실망한 듯하지만, 다른 사람의 시간을 존중해야 한다는 것도 이해한다. 맵에서 노는 것이 좋다 나쁘다가 아니라, 서로의 시간을 조정하여 만나는 것이 좋겠다는 것은 수긍한다. 그리고 나중에 서로 협의하여 맵에서 즐겁게 놀았다. 그러면 된 것이다. 학습에 방해됐다고 생각하는 부모도 있겠지만, 그 학생은 그 자체로 자신의 저작물을 자랑하고 함께 놀았다. 더 무슨 의미 부여가 필요하겠는가?

3) 판단하지 말라

아이와 대화하면서 매 순간 판단하고 있지는 않은지 돌아보아야 한다. 어른들은 습관적으로 아이의 행동 하나하나, 생각 하나하나를 평가하려 한다. 그것도 가치관의 평가도 아닌 공부에 도움이 되나 안되나를 평가 기준으로 삼는 부모들이 많다. 좋고 나쁨, 이롭고 해로움을 끼워넣는 것은 흔히 우리는 아이를 가르쳐야 할 대상으로 여기기 때문이다. 아직은 스스로 판단할 능력이 없다는 생각이 깔려있기 때문이다. 여기에서 대화의 상대로 아이를 인정하기 위해서는 확실한 구분이 필요하다. 지식이나 정보라면 옳고 그름을 말할 수 있지만, 적어도 생각이나 주장에 대해서는 함부로 잣대를 들이밀어 판단해서는 안 된다.

사람은 누구나 지적받기를 좋아하지 않는다. 부모가 하는 말이 자녀에게 행동이나 생각을 지적하기 위한 것이 아니라는 신뢰를 쌓아야 한다. 설령 판단하더라도 일관된 방향성이 있어야 한다. '문제를 틀리거나 시험을 망친 건 용납하지만, 거짓말을 하는 것은 절대 용납하지 않는다'와 같이 부모의 일관된 모습이 있어야 한다. 부모의 일관된 행동을 보며 아이는 부모의 패턴을 인지한다. 적어도 자기 말을 진지하게 듣고 있다는 신뢰가 생겨야 마음을 털어놓게 된다.

'아이가 공부만 열심히 하면 더 바랄 것이 없다. 나머지는 자유롭게 키운다.' 이것도 일관성 있는 메시지이다. 만약 그런 메시지를 일관되게 전하고 싶다면 행동으로 지켜야 한다. 예를 들어서 오늘 목표한 공부를 끝냈다면, 나머지는 게임을 하든, 만화를 보든, 아이들과 어울려 놀든 상관하지 말아야 한다. 그래야만 아이가 계획을 세우고 자기의 생활 패턴을 만들어갈 수가 있다. 그런데 그런 것은 또 용납할 수 없다는 부모들이 많을 것이다. 그럼 결국 해도 되는 것과 하지 말아야 할 것을 부모가 판단하고 있는 셈이다. 그럼 일일이 해야 할 일과 하지 말아야 할 일을 목록처럼 익혀야 한다. 결국 매번 판단받아야 한다. 판단은 생각이나 행위를 통제하게 돼있다.

부모는 자신의 경험을 아이에게 강요하는 경향이 있다. 판단이 개입되어 아이의 행동을 통제하는 것이다. 부모의 경험은 부모의 경험일 뿐이다. 부모와 자식은 인간으로서는 전혀 다르다. 인식의 수준도, 인식의 구조도 모두 다르다. 이것은 결국 이해도의 차이나 속도의 차이, 방향의 차이를 낳게 된다. 그럼에도 불구하도 자신의 경험을 말하며 "공부는 이렇게 하는 것이다, 그것은 좋지 않은 것이다, 세상은 이렇게 사는 것이다"라는 말을 무의식 중에 한다. 아이가 접하는 세상을 스스로 판단할 수 있는 능력을 키워주기 전에 부모의 가치와 기준을 '지혜'라는 이름으로 포장하여 암암리에 강요하는 것이다. 지혜는 공부하는 것이 아니라 체득하는 것이다. 아무리 좋은 말일지라도 그것이 자기의 고려 대상으로 들어오지 않으면 무용지물이다.

이것을 수업 상황으로 확대해서 생각해보자. 수업 시간에 선생님과 학생 관계에서도 아이에게 강요하지 않는 것을 원칙으로 해야 한다. 선생님은 가르치고 학생은 배우는 상황은 언제나 선생님이 절대자가 되는 상황이다. 선생님은 당연히 전문성과 경험으로 비추어 학생과 대등한 위치일 수가 없다. 그렇기에 선생님은 무의식 중에 선생님의 지식을 아이에게 주입하려고 한다. 학생에게 생각을 강요하지 않는 것은 불가능하거나 별로 실익이 없는 일이라고 여기는 선생님도 많다. 그렇지만 학생이 지식을 접할 때 자기의 관점을 어떻게 적용하는지 보는 것은 중요하다. 새로운 지식을 받아들이는 관점은 그 이전에 받은 교육에서 나온 시각이기 때문이다. 그러려면 학생이 배운 것을 설명하게 하는 것이 중요하다.

　부모와 아이, 선생님과 학생의 관계에는 언제나 보이지 않는 강요가 들어가기가 쉽다. 왜냐하면 거기에는 항상 어른들의 지식과 경험에 기초한 판단이 깔려있기 때문이다. 그래서 자기 속마음을 부모나 선생님에게 드러내는 아이는 거의 없다. 이것이 청소년기의 문제로 변질되기도 한다. 아이를 알고 싶다면 아이와 대화 중에는 판단을 유보하는 연습을 할 필요가 있다.

4) 비교하지 마라

　다른 학생의 사례와 비교하지 않는다. 다른 사람의 성취를 예로 드는 경우는 대부분 일종의 열등 비교이다. 너는 다른 친구에 비해 떨어진다고 말하는 것은 아니지만, 다른 친구는 이렇게 했다더라는 말속에 너도 그렇게 하라는 무언의 압박이 있다. '너보다 나은 행동을 배워야 해'라고 말하는 셈이다. 아이의 자존감을 갉아먹는 비교이다. 대화할 때는 형제지간이라도 비교해서는 안 된다.

더구나 이런 비교를 일종의 자극제로 활용하는 경우가 대단히 많다. 사교육비의 지속적인 증가를 보면 비교적 쉽게 유추할 수 있다. 고만고만한 사교육을 참 많이 시키고 있다. 이것은 간접적으로 비교하는 것이다. 누가 이것을 한다는데, 내 아이도 해야 하는 것 아닌가 하는 불안함은 비교로 표출된다. 아이에게 직접 표출하지는 않지만, 부모의 불안감으로 아이는 마치 다람쥐처럼 사교육 기관을 돌아다니고 있다.

부모들과 상담해보면 사교육 선택의 이유가 대개 '이 정도는 해야 한다는데, 불안해서'가 가장 많다. 부모 자신이 판단한 것도 아니고, 아이와 상의한 것도 아닌, 남과의 비교에서 나온 매우 비합리적인 구매인 셈이다. 남에게 올바른 방식이 나에게도 올바른 것은 아니다.

아이마다 생각하는 방식이 다르고 수준이 다르고 두뇌의 영역별 역량도 다를 뿐 아니라, 후천적 환경도 다르고 현재 맞닥뜨리고 있는 학습 환경도 다르기 때문에, 교육에서는 일반화가 사실상 불가능하다. 그래서 공교육은 학생들의 중간선을 따라 진행하는 것이며, 이로 인해 햇빛이 들지 않는 지대가 생겨날 수밖에 없다. 그 그늘을 보완해줄 수 있는 사람은 어쩌면 부모가 유일하다. 그런데 부모마저도 아이에게 남들과 같은 수준의 결과를 기대하며 압박한다면 아이는 고통스러울 뿐이다.

대화할 때는 자녀의 생각과 행위에 집중해야 한다. 남이 어떤 생각을 가지든, 남이 어떤 것을 하고 있든 눈 돌리지 말아야 한다. 좋은 예는 본받아야 한다고 생각할지 모르지만, 말로 들어서 본받아지는 것이 아니다.

5) 감정을 절제하라

사람이기에 대화하다 보면 감정이 실릴 수밖에 없다. 그렇지만 일관되지 않은 감정적 비난은 지양해야 한다. 감정은 우리 뇌에서 본능의 영역이다. 그래서 감정에 대한 기억은 오래간다. 이성이 감정을 이기기는 쉽지 않다. 예를 들어 집에서 게임을 못 하게 하니, 아이가 몰래 PC방에서 게임을 했다고 가정하자. 그 후에 부모에게 거짓말을 하면 아이 스스로 자신이 잘못했다는 것을 판단한다. 그것이 이성이다. 그런데 거짓말을 부모가 알아 티격태격하다가, 급기야 "너는 도대체 뭐가 되려고 그리니? 남들은 공부하기에도 시간이 없는데, 공부도 못하면서 시간이 남아도니?"라고 감정을 실어 야단을 치고 만다. 이리되면 아이가 이성으로는 스스로 잘못했다는 것을 알고 있지만, 감정으로는 거센 반발에 휩싸인다. 잘못된 것은 호되게 야단쳐야 한다는 주장에 반대하고 싶지는 않지만, 감정이라는 선을 넘어서는 안 된다.

화가 났다고 표현하는 것과 감정을 싣는 것은 전혀 다르다. "엄마가 화가 난 것은 네가 거짓말을 했기 때문이야. 엄마는 지금 무지 화가 나 있어." 이 말은 엄마가 화가 났다는 것을 표시하고 그 이유도 분명히 표시하고 있다. 그렇지만 아이를 비난하고 있는 것은 아니다. '네가 그런 행동을 하면 엄마는 화가 난단다. 그러지 않았으면 좋겠다'라고 전하는 것이다. 그리고 엄마가 화가 나거나 안 좋을 때는 어떠한 상황이라는 것을 일관되게 보여주어야 한다. 동일한 행위에 어떤 때는 화를 내고, 어떤 때는 화를 내지 않는다면 그것은 감정을 싣는 행위이다. 그래서 야단을 치더라도 일관성을 가져야 한다.

실제로 우리 학생이 하소연한 사례이다. '친구의 생일이라 친구 집에서 파티를 했다. 파티가 끝나고 친구의 엄마는 PC방에 가는 것을 허락했다. 그래서 PC방에 가서 1시간 게임을 하고 집에 와서, 사실을 말했는데 엄청나게 혼나서 억울하다'라는 것이다. 이 경우 아이는 친구 엄마가 허락했고, 친구들과의 관계도 있어 가는 것이 상식적이라고 판단했을 것이다.

그런데 뜻밖에도 심하게 야단맞은 것이다 그 감정은 오래 기억된다. 마음에 증오로 남는다는 의미가 아니라, 다음 행동의 기준이 된다는 의미이나. 다음에 똑같은 상황이 다시 생길 수 있다. 그러면 아이는 부모에게 절대로 사실을 말하지 않을 것이다. 잘못된 행동이었더라도 부모한테는 사실을 털어놓을 수 있는 관계라면, 부모가 신뢰를 얻고 있는 것이다.

우리가 사회생활을 할 때 자기감정을 그대로 드러내지 않는 것은 상대를 하나의 인격체로 인정하기 때문이다. 나의 감정만큼 상대의 감정도 인정하기 때문이다. 부모는 자식이라도 엄연히 독립적인 인격체임을 절대로 잊지 말아야 한다. 공감 능력을 제9의 지능이라고 주장하기도 한다. 공감은 상대를 대등한 인격체로 대할 때 나온다. 아이는 그렇게 행동하는 부모를 보며 자연스럽게 공감을 배울 수 있다.

아이의 사고 성향을 관찰하라

연구에 따르면 아이의 성장과 성공에 영향을 주는 것을 따져보니 유전자가 75%, 가정환경 등 환경적 요소가 20%, 그리고 5% 내외가 교육이라고 한다. 이 말을 농사에 비유해보자. 기름진 땅이 있고 그렇지 않은 땅이 있다. 저지대의 땅이 있고 고지대의 땅이 있다. 그 땅에 농사를 짓는다면 어떤 것이 최적일까? 땅만이 아니라 비가 많이 오는 기후, 적게 오는 기후, 거의 오지 않는 기후, 온도 등 수많은 요소도 농사에 영향을 준다. 쉽게 말하면 땅이 유전자이고, 기후, 온도 등의 요소가 환경이라면, 거기에 어떤 작물이 적절한지를 찾는 것이 교육이다. 5%가 큰 비중이 아니지만, 성공에 결정적인 이유는 유전자와 환경에도 불구하고 거기에서 꽃피우는 작물을 찾을 수 있는 것처럼, 교육을 통해 아이의 가장 바람직한 길을 찾을 수 있기 때문일 것이다.

음악을 연주할 때도 두뇌의 여러 영역이 서로 다른 정보를 동시에 또는 복합적으로 상호 연결하여 엄청나게 빠른 속도로 처리한다고 한다. 음악 연주는 좌반구와 우반구의 영역을 모두 쓰고, 그 정보를 교환해야 하므로 뇌량의 부피와 활동을 크게 증강시켜준다. 뇌에는 정보를 처리하는 고유한 영역이 정해져있고 이 처리된 정보를 상호 연결된 회로를 통해 또는 필요에 따라 새로운 연결을 만들어가며 종합적으로 인식이나 판단, 집행 등의 단계로 나아간다. 음악은 좌, 우 모두가 처리해야 할 정보가 있다는 말이 될 것이다. 달리 말하면 자극의 종류나 강도에 따라 뇌세포의 연결 방식이나 효율성이 달라진다고 추론할 수 있다. 뇌는 자극에 적응하기 위해 끊임없이 새로운 연결을 추구한다.

연결이 원활하여 문제 해결 상황에서 유기적으로 작동할 때 해결 능력이 높아진다. 그것을 우리는 사고 역량이 강화됐다고 말한다. 사실 문제가 어려운 이유는 지식 때문이 아니라, 두세 가지의 지능 영역이 유기적으로 작동해야 하기 때문인 경우가 많았다. 그래서 그 문제를 풀지 못할 때 아이가 보지 못하는 관점만 잡아주어도 해결해내는 것을 확인할 수 있었다.

아이의 성향을 아는 것과 모르는 것은 매우 큰 차이가 있다. 부모가 아이의 학습 결과를 기다릴 수 있느냐, 아니면 다급하게 뭔가를 마구 시키느냐도 이 문제에 달려있다. 앞의 사고력 편에서 진단검사 결과표를 보여주었다. 이때 그림이 안쪽으로 작게 형성되는 아이들을 보았을 것이다.

이들에게는 사고 역량이 떨어진다고 단정할 수는 없지만, 한 가지 확실한 것은 그 앞 과정의 지식에 구멍이 났을 가능성이 매우 크다. 영역과 상관없이 말이다. 이때 3학년 아이라면 1, 2학년의 수학 개념을 점검해보면 된다.

알고 대비하고 기다리고 변화를 이끌어내는 과정이 바로 교육이라고 생각한다. 교육은 변화를 만들어내는 것이지 시험이나 입시가 아니다. 설령 대학 입시가 목적이라 하더라도 아이를 믿고 기다리고 변화시킬 수 있다면, 그것이 바로 시험이나 입시에 가장 좋은 대비책이다.

좋은 대학 못 갈 아이였는데, 학원 많이 다녀서 좋은 대학 갔다는 말은 기만이다. 원래 갈 만한 아이들이 간 것이다. 그리고 그 '갈 만한 아이'라는 표현은 공부 머리만이 아니라 학습 태도, 사고방식, 의지 등을 포함하는 것이며, 타고난 것뿐만 아니라 후천적 교육이 그것을 만든다. 소문을 참조하지 말고 아이의 성향에 초점을 맞추라는 말이다. 여기서 또 초등이 중요한 이유가 나온다. 6년의 학습 습관은 고정될 가능성이 크기 때문이다.

진로를 위한 탐색은 아이와 함께

유튜브에서 평범한 개인이 하루아침에 세계적인 주목을 받는 일이 생겨난다. 글로벌 지구촌 시대이면서도 민족주의가 부활하는 등 로컬화가 가속되고 있다. 이념이 아니라 이익에 따라 이합집산한다. 이런 일은 정보의 소통과 공유가 만들어낸 것이며, 이는 디지털 기술의 비약적인 발전 때문이다. 또 인공지능, 메타버스, 자율주행 등 생소한 말이 만들어지고 있다. 이런 새로운 말은 곧 새로운 일자리로 연결되고 있다. 지금을 4차 산업혁명 시대라고 하는 이유는 디지털 기술의 발전 때문이다.

2013년 옥스포드대학 마틴스쿨 연구원인 칼 베네딕트 프레이와 마이클 A. 오스본은 2033년에 컴퓨터 알고리즘의 진화로 인간을 컴퓨터가 대체할 가능성을 진단한 바 있다.

보고서에서 대체 가능성을 0부터 1사이의 확률로 나타냈는데, 1에 가까우면 대체 가능성이 크고, 0에 가까우면 대체될 가능성이 거의 없다는 뜻이었다. 예를 들어 텔레마케터는 0.99이다. 대부분 대체된다는 말이다. 지금 코딩 교육을 매우 강조하고 있는데, 컴퓨터 프로그래머의 대체 가능성은 0.48이다. 거의 절반은 컴퓨터로 대체된다는 말이다. 교육, 보건, 의료 등은 거의 대체되지 않을 것이라고 예측한 반면, 제조, 세금, 금융, 보험 등 분야의 일자리는 상당 부분 대체될 것이라고 예측한다.

0.5를 넘어가면, 그 직업의 일자리 수가 반으로 줄어들 가능성이 있다는 것이다. 살아남는 것은 컴퓨터 알고리즘이 대체하지 못하는 사고를 필요로 하는 것이다. 매뉴얼에 따르는 직업은 대체될 가능성이 매우 크다. 진로는 아이가 사회에 진출하는 시기를 보고 탐색해야 한다. 여기에 또 한 가지 추가할 것이 아이의 성향이다. 무엇을 좋아하는지, 무엇을 잘하는지를 알아내는 것이다. 앞에서 대화를 통해 아이를 아는 것이 중요하다고 강조했다. 또 아이의 성향을 파악하는 것도 강조했다. 국어, 영어, 수학을 하더라도 무엇을 눈여겨봐야 하는가도 강조했다. 이런 것들이 모두 아이의 정체성과 학습 역량을 만드는 요소들이기 때문이다.

전문가들이 제시하는 미래 인재의 역량도 대개 비슷하다. 어떤 과목의 높은 점수가 아니다. 기초적인 역량을 강조한다. 미래 역량으로 빠짐없이 등장하는 단어들을 보면 문제 해결 능력과 공감 능력, 커뮤니케이션 능력, 창의성, 유연성과 적응성 등이다. 이런 요소들은 어느 날 갑자기 만들어지지 않는다. 습관처럼 몸에 배어야 한다. 미래의 직업이 무엇이든 간에 대부분의 직업에 이런 기초적인 역량은 필수적이다.

진로 탐색을 위한 프로세스는 크게 3단계를 권한다. 초등 시기에는 기초 역량을 만드는 것과 탐구하며 학습하는 습관을 만들어주는 단계, 중등 시기에는 다양한 분야의 정보를 접하여 진로를 탐색하는 단계, 고등 시기는 진로를 결정하고 그 준비를 하는 단계이다. 초등 시기의 기초 역량 수립 단계는 앞에서 얘기했다. 사고력, 언어력, 수학적 사고력과 그것을 내재화하는 과정을 상세히 말했다.

두 번째 단계에는 다양한 정보를 접해야 한다. 정보의 형태는 책, 보고서, 기사, 기록 자료뿐만 아니라 영상, 데이터 등도 포함한다. 그리고 그런 정보들이 직업으로 어떻게 연결되는지 그 분야의 인물 등에 대한 정보도 포함해야 한다. 그러나 학습도 해야 하므로 책으로 광범위하게 정보를 습득하는 것은 쉽지 않다. 그래서 보고서나 기사 등과 같은 길지 않은 글을 통해 정보를 체크하고, 그중 호기심이 가는 책을 찾아 읽어보고, 그 책을 읽다가 새로운 호기심이 이는 분야는 그 분야의 책을 찾아나가는 방식으로 의식적인 전략을 만드는 것이 중요하다. 앞서 문해력을 다룰 때 독해에 초점을 맞추었지만, 문해력은 정보 접근도 포함하고 있다. 정보 해독 능력이 떨어지면 그만큼 정보에 뒤처지게 돼 있다. 정보의 시대라고 하는데 정보 습득에 뒤처진다는 말은 인생이 뒤처진다는 말이다. 중학교 시기에 대강의 진로 방향을 설정하는 것이 가장 이상적이다.

고등에서는 늦어도 1학년 때에는 진로를 정하는 것이 바람직하다. 그 진로에 맞는 대학이나 학과를 선택할 때 어떤 공부를 해야 할지가 결정되기 때문이다.

진로 탐색 과정에서 핵심은 아이가 찾고 부모는 그 생각을 들어주는 일이다. 아직까지는 대부분 부모가 찾고 아이는 따라가는 형태일 것이다. 하지만 그 생각을 바꾸어야 한다 부모는 아이가 찾을 수 있는 환경을 만들어주는 것이 중요하다. 특히 초등생을 둔 부모라면 입시가 아니라 진로에 먼저 관심을 가져야 한다.

공부는 쉽지 않다는 사실, 아이와 공유하라

교육에서 경쟁의 대상은 자기 자신이어야 한다. 자기 자신을 극복해야 하기 때문에 공부는 쉬운 일이 아니다. 누구에게나 배워야 할 표준 과정은 정해져있다. 그것을 습득해야 하는 시간도 정해져있다. 이것을 자기 것으로 만드는 일은 오롯이 개인의 몫이다. 스펙과 정보력이 대학을 결정한다는 세간의 소문은 마치 공부를 사회의 신분과 재력에 따라 갈라지는 사회구조적인 문제로 착각하게 한다. 그러나 분명한 것은 자기를 위한 공부, 자기와의 싸움에서 이길 힘을 가진 후에라야 이런 스펙도 의미가 있다.

우리 아이들에게 진정으로 필요한 것은 자기 한계를 극복하는 힘과 태도이다. 창의성은 타고나는 것이 아니라 노력의 산물이다. 세상을 바꾼 사람들은 잠재 능력을 꺼내기 위해 남보다 조금 더 노력한 사람들이다. 뇌는 안주하려는 경향이 있다고 했다. 에너지를 절약하려는 생존 본능이다. 안주하고 게을러지려는 뇌를 채찍질하려면 지금 이 순간 최선을 다해야 한다. 그리고 그런 자세를 습관으로 만들어야 한다. 성실하게 산다는 것과는 다르다. 성실하게 순응하는 것이 아니라 최선을 다해 자신의 역량 확대에 도전해야 한다.

이것이 교육의 중심이어야 한다. 이 교육은 가정에서 하는 것이 가장 효과적이다. 지금까지 초등 시기의 중요성을 얘기한 이유이다. 특히 호기심, 자존감, 공감. 이 세 가지를 키우는 것이 중요하다.

1) 호기심을 없애지 말아야 한다

질문을 하지 않는 것은 선생님이나 부모님이 가르치는 범주 안에서만 반응을 보이겠다는 소극적 학습자의 전형이다. 그리고 이것은 호기심이 사라지고 있는 모습이기도 하다. 수업 현장에서는 아직도 질문이 적극 장려되지 않는다. 여러 명의 학생이 함께 수업하는 공간이기에 한 사람만을 위한 여유가 없는 현실도 이해한다. 그런데 그것을 학생들이 모두 함께 생각해보는 공동의 질문으로 바꾸어 협력 해결을 경험하게 하는 것도 선생님의 역량이다. 답변을 선생님이 하는 것이 아니라 학생들이 하게 하고, 학생들의 답변이 충분하지 않더라도 다음에 더 생각해볼 과제로 남겨놓아도 된다. 현명한 선생님은 그 자리에서 의문을 해소하는 것보다 의문을 해소할 통로가 자유롭게 열려있다는 사실을 더 중요하게 생각할 것이다.

이러한 환경은 가정에서도 마찬가지다. 비록 초등학교 교과서이지만 부모도 모두 알기는 어렵다. 원리나 원론으로 들어가면 대답하기 쉽지 않은 것이 많이 나올 수밖에 없다. 그런 질문을 받아본 학부모라면 즐거워해야 한다. 그런 질문을 하도록 유도하는 것이 가장 중요한데, 아이가 스스로 그런 질문을 한다면 얼마나 좋은 일인가?

부모가 잘 아는 내용이면 답변하면 된다. 하지만 그마저도 질문의 형태로 해줄 수 있다면 금상첨화이다. 그런데 잘 모르거나 설명하기가 곤란한 내용이라면 어떻게 해야 할까? 자존감이 있는 부모라면 '어, 어렵네, 나도 잘 모르겠는데'라고 솔직하게 인정해야 한다. 그것은 허물이 아니기 때문이다.

어른들도 모를 수 있다. 그것을 아이들에게 당당히 얘기하고 '그 생각은 안 해봤네. 좋은 질문이구나, 함께 생각해보자'라고 하면 된다. 또는 알아도 의도적으로 '정확히 모르겠다'라고 할 수도 있다. 그리고 함께 생각해보자고 해도 결국은 아이가 생각하게 된다. 자료를 찾든 해설을 보고 이해하든 그 과정을 계속 함께해주면 된다.

흔히 시험을 보지 않아 학력이 저하됐다느니, 기초학력조차 미달이라느니 하는 말은 많이 한다. 시험이 주는 효과는 배운 지식이 다시 꺼내기 어려운 깊은 창고로 들어가버리기 전에 가끔씩 꺼내 봄으로써 좀 더 쉽게 찾을 수 있도록 하는 것이다. 그런데 시험에서만 그 인출 효과를 기대하면 한계가 생긴다. 시험으로 모든 지식을 평가할 수는 없기 때문이다. 질문이 끊임없이 인출하는 공부이다.

    부모나 선생님이 아이들의 모든 질문에 답해야 한다는 각오는 전혀 필요가 없다. 모르면 모른다고, 알면 설명해준다고, 질문이 구체적이지 않으면 "좀 더 구체적으로 질문해줘"라고 대응하면 된다. 선생님이나 부모가 모른다고 하면서 "네가 그 해결 방안을 찾으면 정말 대단한 것이야"라고 말하면 아이는 신이 날 수 있다. 그래서 나중에 여러 가지로 생각한 것을 자랑스럽게 얘기한다. 이런 대응 방법은 들어주는 사람이 있다는 안도감을 주고, 자신이 모르는 것은 잘못이 아니라는 긍정의 마음을 준다.

    호기심을 없애지 않으려면 질문을 가볍게 판단해서 건성으로 대답하지 말고 진심으로 대응해야 한다. 사소한 질문이라도 "쓸데없는 질문하지 마", "그런 것은 선생님한테 물어봐", "아빠한테 물어봐" 등과 같이 대응하지 말고 진지하게 반응해야 한다. 즉, 말할 통로를 열어두어야 한다. 그러면 적어도 없는 호기심을 끌어내지는 못할지라도, 있는 호기심을 없애지는 않을 것이다.

2) 자존감을 지켜주어야 한다

"지난주에 풀었는데 모르겠니?", "그런 것도 모르고 학교에서 뭘 배웠니?"와 같은 대응은 아이에게 상처를 준다. 배웠더라도 모를 수 있고 잊어버릴 수도 있다. 아이들마다 인지의 깊이, 속도가 다르다는 것을 기억하면 당연히 그렇다. 스스로 해결할 수 있다는 믿음을 보여주는 언행이 필요하다. "지난주에 했는데, 그것을 이용하는 거야. 기억 안 나면 지난주 내용을 보면서 다시 생각해보자. 천천히 생각해." 스스로 생각해보게 하고 파고들게 하고 그것을 지원해준다는 믿음을 보여주는 것으로 족하다.

공부는 정보 검색이 아니다. 부모나 선생님이 모를 때마다 답변해주고 가르쳐준다면 인터넷 검색과 다를 게 없다. 아이가 할 수 있다는 믿음을 확고하게 보여주는 것은 메타인지 형성을 돕는다. 메타인지를 교육해주는 곳을 찾아다녀야 할 것이 아니고, 일상에서 학습의 습관으로 형성해야 한다.

자존감은 초등 시기 학습에 매우 중요하다. 초등 시기가 중요하다고 말한 이유는 자기 앞에 놓인 문제를 헤쳐나가는 자세를 배우는 시기이기 때문이다. 그 힘을 키워주는 것이 이 시기의 매우 중요한 교육 목표이다. 여러 명이 함께 수업하는 공간에서 자존감을 지켜주기는 대단히 어렵다. 언제나 이해가 빠른 아이와 이해가 더딘 아이가 공존하고 있기 때문이다. 여러 명이 모인 공간에서 잘하는 아이는 잘하는 아이대로, 못하는 아이는 못하는 아이대로 만족스럽지 않다. 한쪽은 아는 것을 반복해서 들어야 하는 고충을, 또 다른 한쪽은 그럼에도 불구하고 여전히 이해가 되지 않는 고충을 느끼기 때문이다.

그래서 수업을 토론으로 이끌어가는 것이 중요하다. 토론은 경쟁이 아니라 협력이다. 토론 수업의 핵심은 어떤 주제나 문제를 참여하는 학생 전체의 문제로 인식시키는 것이다.

우리 교육연구소의 토론 수업 방식은 이렇다. 어떤 학생이 질문을 하면 선생님이 바로 답변해주는 것이 아니다. 그 질문의 요지를 정리한 다음, 질문자에게 질문의 의미가 맞느냐고 확인한다. 그 질문의 의도가 맞는다면 이제 그 질문을 다른 학생들에게 묻는다. 누군가 설명한다. 그렇지만 제대로 설명하지 못하는 경우가 대부분이다. 그래서 그 문제를 알고 있는 아이가 설명했더라도 모두가 이해하지 못할 수 있다. 아이가 발표한 내용을 다른 아이가 다시 요약해보게 한다. 그 과정에서 이해가 안 되는 부분이 드러난다. 그 부분을 다시 원래 발표한 아이에게 질문한다. 이처럼 선생님은 토론의 진행자이다. 선생님은 학생들이 해결을 향해 나아가도록 리드하는 역할을 한다.

학생이 질문할 때만이 아니라 대부분의 문제 해결을 이런 방식으로 하려고 한다. 아이들의 적응도가 다르므로 모든 문제에 적용해서는 안 된다. 하지만 1년 정도 이렇게 진행하면 아이들이 자연스럽게 참여하고, 그 참여가 부담스럽지 않은 시기가 온다.

이렇게 했을 때 효과는 다음과 같았다.

첫째, 핵심과 핵심이 아닌 것은 나누어 정리하여 다른 아이들이 이해하도록 설명하면서 깊이 있는 공부가 된다.

둘째, 그 문제를 모르거나 질문을 했던 아이도 의견을 주고받는 것을 보며 자기만 모르는 게 아니라는 안도감과 참여했다는 소속감을 가지게 된다. 우열반이라고 해서 잘하는 아이끼리 모아서 학습 효율을 높인다고 하는데, 이것이 효과가 있으려면 협력 수업을 체화해야 한다. 지식을 많이 집어넣는 교육은 운영하는 사람에게는 효율적일지 몰라도 학생에게는 혼자서 공부하는 것과 다름없다.

셋째, 우리 경험으로는 토론으로 수업하면 공부를 잘하는 아이들이 훨씬 더 빨리 성장한다. 처음에 설명이 제대로 전달되지 않아 그것을 분명하게 하려는 시도 속에서 체계화된다.

넷째, 잘못하는 아이도 자존감을 지킬 수 있다. 하나의 문제에도 사고 영역 두세 개가 중첩된 경우가 많다. 가장 뒤떨어진다고 생각했던 아이가 문제의 어떤 단계에서는 가장 명료한 대답을 하는 경우가 많다. 아이마다 사고 성향이 다르기 때문이다. 그러면 그 문제 전체를 해결하지 못했더라도 자기도 기여한 바가 있다. 그것들이 모여 문제가 해결되는 경험을 하는 것이다.

이 프로세스를 부모가 자녀와 공부할 때 적용해보면 된다. 이제는 부모가 상대 학생이 되는 셈이다. 공부에서 자존감은 공부 자립의 열쇠 같은 것이다. 이것이 없다면 공부 자립은 없다. 공부 자립이 없으면 공부를 잘할 수 없다.

3) 아이에게 공부는 쉬운 것이 아니라는 것을 솔직하게 공유해야 한다

공부는 쉽지 않기 때문에 틀리는 것은 당연하다. 틀리는 과정에서 배운다. 그러므로 틀린다는 것은 무엇을 해야 할지를 알려주는 나침반 같은 것으로, 매우 의미 있다. 기본적으로 이런 긍정적인 의식을 가지도록 이끌어야 한다. 그래야 틀릴 때 좌절하지 않는다.

'즐겁고, 재미있게. 놀 듯이 공부하는' 이런 광고 문구들은 머릿속에서 깨끗하게 지워야 한다. 노는 것은 노는 것이고 공부는 공부이다. 놀듯이 공부하는 일은 없다. 공부가 정말 재미있는 경우는 내적 동기가 충만할 때뿐이다. 디지털이 발전하니 이미지, 애니메이션, 각종 인공지능 등을 이용하여 흥미와 관심을 끄는 학습 자료가 많다. 흥미와 관심이 있기에 즐겁게 공부할 것이라는 생각은 순진한 발상이다. 이런 것들은 학습 자료의 표현 방식이지 내용은 아니다. 학습 내용은 여전히 생각의 자료로 남아있다. 아무리 흥미 있게 만들어주어도, 수학은 여전히 생각해야 한다.

그래서 아이에게 분명하게 인식시켜야 한다. 틀리는 것은 당연하고, 그것을 바로잡기 위해 최선을 다하는 것이 올바른 공부라고 말이다. 그래서 '틀리는 것, 그럴 수 있지, 도전할 거리가 생겼네. 다시 해보지, 뭐'라는 긍정의 마인드로 전환시켜야 한다. 모두 풀 수 있는 것이라면 그것을 할 이유가 없다. 틀려야 정상이다.

그런데 틀리는 문제가 다시 도전할 목표가 되려면 양으로 따지는 공부를 강요해서는 안 된다. 하루 종일 숙제에 치여 사는 일정이라면 도대체 언제 곰곰이 생각해볼 시간이 있겠는가?

학부모들에게 자주 안내하는 프로세스가 있다. 문제집은 70% 정도 해결할 수 있는 수준을 골라라, 첫 번째 풀이는 풀지 못하는 문제를 선별하는 시간이라고 생각하라. 그럼 30%의 공부 거리가 생겨난다. 이것에 다시 도전하되, 부모나 선생님의 도움을 최소화하라, 도움을 줄 때는 아주 구체적으로 질문할 때만 도와줘라. 두 번째 도전에서도 풀리지 않은 문제는 정말 탐구해야 할 과제이다. 세 번째로 그 문제까지 풀어내면 그 책은 완전하게 섭렵한 것이다. 이렇게 하려면 여러 개의 문제집이 아니라 한 권의 문제집이면 충분하다. 한 권을 혼자서 마스터하고도 시간이 남으면 다른 책을 선택하는 것이다. 그런데 아마 한 권을 혼자서 마스터하려면 다른 책을 선택할 시간이 나지 않을 것이다. 그때도 불안해할 필요가 없다.

문제집을 두 번 풀었네, 세 번 풀었네 하며 뿌듯해하고, 많이 했으니 잘할 것이라고 기대하는 부모님들이 꽤 있다. 자기 힘으로 정복하지 못한 책은 의미 없는 시간 낭비다. 오히려 무한 반복되는 지루함만 낳을 뿐이지, 공부를 위한 내적 동기를 유발할 가능성은 거의 없다.

그럼 "선생님의 역할, 부모의 역할이 뭐예요?"라며, 모르니까 배우는 것이고, 풀지 못하면 당연히 설명해주어야 하는 것인데, 혼자서 풀라고 맡겨놓으면 안 된다는 주장을 많이 듣는다. 기본 지식은 학교를 믿어야 한다. 사교육이나 부모의 역할은 학교에서 배운 것의 정도를 파악하고, 부족한 부분을 다져주는 것이다. 그래서 앞서 구체적 질문의 중요성을 말한 것이다. 사교육의 선생님이나 부모의 역할은 아이가 구체적 질문을 할 수 있도록 방향을 잡아주는 것이다. 유려하게 설명해주고 머리에 쏙쏙 넣어주는 것이 선생님이나 부모의 역할이 아니다.

혼자서 도전하는 과정이 힘들기 때문에 공부는 어렵다. 선생님이나 부모가 재미나 즐거움을 만들어줄 수는 없다. 외적 동기로는 공부를 밀고 나갈 수 없다. 에너지를 쏟아붓지 않아도 되고 비교적 쉽고 재미있다는 것도 학습의 외적 동기에 들어갈 수는 있다. 그러나 진짜 공부가 되려면 탐구하는 과정 자체가 즐거운 내적 동기가 필요하다. 내적 동기는 몇 가지의 요인으로 형성되는 단순한 과정이 아니다. 내적 동기는 사고 역량과 긍정적 태도 등 인지와 정서 두 가지가 적절히 반응할 때 나오는 것이다.

공부가 쉽지 않다는 것을 아이가 알게 하는 것은 긍정 마인드를 만드는 한 방편이다. 내가 힘들면 남도 힘들다. 내가 틀리면 남도 틀릴 가능성이 있다. 자연스러운 일이다. 다시 도전하느냐 하지 않느냐에서 공부는 갈린다. 아이에게 현상을 긍정하게 하되, 충분히 도전할 시간을 주어야 한다. 그러기 위해서는 부모의 욕심, 주변의 상황에 휩쓸리지 말고 아이의 수준에 맞는, 그리고 아이의 시간을 배려하는 공부 목표를 설정하는 것이 중요하다.

공부 자립의 길

초등 시기에 아이를 먼저 이해하고 아이를 위한 교육을 고민할 때 아이는 학습의 긴 여정을 걸어갈 수 있다. 초등 시기는 학습을 위한 준비 단계다. 공부의 목표를 정하는 것, 방법을 정하는 것, 학습의 자세나 태도를 정립하는 것은 모두 훈련을 필요로 한다. 그런 것이 몸에 자연스럽게 배어야 본격적인 학습이 진행되는 중고등 때 공부에서 자립할 수 있다.

초등학교 때부터 부모가 부모의 생각으로 아이를 리드하는 것은 바람직하지 않다. 그대로 따라주는 아이도 분명히 있을 것이다. 그러나 극히 예외의 경우이다. 대개는 그러지 못한다. 그렇기에 부모와 아이의 갈등은 상존한다. '최소한 이 정도는 해야 하지 않나'라는 막연한 기준으로 아이를 몰아세우는 것은 공부 자립에 좋지 않다. '최소한 이 정도는'이라는 말은 잊어버려라. 현재의 교육 시스템도 변해야 하지만, 교육 시스템이 시대의 흐름을 따라오지 못하더라도 부모는 시대를 앞서가야 한다. 그래서 '누가 이렇게 했다더라'라는 과거에 얽매이지 말고 '미래에 우리 아이가 잘 사는 문제'에 대해 생각해야 한다.

학습의 여정을 준비하는 단계에서 부모는 가치관을 점검할 필요가 있다. 첫째, '나는 우리 아이가 어떤 아이로 성장했으면 좋겠다'라는 생각을 가질 필요가 있다. 그리고 그것이 부모의 도움으로 가능한 것인지, 어떤 도움이라야 하는지를 생각해야 한다.

두 번째는 공부에 대한 기준을 높여야 한다. 어떤 분야로 진출하든 상위 1~2%는 경제적으로든, 명예로든, 성취로든 의미 있는 삶을 살 수 있다. 어떤 분야든 성공한 사람의 공통적인 특징은 있다. 긍정적이고, 포기하지 않는 근성이 있다. 과제집착력 상위 3%라면 공부를 조금 못해도 성공할 수 있다. 말하자면 영재가 될 수 있다. 적당히 멈추어서는 안 된다. 실제로 긍정, 탐구, 근성, 꾸준함과 같은 자세와 태도가 상위권 학생의 특징이기도 하다. 학원이 잘 가르쳐서라기보다는 공부를 받아들이는 학생의 역량이 성과를 가른다고 해도 과언이 아니다.

캘리포니아 대학에서 연구한 바에 의하면 아이비리그에 입학한 학생들의 특징은 지능이 아니라 문제를 해결하는 데 들이는 시간이었다고 한다. 풀리지 않는 문제가 있다면 1분도 붙잡고 있지 못하는 아이와 그 이상을 붙잡고 있는 아이가 있다. 사실은 5초도 안 돼 문제를 풀 수 있는지 없는지를 결정해버리는 아이들이 많았다는 것이다. 풀리지 않는 문제가 있을 때 설명을 듣고 나면 끝인 아이와 오늘 풀리지 않으면 다음에 다시 혼자 도전하는 아이가 있다. 이들의 차이는 태도에서 나온 것이다. 만약 풀다 바로 모르겠다고 말하는 아이가 있다면 그 문제를 설명해줄 것이 아니라 그 태도를 고쳐주는 노력이 필요하다.

세 번째는 해야 할 것과 하지 않아도 되는 것을 구별해야 한다. 해야 한다고 믿더라도 한 번 더 보고 덜어낼 수 없는지, 하지 않아도 된다는 것도 한 번 더 보고 선택하는 지혜가 필요하다. 심한 경우 사교육을 아홉 가지를 받는 경우도 보았고, 수학 학원에 다니고 과외까지 하는 경우도 보았다. 그것이 적절한지 살펴야 한다. 그 적절성의 기준은 주변이 아니라 아이가 되어야 한다. 아이를 아는 것이 필요한 이유이다. 소위 특구라고 하는 곳에서 다들 그렇게 한다고 핑계 대지 말아야 한다. 특구의 트렌드가 아니라 아이를 중심에 두고 고민해야 한다.

할 수 없는 것을 주고 못 한다고 비난하는 건 잘못된 일이다. 그리고 아이마다 할 수 있는 수준이나 범주가 다르다는 것도 인정해야 한다. 아이를 중심에 두고 아이가 충분히 탐색할 수 있는 공부 목표를 가지되, 그것을 대하는 자세는 최상위권 아이들처럼 유지하도록 리드해가는 것이다. 교육이 쉽지 않은 이유이다.

이런 가치관을 가지고 초등학교 시기에는 꼭 가다듬을 것을 생각해야 한다. 생각하는 힘으로서 사고력, 소통하고 이해하는 힘으로서 언어와 시각화, 그리고 냉철하게 분석하는 힘으로서 수학적 사고, 그리고 마지막으로 이런 것을 밀고 나갈 수 있는 체력이다. 이것이 공부의 자립을 이루는 기본 요소이다.

부록

질문하는 만큼
배운다

사고력 / 수학 / 언어 학습 질문표

선생님과 학부모가 아이의 학습을 도와주는
가장 좋은 방법은 질문입니다.
학생이 스스로 질문하면서 공부할 때까지
이 질문표를 100% 활용해보세요.

공통적인 질문의 틀

과목	과정	질문의 틀
사고력/ 수학	문제 해결 과정	어떤 지식이 필요한가? (필요 지식 확인)
		문제가 무엇을 찾으라는 것인가? (문제의 이해, 정의)
		문제에서 찾을 수 있는 확실한 단서는 무엇인가? (정보나 전략의 선택)
		선택한 전략에 따라 풀이할 때 어떤 순서가 적절한가? (문제 해결 프로세스의 이해)
		솔루션이 타당한지 어떻게 알 수 있는가? (문제와 솔루션 간의 연계성 및 타당성 검증)
	풀이 과정 점검과 생각의 확장	선택한 접근 방법은 적절했는가? (적절한 전략 선택)
		문제 해결 과정은 가장 단순한 과정에 따라 했는가? (해결 과정과 순서의 이해)
		다른 풀이법은 없었는가? 있다면 어떤 것이 있나? (사고의 유연성)
		답은 유일한가? (수학 감각)
		문제의 개념과 관련 있는 다른 개념은 무엇인가? (개념의 관련성, 연계성)
		만약 문제의 조건을 바꾼다면 답은 어떻게 달라질까? (패턴이나 관계의 인식)
언어	문제 해결 과정	무엇을 보아야 하는가? 어떤 프레임이 보이는가? (문제의 의도 이해)
		나는 왜 이것을 답이라고 생각하는가? (타당성)
		나의 생각과 해설에서 말하는 것의 차이는 무엇인가? (생각의 틀 이해)
		문제의 해설에 대해 동의할 수 있나?

공부 자립

★ ★ ★ ★ ★
사고력 / 수학

필요 지식 확인

필요한 지식을 설명할 수 있는가?

문제가 잘 이해되지 않으면

의미 있는 수가 무엇인가?

구하라는 것이 무엇인가?

중요한 단어나 개념은 무엇인가?

불필요한 정보는 없는가?

어디서부터 접근해야 할지 모르겠으면

관찰에서 알 수 있는 것을 모두 나열했는가? 그 중에 확실하게 아는 것이 무엇인가?

추측이나 추정을 해야 하는 것은 무엇인가?

추론할 수 있는 내용은 없는가?

해결 과정이 정리되지 않거나 식을 세우기가 어려우면

구하라는 것을 한 문장으로 정리한다면?

그림으로 나타낼 볼 수는 없을까?

표로 나타내면 어떨까?

그래프로 나타내는 방법은 없을까?

규칙을 찾을 수 있는가?

제약된 조건은 무엇인가?

어떤 경우에도 적절한 일반화는 가능한가?

해결했는데, 답이나 솔루션이 틀렸으면

내가 생각하지 못한 것은 무엇인가?

개념이나 지식을 몰라서 틀렸는가?

문제를 잘못 이해했는가?

실수한 것인가? 실수한 내용은 무엇인가?

문제 의도를 정확히 이해했는가?

일반화에 오류는 없었는가?

무엇을 얻을 수 있었나요?

다른 풀이법, 관점은 없는가?

문제와 연관된 다른 개념은 알고 있는가?

조건을 바꾼다면 문제는 어떻게 달라지는가?

공부 자립

언어

독해를 할 때, 어떤 프레임이 보이나요?

어휘 설명	어휘의 뜻을 지문에서 설명하고 있는가?
어휘 비교	비슷한 어휘를 찾을 수 있는가?
어휘 대조	반대말을 통해 어휘의 뜻을 알 수 있는가?
어휘 추론	지문에서 어휘의 뜻을 추론할 수 있는가?
인과관계	원인과 결과를 구분할 수 있는가?
사실과 주장	사실과 의견, 주장이 포함된 지문인가? 둘을 구분할 수 있는가?
어휘/의미 순서	문장이나 어휘의 순서가 알고 있는 것과 다른가? 다르다면 왜 그랬을까?
문장 추론	문장에서 논리적으로 추론해낼 수 있는 내용은 무엇인가?
지시 함축	문장에 함축된 내용은 없는가? 단어, 문구가 지시하는 내용을 정확히 이해했는가?
중심 문장	핵심어나, 중심어, 중심 문장은 무엇인가?
주제 찾기	글은 무엇을 말하려고 하는가?
비유/수사 표현	어휘의 의미를 비유나 표현법의 관점에서 해석해 보았는가?
언어 센스	관습적인 표현을 놓치지 않았는가?
의미 독해	맥락을 제대로 이해하고 있는가?
주장과 근거	주장과 근거를 명료하게 구분할 수 있는가?

독서를 할 때, 어떻게 정리하나요?

내가 모르는 어휘나 용어, 개념은 무엇인가?
다른 책을 통해 더 알아보고 싶은 것이 있는가?
왜 그것을 알아보고 싶은가?
기억하거나 메모해두고 싶은 내용은 없는가?
책을 읽다 궁금한 사항은 무엇이었나?
이 책이 나한테 주는 의미는?
작가의 생각과 나의 생각이 같은가? 다른가?

독서나 독해에서 반드시 할 일은?

글이나 지문의 내용을 나의 언어로 짧게 요약할 수 있는가?
주제를 제대로 파악하고 있는가?

공부 자립